物理有意思

给孩子的科学公开课

长三角物理研究中心 | 著

中信出版集团 | 北京

图书在版编目（CIP）数据

物理有意思 / 长三角物理研究中心著 . -- 北京 :
中信出版社 , 2024.10
ISBN 978-7-5217-6531-1

Ⅰ . ①物… Ⅱ . ①长… Ⅲ . ①物理学－普及读物
Ⅳ . ① 04-49

中国国家版本馆 CIP 数据核字 (2024) 第 083232 号

物理有意思
著者：长三角物理研究中心
出版发行：中信出版集团股份有限公司
（北京市朝阳区东三环北路 27 号嘉铭中心 邮编 100020）
承印者： 北京通州皇家印刷厂

开本：787mm×1092mm 1/16 印张：26.75 字数：339 千字
版次：2024 年 10 月第 1 版 印次：2024 年 10 月第 1 次印刷
书号：ISBN 978–7–5217–6531–1
定价：69.90 元

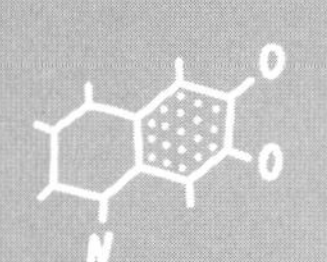

PHYSICS

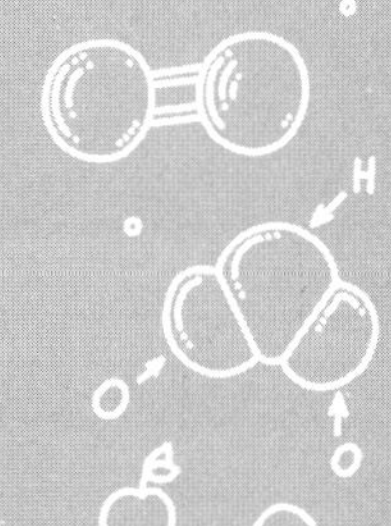

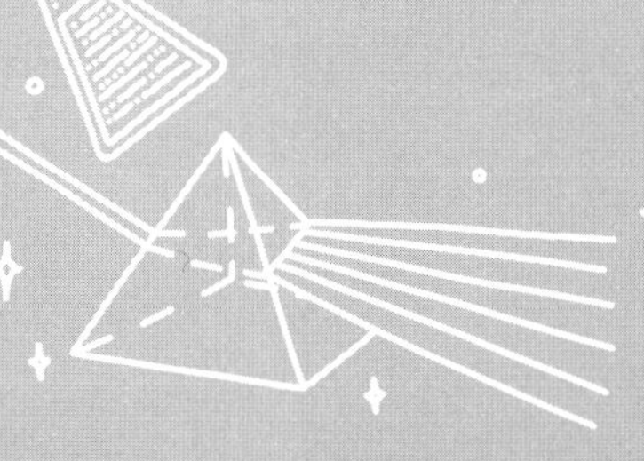

$E=mc^2$

PHYSICS

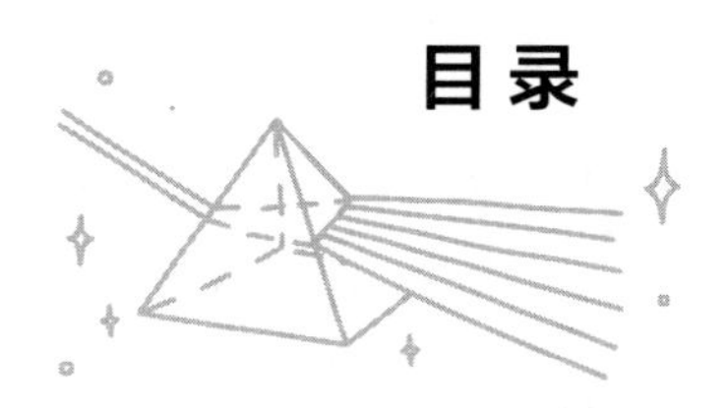

目录

3 运动篇　牛顿：你在叫我吗

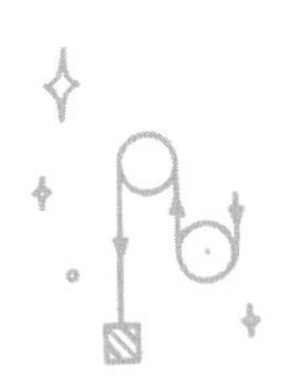

4 能量篇　能源重塑世界

5 量子篇　遇事不决，量子力学

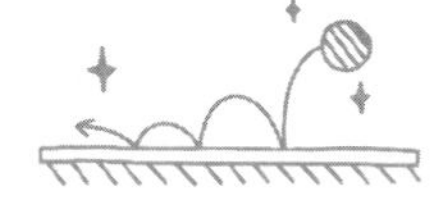

序 言

科学永远能给你惊喜，探索从来不会让人失望。

读者朋友们，你们是否想过，什么是物理？我们说“悟世界之道，析万物之理”。物理是在观察中不断归纳总结，浓缩成定理，最后用很漂亮的公式表达出来，洞悉万物。这个发现和探索的过程可以说是乐趣无穷的，所以，为了分享这种快乐，我们在网上用一种公开讲座的形式，用科普的形式讲讲物理，我们称之为《云里 · 悟理》，并以此发展和延伸，形成这本《物理有意思》。

本书讲物理学知识、物理学史，把你在学校里学到的一条一条定理连贯起来，看它们之间的发展和联系。或者你暂时看不懂，那也没有关系，你完全可以把这些物理学史当成故事去看，看看科学在发现的过程中有什么八卦和趣闻，至少在你脑海里产生印象，让你对它不陌生、不排斥，有一天你再接触到它的时候，也许突然间就豁然开朗了。这些是知识层面的问题，但我想，本书更是通过这些传递给大家一种科学的思维模式——创造性思维，它给你看待这个世界提供了一个新的思路。

我们对这个世界的认识是在不断更新变化的，原有的理论有它固有的适用范围，当新发现的现象不适应这个范围的时候，就要在更大的范围去归纳总结，建立新理论。这时候，发现新现象就格外重要了，善于发现，善于提问是一切的基础。本书最令人深刻的点在于，每一处结尾，又是一个新的开始。你可以一直提各种问题：

磁悬浮列车为什么能飘起来？

接触式充电背后有什么原理？

真的存在多元宇宙吗？

最低温度能有多低？

量子计算机到底能为我们做什么？

……

我们知道，要解决这些问题可以通过实验，还要掌握数学，但是发现和提出问题，就需要创造性思维了，这可能就是年轻人说的“开脑洞”？

我想，本书不仅可以成为课本知识的提升和延伸，让你产生一直探索的想法，给充满求知欲的孩子们看；还可以给家长们看，因为书中有不少科学家的成长经历，发现的故事，对于教育，对于如何启发孩子，甚至是如何让自己成为更好的父母都有参考价值；更能给充满好奇心的每一个人看，也许你们在念书的时候没有经过系统的物理学教育，止步于高中物理知识，本书恰好弥补了这个巨大的遗憾！

基于上面的话，也刚好可以总结出本书有什么“用处”：

1. 激发兴趣，让学生更好地投入学习中；

2. 塑造榜样，不论是谁，“像科学家一样”，在自己喜欢的领域长期坚持，总能遇见更好的自己；

3. 构建更完整的世界观，给你一个不一样的角度去看世界。

所以说，人人都可以读点物理学。

在这里，不仅要感谢《云里 · 悟理》系列讲座的授课老师们，他们花了时间和心思备课，把自己作为一生事业去热爱的物理讲得有意思、贴近大家的生活。我们发现这些在网上的课，不仅有人爱听，甚至有好多听不懂的人也追着听。科普这种东西就是这样，你一开始可能听不懂，但突然有一天就会发现这些东西给你带来不一样的想法，这是一种潜移默化的力量。还要感谢王恩博士，他花了大量时间和心思在本书的内容组织上，把这些散落的珍珠串起来。最后，也感谢翻开书的你，毕竟，开卷有益。

相信书能成为你心里的一粒种子，有一天能够在千千万万读者心里生根发芽，结出美丽的果实。

长三角物理研究中心

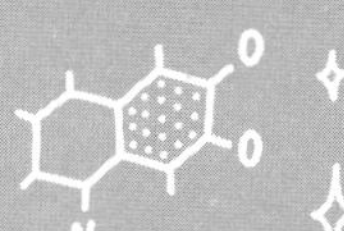

PHYSICS

1

思想篇

物理不悟理，云里又雾里

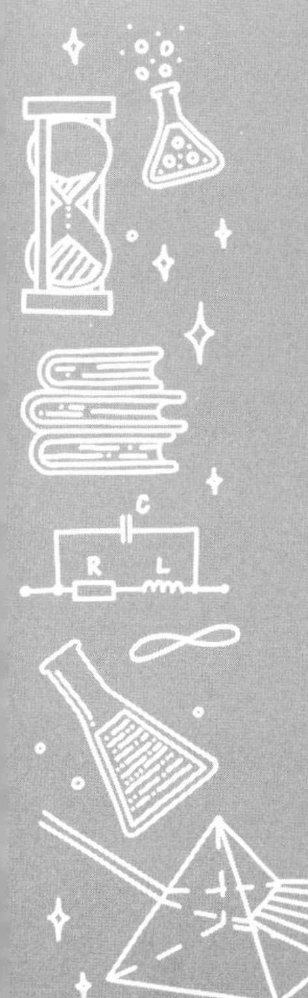

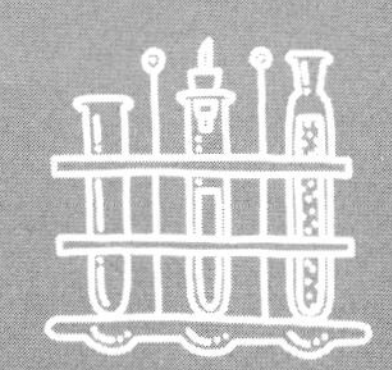

科学和技术发展到今天，现代的人们往往因为不知道其实现的细节而有种不真实的感受，而这种不真实的感受和生活中最直接的体验联系在一起：一边是手握智能手机拨打电话、畅快地看视频和玩游戏；另一边是宛如天书一般的数学公式和复杂计算。

说书的人最常说的、大家想听的故事大概都是与千里走单骑、过五关斩六将类似的剧情，略施空城计便可不战而屈人之兵。在各种不同的游戏里，科学技术的进步和发展则被进一步简化成了可以随意加“点”的科技树——只要在游戏里付出时间和资源，便可以获得一份宛如超能力一般的科学的力量，让我们可以掌控的资源从青铜跃升到铁器，再跃升到合金，掌握的能源从人力、畜力提升为蒸汽，再提升为电力。

那么，物理是这样一个学科吗？过去、现在乃至未来，物理有可能这么发展吗？答案当然是否定的。当然，在回答这个问题之前，我们首先要解释：到底什么是物理。

另一个与之相关的问题便是：从古至今，人们取得了众多伟大的科学发现，这些科学发现之间是否有什么相同之处，相互之间又是如何紧密联系的？

在刘慈欣所著的科幻小说《三体》中，有这么一个为人所熟知的“农场主假说”，我们不妨以此为视角一窥科学是如何发展的。这个故事的主角是一只聪明的火鸡，它通过观察发现，无论刮风下雨，“每天上午十一点，就有食物降临”。于是它将其总结成为“十一点吃饭定律”：主人总是在上午十一点给我们喂食。可是，天不遂“鸡”愿——在感恩节这天上午十一点，主人并没有给它们喂食，而是把它们都捉去杀了。[①]

我相信肯定不只有一个人想过——假如我突然灵光一闪发现了这个世界的终极定律，是不是就一举推翻相对论和量子力学了？在火鸡的世界里，这条终极定律的内容可能是：我们终将被送上餐桌。但从归纳的角度来讲，就算火鸡意识到了终极定律的存在，那聪明的火鸡发现的“十一点吃饭定律”就错了吗？当然并不是，它们只是意识到了“十一点吃饭定律”有使用的范围，而不是放之四海而皆准。它们还可以利用“十一点吃饭定律”，让自己变得更加强大。

当然，真实的故事远没有这么简单，“聪明的火鸡”想要总结和提出一条定律，甚至有可能付出生命的代价——尽管哥白尼早就总结出日心说的思想，但直到他生命走到终点前最后几个月，才开始准备出版。过去的物理学正是这么颤颤巍巍走过来的。

现代物理学将会走向何方？这是一个崭新的话题。在认识世界

---

① 该故事最早在罗素的《哲学问题》（*The Problem of Philosophy*）一书中出现，后经由哲学家波普尔重新整理，刘慈欣所著的科幻小说《三体》中也引用了这个例子。在小说中，它被称为“农场主假说”，为人所熟知。

的过程中，科学家渐渐发现其中的一个全新趋势：就算掌握了微观层面的每个规律，宏观的规律仍然和微观迥异。就像同样是研究人与人之间的关系，研究心理学的人和研究社会学的人基本思考方式区别就很大。而且对称性这种看似有点虚无缥缈的东西，在现代物理学的发展中也变得前所未有地重要。参破了对称性，我们甚至可以解释质量从何而来。通过与计算机、人工智能等强大的工具相互结合，学科之间如何相互借鉴和补足，同样是未来发展的一个重要课题。

虽然接下来的内容主要以物理知识和物理学史为主，但其中的思维方式和思考角度还是可以供来自不同领域、不同方向的读者借鉴。

希望每个人都能从中有所收获。

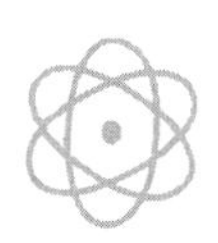

什么是物理？云里悟理有源流

如果你平时喜欢思考，那么在观察生活和大自然的时候，这些问题可能会经常萦绕在你的心头：

水是由什么组成的，为什么会流动？

云彩为什么会浮在天空而人不行？

我们能否回到过去？

宇宙到底有多大？星辰距离我们有多远？我们能看到宇宙的边界吗？

从宏观到微观，从宇宙到原子，这些问题都是我们在观察现象的过程中总结出来的。事实上，这些现象从何而来，是物理学要研究的问题，也是物理学要回答的问题。

什么是物理

什么是物理？用一句话讲，物理学是研究物质结构、相互作用及其运动规律的基础学科。物理学的英文名 Physics 一词由拉丁文 Physica 演变而来，而 Physica 源自古希腊文φυσική，就是“自然”的意思。

“物理”这一名词的中文起源，还要追溯到明代，在西学影响下方以智所著的《物理小识》这本书。这本书以百科全书的形式收集整理了天文、地理、博物、医药等属于自然科学范畴的知识。在这本物理学史典籍的语境中，物理泛指事物之理，内容甚广，并非当今物理学的意思。

虽然这本书也被收入《四库全书》，不过其在当时的中国并非声名显赫的名作。但这本书以一种曲折的方式影响至今。彼时日本正处于江户时期，引入了大批汉文西书，其中就包含这本《物理小识》。书中包罗万象的自然科学名词进入日语词汇，如“蒸馏”“恒星”“乘除”“经纬”等，而书名中的“物理”一词，也不再被理解为自然科学和人文科学杂糅的万物之理，而是真正被视为自然科学的总称。此后，日本人将 Physics 一词译为“物理”，后重新传入中国。

提起物理，在今天中国许多大学的物理学院或者物理系的宣传介绍中，会提及类似“格物致知”的标语和口号，源自《大学》:“致知在格物。”清末学者将 Physics 翻译为“格致学”或“格物学”也有一定道理。

按照教育部学科分类，物理学作为一级学科，下辖理论物理、粒子物理与原子核物理、原子与分子物理、等离子体物理、凝聚态物理、声学、光学、无线电物理等二级学科。其中涉及的领域不仅从微观到宏观，也从理论到应用。

不过在 17 世纪前，物理还主要是从生活的体验中发现和总结规律。古希腊时期，人们把所有对自然的观测和思考统称为自然哲学，这里面包括现在的物理学、化学、天文学、地学、生物学等。从解释物质基本构成的四元素说、原子说，到利用双脚和太阳丈量地球半径的测量实践，再到托勒密构建的细致庞大的地心说……人类对于天空星辰运动的预测和畅想从未间断。现今我们虽然知道这些学说中大部分都不一定对，但依旧可以看出古希腊人对于归纳总结自然规律的朴素探索。

从生活观测中发现和总结规律，浮力定律就是一个现成的例子。

有一年，国王请金匠用纯金打造了一顶王冠。王冠做好以后，国王怀疑金匠有可能造假，掺了银在里面，就请阿基米德前来鉴定。对古希腊人而言，要在不破坏王冠的前提下对其进行鉴定，这当然是一个非常难的问题。阿基米德一开始也一筹莫展，不知道怎么解决。有一天，他在洗澡的时候坐进了浴盆，里面的水位上升了，于是这个现象启发了他。他就想，如果把王冠放在水里，上升的水位就应该正好等于王冠的体积。所以只要拿与王冠重量相等的金子放到水里，看看它们的体积是否相同，就能判别是否有假。

阿基米德想到这里，高兴地从浴盆里跳了出来，赤身裸体地跑了出去，边跑还不停地喊："Eureka！ Eureka！"（意为"我发现了"。）

后来阿基米德在这一发现的基础上进一步发展出浮力定律，也就是我们在中学时学的定律：物体在液体中所受的浮力等于物体所排开液体的重量。

物理学从哲学中分化出来还是最近几百年的事。至少在牛顿时代，科学和哲学还是一家。我们知道牛顿有一本非常著名的作品《自然哲学的数学原理》(*Mathematical Principles of Natural Philosophy*)，你现在所能见到的牛顿三大定律、万有引力定律乃至高中课本中会出现的运动的合成与分解、力的合成与分解等知识，这本书都有涉及。但这本书的内容呈现方式迥异于现在的物理教科书乃至物理论文专著，将经典力学的相关知识以一个个定理和推论的方式进行编排。如果真的想要找一本与之类似的书，比起在物理学或自然科学范畴内寻找，它更像是《几何原本》(*Elements of Geometry*)之类的数学书。

而且我们可以从书名里的“自然哲学”看出来，这里并没有任何一个物理的词。甚至在书的序言中，牛顿自谦地说这只是在“致力于发展与哲学相关的数学”——**“如果说我看得比别人更远些，那是因为我站在巨人的肩膀上”。**

到了今天，各个大学的理学博士生在完成学业课程和研究，取得博士学位以后，可以被称为 Ph.D.，也就是哲学博士(Philosophiae Doctor)。在一些英语国家，取得博士学位者可根据自身偏好，将 Dr.(博士)放在自己的名字之前或在名字后接 Ph.D.。虽然如今理学和哲学已经分家，但之前的历史渊源仍旧能由此管中窥豹。

科学思想与研究方法的突破

对于自然哲学时代的物理研究，人们更注重的仍旧是哲学的思辨，而不是现代意义上的科学。在那个文艺复兴刚开始的年代，物理研究还受到了来自宗教的巨大束缚。任何一个与宗教信念不同的观点，都很难被大众接受。

比如从古至今，人们都对天上的星辰充满了浓厚的兴趣和好奇心。屈原《天问》中的“日月安属？列星安陈？”表达了古人对于日夜变换、星辰运动最纯真的好奇和探索精神。在西方，古希腊人认为地球是宇宙的中心，而恒星犹如镶嵌在以地球为圆心的同心圆上，环绕地球运动。托勒密将这一观点进一步完善和体系化，提出了本轮和均轮概念，进一步地解释了行星逆行的现象。在这样的宇宙观下，行星在小圆上运动，这个小圆被称为“本轮”，而本轮环绕地球运动，此轨道被称为“均轮”。因为这样的模型和天主教教会的世界观相吻合，所以地心说理论深入人心。文艺复兴时期，人们制造出了望远镜，以前所未有的视角重新观察星空。面对越来越多更加精确的天文观测结果，本轮和均轮对于行星运动的解释变得越来越羸弱，不堪重负。

打破来自宗教的束缚，也正是从 16 世纪文艺复兴发生的地方开始的。人们在思想与方法上有了新的突破，而这种突破也带动了欧洲科学的启蒙。所谓思想的突破，我们现在已经非常熟悉了，哥白尼提出日心说，认为地球不是宇宙的中心，地球作为行星之一要围绕太阳运动。他的学说最终推翻了托勒密的地心说，打响了科学思想革命的第一枪，而科学方法的突破则起源于实验科学方法的建立，这一突破最终释放了人类对于物理学领域范畴内，乃至整个科学领域范畴内的研究潜力。

科学方法的突破要归功于两个人。一个是英国哲学家培根，他是归纳法的创始人，也被誉为“科学方法之父”。他从哲学上认证了科学实验的重要性，认为科学研究应该使用以观察和实验为基础的归纳法，而不是基于宽泛的、未经证实的猜想和推测。关于归纳法，虽然大家感觉这个名词可能有些陌生，但其实我们在日常生活中经常不知不觉地使用它。比如夏天的时候，我们经常观察到午后天空会慢慢阴下来，昆虫在地面低飞，接下来往往就会下雨。经过日积月累的观察总结，人们创造了“江猪（乌云）过河（天河），大雨滂沱”之类的俗语并代代流传，这就是人类知识的来源。

另一个人则是实验科学的开创者伽利略，他被誉为“现代科学之父”。伽利略由于捍卫日心说而受到教会的迫害，直到 20 世纪 90 年代，准确来说是 1992 年才得到平反。伽利略通过实例展示了实验方法对科学研究的重要性，强调要使用实验和观测所得到的证据验证假设的正确性。

伽利略一生研究成果颇丰，比如为人所熟知的木星的四颗卫星的发现。值得一提的是，他创立的实验和数学有机结合的科学研究方法，对现代科学的发展产生了更为深远的影响。比如惯性原理的发现就一举挑战了横亘在人们心中上千年的认知，开阔了后世科学家的视野。

惯性，是一个大家在生活里经常能注意到的稀松平常的现象。我们投篮时，手掌推动篮球，篮球应声入网；我们踢球时，面对球门临门一脚，足球飞向球门死角。物体在脱离了施力对象以后，仍能往前运动一段距离并最终停下来，这似乎就是“惯性”。事实上，早在 2000 多年前，中国著名的思想家、科学家墨子就曾经说过：“止，以久也。”翻译过来就是阻力作用让运动的物体停止，**如果没有阻力，物体会永远运动下去**。这其实也是我们现在所说的惯性原理。

在亚里士多德的《物理学》（*Physics*）一书中，他将物体只受重力时下落运动的快慢（也就是速度的大小）归结于与物体的重量和流体的密度大小相关。他认为下落速度和物体的质量成正比，和所处流体的密度成反比，也就是重的物体会比轻的物体下落更快。物体要运动就必须施力，如果不对物体施加力的作用，运动就会停止。这当然和惯性原理并不一致。事实上，伽利略所总结的惯性原理也并不是之前的 1000 多年学界的主流观点。伽利略的双斜面实验（见图 1-1）让人们的认识迈出了突破性的一步。

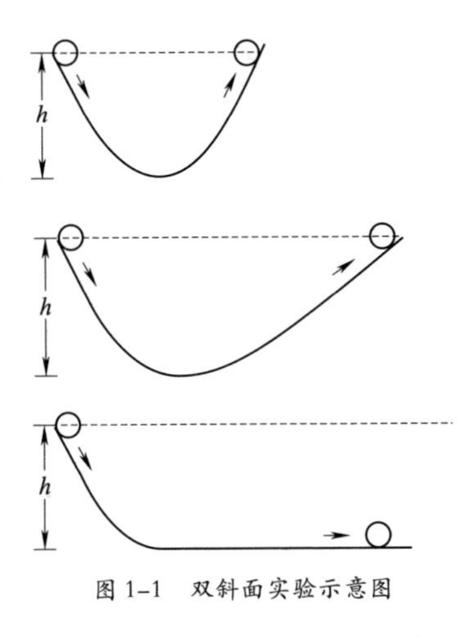

图 1-1 双斜面实验示意图

伽利略并不认可亚里士多德的观点，并通过实验来证明这个观点是错的。他为此做了非常著名的双斜面实验。伽利略设置了两段光滑的斜面轨道，中间用一段弧面连接，金属小球可以在其上从一端向下滚动，然后再向上运动到另外一个斜面轨道上。在实验过程中，伽利略注意到小球从斜面轨道滚下去，并最终回到最高点的过程中，小球在终点处与地面的相对高度和小球在起点处与地面的相对高度是一致的。当然，我们现在知道，这是因为小球的势能在向下滑动的过程中转换成动能，再在上升阶段转换成势能，由于整个过程能量守恒，因此终点和起点的高度必须是一样的。

上述实验并不是整个实验的全部。伽利略接着做实验，他把右边的斜面轨道放得比较平一点，让它的斜率变小，减小与水平地面间的倾角。这时候再做实验，让金属小球从一侧斜面轨道滚下去，然后从另一侧斜面轨道滚上去，这个时候小球滚的距离更长了。但是他发现当最后小球到了最高点，它与地面的相对高度依然跟起点处是一样的。他接着想，如果在实验的过程中继续减小斜面轨道与水平地面的倾角，把右侧斜面轨道放下去直至放平，那么实验结果会怎么样？小球从左边斜面滚下去以后，再继续向前走，它将永远不会停下来。

通过这个实验，伽利略证明了即使物体不受外力作用，它也会保持原来的运动状态不断地运动下去。物体之所以停下来，是因为它受到地面的摩擦力。这就是惯性原理，也就是牛顿第一定律的内容。

让我们重新把话题拉回到刚开始讨论的日心说。日心说在刚被提出的时候并没有那么完美，运动的大地和静止的太阳，一切都不符合人们的“直觉”。尽管哥白尼早就总结出日心说的思想，但直到他生命走到终点前最后几个月，才开始准备出版。而且当时的哥白尼其实也并没有办法回答“为什么大地在运动，空气也要跟随大地一起运动?”“运动的地球为什么不会土崩瓦解?”之类的问题。甚至因为最初的日心说假设地球绕太阳运动的轨道是正圆形，其对于天文现象的预测和解释也比不上地心说来得精确。日心说真的对吗？时至今日我们重新回顾这段历史，依旧能感受到其中的惊心动魄。这一切的谜底还需要等到开普勒发现行星运动三定律（即开普勒定律），牛顿建立起经典力学体系之后才能揭晓。

同样，归纳法也不是完美无缺的，英国哲学家罗素曾经提出过著名的“归纳主义者火鸡”。罗素借此陈述归纳法的局限性以及对于滥用归纳法的批判。虽然看似前进得颤颤巍巍，但我们其实并不惧怕哪天这座科学大厦会轰然倒塌。经由大量科学实验而观察、分析、总结得到的定律仍旧适用于我们的生活，这些实验构成了整座大厦的地基，稳如磐石。随着认识的深入、技术手段的进步，我们会发现越来越多原来的理论不适用的场景，就像相对论、量子力学之于牛顿力学，越来越多的定律需要被改写，人类也借此不断地扩充对大自然的认识。

科学正是这样不断地前进着。

在头脑里也能做实验吗

人们对物理学家，或者科学家的想象大致可以分为两类：第一类，穿着白大褂穿梭在高精尖的实验设备中，这些实验设备上的数字在不时地变换，闪烁着神秘的光；第二类，枯坐在桌子前，面前堆积着厚厚的草稿纸，上面写满密密麻麻的公式和符号，他们的大脑中产生一条又一条定理。尤其是人们对于后一类形象的想象，经过众多科幻小说和电影的渲染，更是夸张到无所不能的程度。

虽然物理学是一门实验学科，但在部分实验条件达不到的情况，利用想象力来“完成实验”，其实倒未尝不可。比如大家调侃时经常提到的“薛定谔的猫”，就是奥地利物理学家埃尔温·薛定谔于 1935 年提出的思想实验。他指出在宏观物体上使用量子力学的诸多诠释之一——哥本哈根诠释可能会产生一定问题。还有诸如麦克斯韦妖、EPR 佯谬、双生子佯谬等思想实验，都对物理学中人们对于概念的澄清和认识产生了十分积极的作用。

而将思想实验应用在科学研究中，并确定其在科学研究中的作用，仍旧是由伽利略完成的。比如，他通过实验验证自由落体运动和物体的质量无关，而且是加速运动。

在科学史上有一个非常著名的故事，在比萨斜塔上同时把质量不相同的两个球扔下去，结果它们会同时落地。虽然在很多书中都把这个故事的主角写成伽利略，但是经过考证并不是伽利略。虽然历史上并没有这个实验，但伽利略曾经做过另一个和这个相关的实验。实验是这样设置的，假想存在两个物体，其中的一个比另一个更重一些，两个物体中间用轻质的绳子连接，两者一起从高塔的上方被释放，从而做自由落体运动。如果我们认同前文所述的亚里士多德的观点，自由落体运动时质量大的物体下落得更快，那么绳子将很快被拉直，从而给下方原本应该下落更快的重物拉力，使得质量大的物体速度减慢；但是假如把两个物体看作一个整体，整体的重量比起每一个的单个物体都会更大一些，下落速度应该更快才对，由此导出矛盾。

上述思想实验设置精巧，看起来无懈可击，但这一切并不是偶然。在看似偶然的发现中，科学家往往付出了极大的心力，这些发现其实都有一定的必然性。早在牛顿之前，伽利略就已经注意到了加速度和运动的关系。而且在思想实验被提出之前，伽利略针对这个问题其实已经进行了大量的实验探索。

我们都听说过伽利略在单摆上的发现。他在教堂中静坐等待时发现，教堂顶部挂着的吊灯会在风的吹拂下左右摇摆。虽然吊灯摆动的轨迹不尽相同，但是在与自己的脉搏做对比之后，他发现无论摆动的距离为多少，吊灯摆动一个来回的时间总是对应着大致相同的脉搏跳动次数，也就是说吊灯的摆动周期总是固定一致的，而和吊灯的大小、形状没有关系。

在发现吊灯运动规律之后，伽利略将上述现象抽象为单摆，针对单摆进行了一系列的研究，最终证明摆长是影响单摆摆动周期的唯一因素。在伽利略的著作《关于两门新科学的对话》（*Dialogues Concerning Two New Sciences*）中，他借书中主人公之口，说出了自己单摆实验的研究结论：**“铅制钟摆和软木钟摆具有不同的质**

量，而其他方面类似。比较这两个实验中小球的运动情况，质量不同似乎并不对运动本身产生影响。”

伽利略还做过另外一个斜面实验。这个实验仅需要一个倾斜的轨道，伽利略在斜面上方释放小球，观察小球滚动的距离随着时间如何变化。他发现小球的运动距离和运动时间的平方成正比。现在我们知道，这实际上是牛顿第二定律的一个推论。他并没有满足于这个结论，在进行该斜面实验时，将原本的实验用球换成另外一个轻一点的球——质量不一样。在同样的实验条件下，他发现无论小球的质量是多少，在相同的时间里，这两个球走过的距离都是一样的，与质量无关。他接着把斜面抬高一些，让它的倾角变得更大，发现结果依然是这样。于是他想，假如把斜面竖直，那么让两球同时滚下，也就是自由下落，两者会同时落到地上。这个结论同样启迪伽利略挑战亚里士多德的观点，提出上述思想实验。

关于思想实验，在历史上还有另一个例子——相对性原理的发现。这也是后来爱因斯坦在建立狭义相对论和广义相对论时使用的最基本的原理之一。这个原理的发现不是通过实物实验，而是通过思想实验。伽利略想象，如果一个人被关到一个平稳运行、没有窗户的船舱里做物理实验，比如自由落体实验，球被松开后落到船的地板上。那么，球运动需要多少时间、最终落在什么位置等结果，其实和船是不是在运动没有关系。换句话说，船舱中的人无法通过实验判断船是静止的还是保持匀速直线运动的。

这个思想实验更深层次的含义在于物理定律应该放之四海而皆准，对于一切参考系保持相同的形式，无论是以地面为参考系，还是以运动的船舱为参考系。这就是相对性原理。

物理学的分分合合

随着科学思想与研究方法的突破，人们对于自然界的认识变得越来越完善。如牛顿所言“站在巨人的肩膀上”，在汇总整合众多前人研究的基础上，牛顿创建了微积分这一分析工具，终于建立了经典力学体系。

牛顿力学包括两部分，第一部分是牛顿运动三定律。**第一定律**，也就是**惯性定律**：如果施加于某物体的外力为 0，则该物体的运动状态保持不变。**第二定律**，也就是**加速度定律**：$F=ma$，物体的加速度大小跟它所受的作用力成正比，跟物体的质量成反比，加速度的方向跟作用力的方向相同。**第三定律**是**作用力与反作用力定律**：当两个物体相互作用于对方时，彼此施加于对方的力大小相等、方向相反。通过对物体进行受力分析，将牛顿第二定律所给出的方程和系统的约束条件联立起来就能完整求解得到系统的运动。

牛顿力学的另一部分是万有引力定律：两个质点之间所受的万有引力，和它们之间距离的平方成反比，而和它们两者质量的乘积成正比，比例系数 G 被称为“万有引力常数”。表示为：

$$F=\frac{Gm_1m_2}{r^2}$$

因为与其他相互作用相比，物质之间的万有引力实在太过微弱，所以万有引力常数的测量殊为不易，时至今日其仍然是测量精度最低的物理学常数之一。

牛顿基于开普勒的行星运动三定律，利用微积分总结得到万有引力定律。万有引力定律的建立是物理学的第一次统一。虽然恒星之间相互作用力可能是平方反比的这一猜想，在牛顿提出万有引力定律之前就已经存在了，但大家并不知道如何证明，更不能把地面上受到的重力与太阳和地球之间的引力联系起来，而牛顿把这两种看似尺度完全不一样、截然不同的力统一在一个理论框架里。这是一件非常重要的事情！他第一次通过天文观测与丰富的天体力学计算证明了这个物理学规律是普适的。

当然，这里同样有一个很有名的故事，一个有关苹果树的故事。牛顿 22 岁时，正好遇到英国暴发瘟疫。为了躲避瘟疫，他从求学的剑桥回到老家林肯郡。一天，当他在院子里散步时，突然看到有苹果从树上掉下来。这实际上是司空见惯的一件事情，却引起了他的注意。他想：苹果为什么是直接落到地面，而不是斜着掉的，也不是往上去的？

这个观察当然很简单，却启发了牛顿思考引力与重力之间是否存在着某种联系。他想到苹果之所以往下掉，是因为它受到来自地球重力的作用。假如重力并不是局限于地球表面附近，而是可以作用于距离很远的星辰，比如月球，会怎么样？他意识到苹果受到的力和地球受到的太阳引力实际上是一种力，因此这种力就被称为“万有引力”。

而在牛顿力学建立之后，物理学也迎来了快速发展的阶段。特别是在 18 世纪和 19 世纪，法国的物理学家库仑发现了静电相互作用的规律（即库仑定律）：两个点电荷之间的相互作用力与它们之间的距离平方成反比，和所带电量的乘积成正比。静电相互作用的规律和万有引力非常相似。在几乎同一个时代，位于丹麦的奥斯特深信电场和磁场之间一定存在着某种物理上的关联。他发现当导线通电后会产生磁性，使得周围的磁铁发生偏转。

这个结果令人十分振奋，奥斯特发表他的电生磁这一著名实验结果的时间是 1820 年 7 月，而到了 9 月，这个消息传到了法国。物理学家安培兴奋异常，立即开始进一步的研究。得益于深厚的数学功底，安培在后来总结出了电生磁的基本规律——安培环路定律。

尽管库仑和安培两位科学家都在法国，但是他们并没有意识到这两个规律之间更进一步的联系。

这个联系最终是被谁发现的？在上述定律被提出之后又经过了几十年，英国物理学家法拉第才最终揭示了磁生电的秘密。他发现，在一个用导线绕成的闭合线圈里通过一块磁铁，那么在线圈里最终会产生电流。与之类似，假如磁铁保持不动而让线圈运动，在线圈内部同样会产生电流。这就是电磁感应定律，补上了之前人们对于电场和磁场关系中缺少的一块拼图。由此，法拉第的发现把安培和库仑发现的电和磁的关系统一了。

虽然此时人类对于电和磁的认识似乎已经比较到位了，但其实一直在盲人摸象，难以一窥全貌。比如电磁感应定律告诉我们变化的磁场可以产生电场，奥斯特发现的电生磁却是恒定的电流可以产生恒定的磁场，看似相同的规律其实中间依旧存在着巨大的鸿沟。在法拉第的鼓励下，英国物理学家麦克斯韦把这些独立的规律总结成了一组方程组，称之为“麦克斯韦方程组”，这是一组非常漂亮的数学公式。而且基于这个方程组，麦克斯韦预言，光，也就是我们现在看见的光，其实是一种电磁波，由此他把光和电磁波现象也统一了。

是颠覆，更是新的开始

到了 19 世纪末，前面我们介绍的牛顿力学、电磁学都发展得非常完善。实际上在同一时期，热学、光学等领域的发展同样如火如荼，物理学的发展似乎有了一种达到巅峰的感觉。此时的学术界盛行一个观点，好像物理学的大厦已经建成了，下面只需要做一些装修就够了。

现在我们教科书中的很多物理大家，当时实际上持有类似的观点。比如著名的美国物理学家迈克耳孙就这么认为:“虽然肯定不能确定物理学的未来没有比过去更令人惊讶的奇迹，但似乎大多数宏伟的基本原理已经牢固确立……物理学未来的发现将要从第六位小数点上去找。”

而在大西洋的彼岸，同一个时代还有一位德国的著名物理学家——普朗克。在普朗克 18 岁选择专业进入大学学习时，他的老师就劝告他说:“在物理学这个领域，几乎所有的发现都已经完成了，剩下的只是填补一些不重要的洞。”普朗克回复:“我并不想开辟新天地，只希望理解已经存在的物理学基础，或许能将其加深。”

正当大家感觉物理学好像已经走到头的时候，两朵乌云却悄然飘来。在 1900 年 4 月 27 日，著名物理学家开尔文勋爵在英国皇家学会进行了一场后来广为人知的演讲。他一上来就做了一个大胆的判断。他断言:“热和光是运动模式的优美和清晰的动力学理论，目前被两朵乌云笼罩。”结果一语成谶，后来这两朵乌云发展成为颠覆经典物理体系的相对论和量子力学。

那么，到底是哪两朵乌云？其中一朵乌云来自“要从第六个小数点寻找新发现”的迈克耳孙。他和莫雷合作进行了一个非常有名又十分精巧的实验——迈克耳孙-莫雷实验。实验装置架设在一个 1 米见方的厚石板上，并且为了尽可能消除外界的影响，利用水银让整块石板悬浮起来。迈克耳孙认为地球上的光速会随着地球在宇宙中位置、速度的不同而发生变化。他设计这个实验的初衷是观察到这种变化，从而确认以太的存在。实验结果令他始料未及，虽然否定了他之前的想法，但实际上奠定了相对论的基础。相对论的诞生是物理学史上一件非常重要的事情，是爱因斯坦的杰作。相对论基于两个看似十分简单的物理原理：**相对性原理**，也就是物理定律在一切坐标系中都具有相同的形式；**光速不变原理**，光速在所有坐标系中都是一样的。最终它居然把时间、空间和引力都统一在了一起。

另外一团乌云则是黑体辐射。黑体辐射的难题在于经典理论根本无法解释全部的实验现象。后来，普朗克为了从理论上解释黑体辐射，提出了量子论的假设，“并不期望开辟新天地”的他，成了发现“量子新大陆”的第一人。虽然量子理论仅适用于原子尺度的微观世界，但它其实离我们的生活非常近。比如，量子力学实现了把物理和化学统一在一个理论框架下。课本上经常能看到的元素周期表，就可以用量子力学解释得非常好。量子力学让我们理解为什么锂离子电池的锂元素和食盐中的钠元素化学性质如此相像。同一族里的元素一般都具有非常相似的化学性质——因为物理和化学研究的原子和电子，都符合量子力学的规律。

当然，颠覆的过程并非一蹴而就，量子力学的发展来自一大群人集体的贡献，这里面包括前面提到的德国物理学家普朗克、丹麦物理学家玻尔、德国物理学家海森伯（他提出与量子力学等效描述的矩阵力学时才 20 多岁）、奥地利物理学家薛定谔、英国物理学家狄拉克、德国物理学家玻恩等。当然还有一些你觉得可能有点意外的人的名字，也包括爱因斯坦。玻恩与中国颇有渊源，他培养了四位非常优秀的中国学生，其中程开甲先生和彭桓武先生是我国“两弹一星”功勋奖章获得者。还有两位，一位是半导体物理学家黄昆先生，另一位是核物理学家杨立铭先生。

回望历史，每一次科学思想的突破，其实不仅意味着颠覆，更是新的开始。从 16 世纪到现在，物理学的发展大致经过了两个阶段。第一个阶段是经典物理学的发展阶段，从 16 世纪开始到 19 世纪结束，经典物理学包括经典力学、声学、光学、热力学和电磁学等。20 世纪以后，现代物理学肇始于相对论和量子力学的发现。如今，现代物理学已经成为包括广义相对论、量子场论、粒子物理、核物理、原子分子物理、凝聚态物理、等离子体物理、量子信息等领域在内的一门庞大的学科。

从宏观到微观，从宇宙到原子，人们对自然界的认识日渐丰富。什么是物理？参考答案的可选项正快速增加，物理学的内涵也正变得丰富且多样。我们可以很乐观地预见物理学仍会快速地发展，相信在未来，还有越来越多新的分支会不断出现。

现代物理学将走向何方?

物理学理论的每一次突破都给当时的社会生产力带来全新的突破。从蒸汽机到发电机，再到如今的芯片和计算机的发明，人类社会经历了翻天覆地的变化。现代物理学究竟有什么发展？它的未来又将走向何方？对于未来的想象与好奇，可能让很多人的心里都有类似的思考与困惑。

物理学是研究自然规律和物质结构的学科。它的研究对象非常广——从我们肉眼根本看不见的一些基本粒子，比如夸克、电子、中微子，一直到广袤无垠的宇宙，以及这些物质的运动或相互作用引发的千奇百怪的现象。现代物理学发展的现状和未来趋势这个问题非常宏大，我们还需要从最基本的开始说起。

寻找基本规律

现代物理学研究有两种范式，或者也可以称为两种路线图，其中一种范式叫“**还原论**”。

还原论其实也是一种哲学思想，它认为所有复杂的系统和现象都可以通过拆解各环节来理解。在自然科学中，还原论的基本原理也十分类似，认为自然界的一切都是由最基本的组成单元和基本规律决定的。我们如果能够有办法获知自然界的基本组成单元和基本规律，就能知道自然界的一切规律。经典物理、原子物理、核物理、粒子物理等学科的研究遵守的就是还原论范式。

按照还原论的范式，物理学的研究目标就是要寻找物质世界的基本结构和基本规律。比如，发现构成物质的基本粒子是什么。从东方《庄子 · 天下》的“一尺之棰，日取其半，万世不竭”到西方德谟克利特（Democritus）的“原子论”，物质是否无限可分？这是一个很基本的问题。

给大家举个例子，我们知道水由水分子组成。在水分子不被破坏的情况下，水和冰中的水分子排列组合方式有什么不同？溶液中的离子是如何和水分子相互作用的？这些和水分子密切相关的性质就是化学和分子物理研究的内容。如果我们把视野进一步缩小，水分子不是不可分割的微粒，同样也是有结构的——一个水分子是由两个氢原子和一个氧原子组成的。原子之间形成化学键，这些问题在量子力学范围内都是可以计算的。

同样，原子也是有结构的，这是原子物理学的范畴——它里面有电子，还有原子核。电子是基本粒子之一，不可再分，但原子核还可以继续分。原子核是由质子和中子构成的，这脱离了原子物理学的范畴，进入核物理研究的领域。构成水分子的氧 -16 原子核中有 8 个质子和 8 个中子。

那么，这些质子和中子有没有更细致的内部结构呢？物理学家发现，质子和中子是由夸克组成的，对夸克等基本粒子的研究则属于粒子物理范畴。夸克是不是有结构？目前理论中的基本粒子是否真的足够“基本”，不可分割？类似上面这些的问题，我们可以一直问下去，但现在我们不知道这些问题的答案。因为我们目前还没有加速器能探测到夸克内部的结构。

当然，为了探究如此微小的结构中的规律，人们也付出了非常大的努力。现代粒子物理的研究依赖粒子加速器和高能宇宙射线，不是因为人们不想，而是因为粒子的尺度实在太小，只有通过高能粒子的碰撞，分析对撞后产生的次级粒子、次级粒子衰变等的结果反推基本粒子相互作用的规律。只有积累大量的实验数据以后，才能得到可信的结论——希格斯玻色子的发现，欧洲核子研究中心（CERN）的大型强子对撞机（LHC）从开始搜集数据到最后公布结论用了整整三年。这还没有计算前期其他加速器为了缩小搜索范围以及 LHC 应对实验设备升级与事故所花费的更长的时间。为了回答在此之后粒子物理所研究的超对称粒子、额外维、反物质去向、超弦模型等问题，按照现有技术手段，加速器的尺寸和耗能还要增加不知凡几。为了探索更深层次物质的基本结构和基本规律，人类不仅需要理论的突破，还需要实验手段的突破。

从 20 世纪被广泛使用的云雾室（也称云室）到后来的回旋加速器，再到如今最大的同步加速器 LHC；从盖革计数器到闪烁体探测器，再到如今能将光信号放大 100 亿倍的光电倍增管……人们发明了各式各样的仪器，以前所未有的精度探测微观粒子。如今，我们知道组成这个世界的基本粒子一共有三类：第一类是夸克，一共有六种；第二类是轻子，一共有三种，包括电子、μ 子、τ 子；第三是中微子，同样也有三种，包括电子中微子、μ 中微子、τ 中微子。除此之外，还有传递这些基本粒子之间相互作用的玻色子，比如：光子，传递电磁相互作用——我们看见的光，就是光子；胶子，传递强相互作用；还有 Z 玻色子、W 玻色子。在标准模型中最后一个还没被提到的，也是最晚被发现的，正是前几年非常轰动的一个粒子，叫“**希格斯粒子**”，也叫“**上帝粒子**”。随着2013年3月14日CERN发布新闻稿公开确认希格斯粒子的发现，人类终于把这块拼图补上。

当然，除了发现物质微观的基本结构，还原论还有个目标——发现支配物质运动的基本相互作用和基本规律。经过几十年的奋斗，如今我们知道，自然界有四种基本相互作用力：引力相互作用、电磁相互作用、原子核衰变时才会观测到的弱相互作用，还有中子、质子之间的强相互作用。**引力相互作用**的发现就是一个典型的例子。

引力相互作用实际上是我们认识最早的物质基本相互作用之一，因为我们就生活在由地球、月球、太阳等天体组成的引力场里面，感受到我们对地面的压力，观察到海边规律的潮汐。但在中世纪之前，人们对于这种能够支配星辰的基本相互作用的理解仅停留在模型层面。真正从理论上对天体运动规律进行系统化的研究，还要从开普勒提出行星运动三定律开始。开普勒在总结了他的导师第谷大量实验观测数据的基础上，提出了行星运动三定律。牛顿又在开普勒行星运动三定律的基础上发现了万有引力定律。当然，这把我们对宇宙的认识提高了一大截。

自从牛顿提出万有引力定律以后，天文学家就开始利用这一规律计算行星的运动轨迹和它们出现在天空中的具体位置。正是根据天王星计算出来的轨道和实际观测位置的误差，三位年轻的天文学家伽勒（Johann Gottfried Galle）、亚当斯（John Couch Adams）和勒威耶（Urbain Jean Joseph Le Verrier）通过数学计算和天文观测发现了海王星。

爱因斯坦则在牛顿的基础上进一步发现了广义相对论，把我们认识的引力和时空结合在一起，预言了黑洞、引力波等一系列新奇而又引人入胜的现象。随着引力理论在一步一步地往前走，我们的认识越来越深入。引力理论是不是发展到广义相对论就到头了呢？也不是。

因为我们现在根据天文观测就会发现，在我们认识的这个世界里，真正“看见”的物质，其实只占整个宇宙非常小的一部分——只有 4%。还有 96%，是所谓的**暗物质**、**暗能量**。至于暗物质、暗能量到底是什么，虽然物理学家有诸多猜测，比如暗物质可能是大质量弱相互作用粒子、惰性中微子等，但时至今日，我们对此依旧一无所知。对于暗物质和暗能量的探测和认识还在进一步深入，我想我们未来会有更新、更好的理论出现。

回到这四种基本相互作用力上，它们相互之间的能量尺度并不相同，这里的能量尺度指相互作用的强度。那这些截然不同的相互作用之间有关系吗？这个问题也是爱因斯坦建立广义相对论以后，在他的后半生花大量精力研究的问题。爱因斯坦希望能够将电磁相互作用和引力相互作用统一，建立起一个统一的场论。但很可惜，一直到他去世，也没能成功。在爱因斯坦去世之后，20 世纪 60 年代，三位理论物理学家萨拉姆（Abdus Salam）、温伯格（Steven Weinberg）、格拉肖（Sheldon Lee Glashow）部分地完成了这项未竟事业，把电磁相互作用和弱相互作用统一了，建立起弱电相互作用的规范场论。后来大家又试图继续把统一的家族扩大，将三种相互作用——电磁相互作用、弱相互作用和强相互作用统一到同一个框架下，这也被称为“**大统一理论**”。不过，大统一理论目前还没有得到实验的验证。至于更大的统一场论——把四种相互作用统一的场论，目前还没有。

回到物理学研究范式的讨论上，标准模型中基本粒子的发现和基本相互作用的统一是还原论非常成功的地方，而这个成功似乎又一次让我们感觉达到了物理学的顶峰，一如 19 世纪末的状况。科学家接下来要做的事情只是“修补”这里面的“窟窿”。

多则生变，物理世界话演生

在讲修补物理学的“窟窿”之前，我们可以先问自己一个问题：知道基本粒子和基本相互作用，就能知道一切吗？在回答这个问题之前，先看一个简单的案例。

我们都知道水是由水分子组成的，为了从原子层面计算水分子的运动规律，需要计算量子力学的薛定谔方程。在这个方程中，三维空间中每个电子的坐标都是变量，而在一个水分子中，一共有 18 个电子（氧原子中有 16 个电子，氢原子中有 1 个电子），对应 54 个变量。如果我们需要计算大量的水分子，这里所谓的“大量”还只是几十个水分子，求解薛定谔方程就变得极为困难了。1998 年诺贝尔化学奖得主、奥地利裔物理学家沃尔特·科恩（Walter Kohn）将这个问题形象地称为“指数墙”问题。从另一个角度讲，量子力学的描述也不一定对我们研究水的规律性有足够的指导意义。自然界中存在各种各样形态的水，它可以是气态的水蒸气，它也可以变成我们日常喝的水那样的液体。如果把温度降低一点，它还会变成冰，变成固体。这些不同的形态都有各自的运动规律和运动形式，很难直接从量子力学来给出肯定性或准确性的描述。

所以知道基本粒子和基本相互作用，就能知道一切吗？答案是否定的。

前面已经提到，现代物理学研究有两种范式，或者也可以称为两种路线图。还原论已经介绍过了，另外一种则叫“**演生论**”。与还原论试图“分而治之”相反，演生论认为客观世界的变化是无穷无尽、分层次的。**演生论就是研究大量粒子聚集在一起的时候所呈现的规律**。凝聚态物理、热力学、统计物理研究的主要范式就是演生论。

1977 年诺贝尔奖得主，著名物理学家安德森（Philip Warren Anderson），曾经对演生论有一段非常精辟的论述。

> 大型复杂基本粒子集合体的行为，并不能按照少数基本粒子性质的简单外推来理解。恰恰相反，在复杂性的每一个层次都有崭新的规律；在我看来，为理解这些新行为所进行的研究，本质上是同样基础性的。

层级的划分可以从多个角度展开。就**时间层次**而言，人的一生中青少年时期与中年、老年时期的行为模式并不相同；从地月系和太阳系，到银河系和星系团，不同**空间层次**的天文系统现象也并不相同；从互不影响到多体纠缠，系统中**关联层次**的不同也意味着层级的不同。当然我们还可以从学科视角看，物理、化学、生物，还有由人构成的社会各自构成不同的层次。物理的规律和化学的规律是不一样的，化学与生物也不尽相同，到了意识这个层次就更加复杂。至于社会中人与人之间接触的规律，则已经进入心理学和社会学的范畴。

为什么把大量的粒子放到一起之后，会呈现出不同的规律？从物理学角度来讲，这里至少有三个原因。

> 1. **量变引起质变。**用更加专业的术语来讲，随着系统中粒子数量的增加，当其增加到无限大的时候，物理系统中会出现

相变，本来可以连续变化的物理量将会变得不再连续。这个过程也被称为“热力学极限”。比如水存在气态、固态、液态三相，而一个水分子显然不存在三相。

2. **多粒子系统中存在强烈的非线性效应，甚至混沌效应。**什么是混沌效应？指系统初期非常小的扰动，会使得系统最终演化到一个想象不到的状态上去，这通常也被称为“**蝴蝶效应**”——在南半球的一只蝴蝶扇了一下翅膀，结果北半球出现了一场龙卷风。

3. **量子系统中存在量子纠缠，粒子被非常强地关联在一起，“牵一发而动全身”。**此时系统中一加一不等于二，任何一个粒子有一点点变化，其他的粒子都会感受得到并做出反馈。有时这种关联引起的现象可能会完全超乎你的想象，比如超导现象和超流现象。

在自然界中存在很多导电性能非常好的材料，比如很多金属，人们用它们制作成了导线和各种电器。不管是金、银、铜，还是铁，虽然它们的导电性很好，但依旧存在电阻，电流无法无阻碍地通过，一旦通电就会产生热量。在自然界中还存在另外一些特别的导体，当你把温度降到足够低以后，它们会变成超导体。此时电阻突然消失，超导体中的载流子发生很强的关联，电流可以在其中无阻碍地流动。而且超导体还存在抗磁效应，将它放到磁场中会产生非常强的排斥磁场的力。这个排斥力非常强，超导磁悬浮列车正是利用这一排斥力将列车悬浮在空中的。

超流则指流体中的黏滞力完全消失。我们知道流体在流动时会受到一定的阻力，这个阻力就是黏滞力——同样用吸管喝饮料，吸酸奶比吸牛奶费劲得多，就是因为流动的酸奶黏滞力比流动的牛奶更大。本来流体流动时多多少少都受一定的阻力，但人们发现如果将液氦降到足够低的温度后，它会变成一个超流体。在这种状态下，液氦的黏滞力消失了。如果存在一种超流状态的酸奶，用吸管吸这种酸奶将毫不费力。超导和超流现象都是关联效应的体现，必须将量子力学和统计物理的知识结合起来才能理解。

从 20 世纪中叶开始，多粒子系统中丰富的物理现象使得演生论逐渐从配角身份变成如今物理学研究的主角之一。

研究多粒子系统演生规律的学科主要有三个——**热力学、统计力学与凝聚态物理**。热力学和统计力学是从 19 世纪就已经开始发展的学科，在 20 世纪以后新发现的量子统计又一次极大地丰富了统计物理的内涵，使得物质世界的现象变得更加丰富多彩，而另外一个研究演生规律的学科则是**凝聚态物理**。凝聚态物理主要是研究固体、一部分液体和胶体的物质运动规律的学科。凝聚态物理也是现在物理学最大的一个分支学科，是信息科学、材料科学和能源科学等学科发展和技术进步的基础。

凝聚态物理在不断开枝散叶的同时，极大地改变了我们的生活。现代社会已经离不开芯片，半导体物理的发展是现在信息技术发展的基础。另外，半导体对于新能源的发展也是很重要的，比如太阳能电池效率的进一步提高，锂电池乃至钠电池等新能源电池材料的发展都离不开对半导体材料的探索。磁学是凝聚态物理的另外一个分支，我们现在的磁存储技术，还有核磁成像医学诊断，都是磁学研究成果的应用。凝聚态物理的第三个分支是超导物理。前面我们已经介绍了什么是超导体，实际上超导体也拥有广泛的应用前景，光是能够让电流无阻碍地传输这一点，就可以用它帮助我们实现无能耗的输电。另外，可控核聚变技术路线之一的托卡马克装置的进一步升级，也和超导物理息息相关，托卡马克一旦成功的话，将会引发能源技术的革命，会彻底解决能源短缺问题。表面物理也是凝聚态物理的分支之一，和化学与其他应用学科有非常强的联系。

物理学怎样才能取得新突破

那么，物理学的创造性思维究竟是什么？当然，这实际上是一个很难回答的问题。但是，如果看一看物理学取得突破的主要因素是什么，也许能够给我们提供一点线索。我们认为，物理学取得突破有四个主要因素。这里借用量子力学中矩阵力学的发展作为例子。

有新的实验发现。量子力学的研究起源于对光谱的研究。历史上针对光谱的研究很早就有了，牛顿利用三棱镜将来自太阳的白光分解成各种色光，揭开了光谱学研究的序幕。后来发展的衍射光栅和分光计允许人们使用非常高的精度观察和量化光谱中谱线的波长。通过对太阳、金属和气体的光谱的观察，我们已经明白了光谱对应于特定的化学元素，并因此发现了新元素，比如氦是从太阳光谱中发现的，这也是唯一一个首先在地球以外发现的元素。而针对氢原子谱线的波长，人们的研究更为彻底。1885 年，年近 60 岁的瑞士数学老师巴尔末（Johann Jakob Balmer）提出了巴尔末公式，通过公式计算得到的谱线波长与实验测量值误差在 1/40 000 以内。

旧的理论体系出现危机。承接上一步，实验中的新发现在过去的理论体系中得不到解释，而为什么氢原子的光谱会出现分立的谱线？这些谱线的波长又为什么满足巴尔末公式？这些问题在电磁学中无法找到答案。为了研究原子光谱，肯定要先了解原子。随着人们对于原子研究的不断深入，原子的结构似乎更加清晰地摆在人们眼前。比如卢瑟福的氦原子核散射实验揭示了原子内部其实十分空旷，电子可能是绕着位于中心的原子核，就像行星绕着太阳一样运动。

不过，这个模型依旧遭到了很多人的攻击。在进入原子这样微小的尺度以后，原本很完美的经典电磁理论遭遇了明显的瓶颈。如果借用经典电磁理论中的加速电子辐射电磁波公式，原子甚至会直接崩溃，更不用说分立的能量状态在经典电磁理论中同样难以构造模型。

玻尔有针对性地提出了定态和跃迁的概念，并假设氢原子中电子绕原子核进行圆周运动；轨道中电子的角动量是量子化的。在这些概念和假设的辅助下，玻尔几乎完美地解决了氢原子光谱的问题，甚至可以将这个理论推广至其他元素。但对于氢原子光谱的谱线强度与更为精细的谱线结构，或者氦原子的光谱，玻尔模型无能为力。虽然黎明的曙光近在眼前，但对于光谱和原子结构模型的每一次猜想，都在解决部分问题的同时留下另一个扑朔迷离的问题。回过头来看，可以看到大家对于原子的图像非但没有变得更加清晰，反而越来越迷雾重重，一个又一个的矛盾环环相扣。

新的数学语言出现，或者要发展新的数学语言。矩阵这一概念的雏形早已有之，为了直观地展示线性方程组的求解，中国古代的《九章算术》就把方程的系数摆成方阵。但真的将矩阵的表述规范化乃至能将其发展成适用于量子力学所需要的无穷维矩阵，则一直要到 19 世纪末 20 世纪初。不过对当时的物理学家而言，矩阵概念并不熟悉，平时使用最多的数学工具是微积分。海森伯在处理如何解决从经典理论到量子理论过渡的过程中，遇到了同样的问题。玻尔革命性地引入了定态的概念，解释了氢原子的光谱谱线为何是分立的，但是并没有解决一般情形下如何把经典理论自然地过渡为量子理论。

所以，海森伯在思考这个问题时，对跃迁和定态的概念进一步扩展。首先，因为在玻尔对氢原子模型的解释中可以看到，电子在特定时间所处的位置已经没有意义，只有定态和跃迁。所以为了让量子力学解决这个“位置”问题，只能把“位置”写成一张表，这张表的每一行和每一列代表跃迁出发的态和结束的态，用跃迁的方式表达电子的“位置”。当然上面的分析其实对于所有物理量都成立，在量子力学里，经典的动量 p，应该扩展成 $(p)_{mn}$，也就是定态之间的跃迁振幅。现在的我们知道，这就是矩阵。

根据矩阵的乘法，假如矩阵 A、B、C 满足 $C=AB$（比如动能和动量之间的关系就满足这种乘法关系），那么 C 的矩阵元是

$$(C)_{mn}=\sum_{l}(A)_{ml}\cdot(B)_{ln}$$

回到我们开始在计算物理量 C 对应的表格的过程，为了计算 C 的跃迁振幅，原子经历的状态是从态 m 跃迁到态 n，但是有没有可能原子经历的状态从态 m 跃迁到态 l，再从态 l 跃迁到态 n 呢？把中间所有的可能性全加起来，这个计算的方式正好和矩阵乘法的计算方式不谋而合。[①]

要在一个更高层级上建立一个统一的理论。在海森伯发展上述矩阵力学的同时，薛定谔也从德布罗意的波动性角度出发，建立了电子应该满足的波动性方程。很快，薛定谔就写出了一系列震惊学

① 关于海森伯是如何发展量子力学的，上文的描述简化了很多过程。更多资料可以阅读王正行编著的《量子力学原理》（第三版）中的附录章节。

界的论文——《量子化就是本征值问题》。在论文中，他第一次给出了如今已经写在量子力学教科书里的薛定谔方程。

并且，他还在数学家外尔（Hermann Weyl）的鼎力相助下成功求解氢原子模型下的薛定谔方程，得到了与玻尔模型一致的结论。这一系列论文得到了普朗克和爱因斯坦的盛赞。区别于当时物理学家觉得抽象和陌生的矩阵力学以及矩阵运算，波动力学用“友好的”微分方程就能解决量子化问题。随着矩阵力学和波动力学的逐渐完善，人们发现这两者只是一个东西的不同表述罢了，本质还是量子力学。由此，人们终于在经典物理理论体系的基础上，迈出了一大步。

原有的理论之所以会出现危机，是因为原有的理论存在适用范围，新发现的实验现象已经不在这个适用范围内。原有的理论适用范围想要更大，就需要在更大的层次上，或者更大的范围上建立新理论。而坚持在厘不清的新现象背后仍有一个新的统一的理论，不被旧思想束缚，“敢教日月换新天”，正是物理学发展的一种非常重要的思维方式。

回顾现代物理学的发展史，我们可以看到现代物理学实际上是个**引领型的基础学科**，在自身发展的同时也对其他学科起到了推动作用。随着物理学的发展，一些成熟的分支学科会逐渐从物理学中分离出去。天文学、力学和无线电等学科，都是从物理学分离出去从而成为独立学科，光学、声学也部分从物理学独立出去。除此之外，物理学还推动了化学、材料、信息、能源、生命等学科的发展，并与这些学科形成非常紧密的交叉和融合，我们从一些学科的名称就能见到端倪，比如物理化学、化学物理、生物物理、地球物理，等等。这都是学科交叉融合的具体表现。

学科之间的水乳交融，也不断为物理学带来新突破。数学和物理也有非常密切的联系。简单来说，**物理是一个通过数学来揭示自然美的学科**。英国物理学家狄拉克说过一句非常有名的话：

> A physical law must possess mathematical beauty.
>
> 物理定律必须具有数学美。

纵观物理学的发展，新数学语言的发展对物理确实起到了支撑作用。牛顿力学的建立离不开微积分。因为当时还没有这一数学语言，牛顿就自己创造并发展了微积分。这不光是对物理学的一个巨大贡献，也是对数学的一个巨大贡献。电磁学的发展中用到矢量场论、微分方程——这也是数学里一个重要的分支。广义相对论用到的是**黎曼几何**。黎曼几何和我们中学学的欧几里得几何是不一样的，和笛卡儿的解析几何也是不一样的。欧几里得几何是定义在平直空间的，而黎曼几何是定义在弯曲空间的。量子力学也被称为“矩阵力学”，用到了线性代数，也是数学里面一个很重要的分支。

如今，物理学研究的两种范式——还原论和演生论，各自在不同的领域内发挥着积极的作用，不断为现代物理学添砖加瓦。我们百年前的“决战量子之巅”，至今想来，仍让人觉得惊心动魄，科学家如何抽丝剥茧，从纷繁的自然现象中发现隐藏在背后的最朴素的自然定律。如今的物理学最前沿，同样也在这样发展。

现代物理学将会走向何方？这个问题的答案归根结底可能还需要正在读本书的你来回答。如果你将来打算从事物理学研究，希望你也能像历史上做出重要科学发现的那些科学家一样，成为打破物理学已有理论框架，引领现代物理学发展的那个人。

对称破缺的物理“美”在何处

每天早起对着镜子梳洗，我们用到了镜面对称性，镜子打造了一个和我们现实世界相同的镜像世界；每天出门骑着自行车，车轮能够在地面上滚动，是因为存在旋转对称性，将轮子绕圆心转过任意角度，轮胎并没有发生变化。对称在我们的生活中无处不在。

那么，对称破缺是什么意思？对称破缺和物理又有什么关系？在物理中，系统从很对称到不太对称，甚至完全不对称，或者是从高的对称到低的对称会发生，这是下面主要讨论的话题。

科学与艺术中的对称

在人类文明发展的漫长历史长河里，对称是一个贯穿古今的非常重要的元素。它在我们日常生活中无处不在，比如中国民间剪纸艺术的基本元素之一就是对称。通过适当地折叠纸张，艺术家只需用剪刀在纸上剪一剪，就能获得重复的曼妙花纹。在东方和西方的建筑艺术里，大到故宫的中轴线、巴黎圣母院拱券的设置，小到中式园林中窗棂的花纹，对称同样比比皆是。

对称在艺术创作中非常重要，但是艺术里的对称给人们带来的美，却并不是绝对的和完全的。不对称，带给我们欣赏美的另一个角度。中国著名国画家吴冠中先生曾经有一幅题为《对称乎，未必，且看柳和影》的水墨画。在画作中，由于水面的反射，柳树和映照其下的影子近似对称，但是并非完全对称；画作上方影影绰绰有一座山峰，但山峰的左右两侧也不是完全对称的。该画创作于 1995 年，为第二次科学与艺术研讨会“镜像对称与微小不对称”科学主题所作。这个会议的主持者不是别人，正是李政道——李政道和杨振宁一起提出了基本粒子在弱相互作用条件下的宇称不守恒定律，最终通过实验得到了证明，并因此于 1957 年共同获得诺贝尔物理学奖。

一位是闻名海内外的老画家，一位是获得诺贝尔物理学奖的科学家，吴冠中先生和李政道先生自 1987 年开始将艺术与科学结合的合作。《对称乎，未必，且看柳与影》这幅水墨画正是二位先生在充分交流后产生的思想创作和表达，体现了对于对称和对称破缺的理解。其实，李政道先生一直非常倡导科学家和艺术家的交流，因为科学和艺术有许多很深刻的共通之处。科学和艺术都是人类的创造，也许科学更多依靠智慧，艺术更多依靠直觉和情感，但是它们都是创造，需要灵感，需要领悟，需要推翻成见，在未知中探索。

对称的世界是美妙的，而世间事物的丰富多彩却又往往体现在它不那么对称。可能在我们心里觉得，镜子被打破不是一件好事，不过有时对称性的微小破坏，也能带来美妙的结果。

李政道先生在其《对称与不对称》一书中曾经使用明末清初的画家弘仁的名作《黄山天都峰图》作为例子。画中的山峰看起来十分接近左右对称，给人以美的享受。但假如把这幅名作“改造”一下，对照左边原画进行反演操作，复制以后得到的图就变得面目全非了，“像黑势力的巢穴一般”。艺术就是这样，要对称，但又不可能是完全的、绝对的对称。

在科学上对于对称性的系统性研究，可能还要从伽罗瓦（Évariste Galois）和他发明的群论开始说起。群论如今已经发展成为理解大自然对称性的基本理论，在各个领域被广泛使用。英年早逝的伽罗瓦在决斗前夜奋笔疾书，努力写下他的数学研究成果，却最终不幸死于决斗的故事，更是为群论的历史增添了不少浪漫色彩。伽罗瓦最初将群论应用于解释“为什么五次及更高次的一元多项式方程没有一般的代数解法”，在这个问题中隐藏的对称性来自多项式方程的根是对称的，可以互换它们的顺序。此时群论还未在更广阔的空间中大展神威。

当然，比起上述数学上较为抽象的置换群的对称概念，人们对于几何上的对称更为熟悉，几何图形的对称操作同样可以构成群。几何对称存在于飞舞的蝴蝶身上，存在于初春时节去郊区旅游、远足时看到的漂亮冰花里。在山区里，下雪后结成冰再融化形成的冰花，具有漂亮的六重旋转对称性。在自然界中还存在非常多漂亮的晶体，比如钻石、蓝宝石、水晶等众多矿物，这些矿物所具有的规则几何外形，来自晶体内部原子具有高度对称性的排列，这些都是对称。通过研究对称性，科学家发现虽然晶体的构成元素五花八门，但是这些晶体拥有的对称性却并不是无限的，而是可以分为 7 大晶系、14 种空间晶格（也被称为“布拉菲晶格”“布拉菲点阵”）、32 种空间点群和 230 种空间群。我们在晶体里又一次见到了“群”。

二维的格点则在 1924 年由波利亚（George Pólya）证明一共有 17 种对称模式。虽然数学上的证明姗姗来迟，但人们在劳动过程中一定很早就知道所有的对称模式。在建于 14 世纪的西班牙阿尔罕布拉宫内，工匠使用形状各异的瓷砖在宫殿墙壁上制作出了精美繁复的对称图案，数学家在其中找出了所有的 17 种对称模式。

想要谈论对称性在物理学中有何深远影响，德国数学家诺特（Emmy Noether）和她发现的诺特定理（Noether Theorem）是一个绕不开的话题。用一句简单的话来表述诺特定理就是：每一个连续对称性都存在相应的守恒定律。比如我们耳熟能详的能量守恒定律，能量不可以凭空产生，也不可以被消灭，只是从一种形态变换为另一种形态，其实对应着物理定律不随着时间改变，这是时间平移对称性。假设万有引力的强度会随着时间发生变化，那我们只要在万有引力较小的时候把水抽到高处，再在万有引力较大的时候重新用水发电，就凭空产生了源源不断的电能，打破了能量守恒定律。地球围绕着太阳周期性运动，遵守角动量守恒定律，对应着物理定律随着空间转动不发生变化，这是旋转对称性。甚至这个定理还能被推广至量子场论中，从电磁场的电势和矢势的规范不变性，科学家推导出了电荷守恒定律。

在科学中，对称很有用，但对称的破缺同样有用。

对称破缺在物理理论中实际上也很简单，比如磁铁内磁性可以有向上和向下两个方向，但是如果现在通过实验确定的是向上这个方向，那磁铁内上和下就不对称了，少了一个对称的元素，也就是对称破缺。一个正方形格子有八个对称元素，由镜面和旋转这些操作组合而成，通过对称操作以后形状不变，但是如果我们把正方形稍微拉一下变成长方形，就变成只有四个对称元素了，此时体系绕中心旋转 90° 不再保持不变。在通常情况下，高温高对称，低温低对称。

最早注意到对称破缺的物理学家是华人物理学家杨振宁先生、李政道先生和吴健雄女士。杨振宁先生和李政道先生在 1956 年的时候意识到在基本粒子弱相互作用里的宇称对称会被破坏。宇称对称简单说就是一个镜面的对称，左边跟右边一样，但是在粒子物理里，粒子在弱相互作用的时候不完全对称。李政道和杨振宁的预言由吴健雄在钴-60 的 β 衰变实验中证实。这是一个非常重要的发现，毕竟按大家长久以来的想法，镜中世界的物理现象应该和现实世界的物理现象完全一致，自然规律应该在左右变换之下是对称的。在吴健雄的实验中，选取了极化的钴核作为研究对象，实验由两套完全镜像的实验装置构成，里面的钴核同样互为镜像，旋转轴平行，但是旋转方向相反。按理说最终 β 衰变的产物电子应该也是呈现镜像，但是实验结果和人们的想象相去甚远。也无怪乎泡利一开始也不相信，甚至愿意下任何赌注来赌宇称一定是守恒的，不过到了后来也开玩笑说幸好没有人和他赌。

相变开花，细推物理需行乐

在开始继续讨论科学中的对称与对称破缺之前，请允许我先跑个题，讨论物理中另外一个同样十分重要的概念，一个看起来和“对称破缺”没什么关系的概念——物态变化。我们也可以用相变这一更加学术严谨的词语来形容物态变化。在外界参数发生变化的时候，比如温度发生变化，磁场强度发生变化，压力发生变化的时候，物质的特性会发生不连续的变化。

我们日常接触的水就有丰富的物态变化。水有不同形态的变化，在一个标准大气压下，水会在 100℃的时候沸腾，变成蒸气，而在 0℃的时候结成冰。在不同温度和压力之下，科学家在固体冰中更是发现了多达 18 种相。

相变这一现象好像很直观，但是闭起眼睛再想一想也不那么简单，似乎还有些吓人——在水逐渐降温结冰的过程中，温度的改变不能使水的分子结构产生变化，水的相互作用同样没有变化。但是这样一滴水所拥有的 10^{20} 个分子，也就是一万亿亿个分子，它们在这个过程中不约而同地、整齐地从一个状态变到另外一个状态。在这背后是什么机制在指挥着它们进入物态变化的过程？新的相又如何在老的相里孕育、出现然后演生？这是研究物理的人必须回答的问题。

现代信息社会离不开各式各样的显示设备，人们频繁使用的手机、计算机、电视机的显示屏等都是使用液晶、基于液晶显示（Liquid Crystal Display，LCD）技术制成的。[①] 在这些显示器材中，每个像素点上都存在大量的液晶分子，这些液晶分子有的呈棒状，有的呈饼状。在电场的作用下，这些液晶分子的排列方向从无序变得整齐划一，从而变成屏幕上丰富多彩的图案。这里液晶分子经历的也是相变。

还有一些古老的物理现象，比如磁性，虽然人们早已了解，但其物理描述也是逐渐才搞明白的。我们的老祖宗借磁性发明了指南针，从此人们出门远行，除了利用天空中的星辰，还可以借用指南针辨别方向。磁是物理学中相当奇妙的一种现象，科学家发现了磁性存在相变温度，也就是居里点。磁铁在温度达到居里点以上时，磁性会消失，而在温度位于居里点以下时拥有磁性。我们日常使用的磁铁居里点很高，磁铁内部电子的有序排列足以克服温度带来的

① 在科技飞速发展的同时，信息设备的显示技术也在不断革新，人们需要更轻、更薄、更具柔性的显示屏。随着 OLED（Organic Light Emitting Diode，有机发光二极管）技术的不断成熟，部分电子设备已不再使用液晶。

无序运动的影响。

奥斯特通过实验证明了电流可以产生磁场，但人们对于物质的磁性起源的解释却仍旧一头雾水，一直到量子力学理论发明完善以后，科学家才真正明白磁性的来源其实是量子。在 1911 年，玻尔证明经典物理中并不允许磁性存在，[①] 微观层面的运动粒子在磁场中的平均能量和磁场的大小无关，所以不可能出现物质在外界磁场作用下发生磁化等现象。

相变是如此常见，而与此恰恰相反，在历史上很长一段时间里，科学家对于相变产生的原因理解甚少。倒不是科学家不想去回答或逃避这个问题，而是人们对于物质世界的认识还不够。

有一部分相变因为牵涉到微观粒子，现象更为复杂。牛顿力学是自然科学奠基性的理论，宏观世界所有物体、天文现象等都是可以从牛顿力学出发进行描述的。但是到了微观世界，原子、电子等微观粒子就不能再用牛顿力学来描述了。此时，著名的不确定关系限制了微观粒子的坐标和它的动量（或者速度），使它们不能被同时确定。在量子力学中，微观粒子没有轨迹，所以在粒子相互作用以后并不能区分这些粒子，我们不能盯着某一个粒子说这是张三，这是李四，它们是全同的。

后来人们发现了微观粒子还存在内禀自由度——自旋，全同的粒子根据自旋的不同可以分为两类，各自具有不同的统计性质。一种是玻色子，在玻色子的不同状态里，其中的每个状态都可以有很多全同粒子；而另外一种粒子是费米子，在每一种状态下有且只能有一种粒子。这两类粒子仿佛性情完全相反的两类人，玻色子愿意

---

① 这个定理也被称为“玻尔-范·吕文定理”（Bohr-Van Leeuwen theorem）。范·吕文在她 1919 年发表的博士毕业论文中同样独立地发现了这个定理。

和它的朋友共享自己的一切，和朋友开心地共处；费米子则更喜欢安安静静地独处。

正是因为玻色子和费米子之间迥异的相互作用，人们在计算由这两类粒子构成的微观状态数时用的统计方法大相径庭。由此，低温下的费米子和玻色子呈现了不太相同，但同样奇妙的现象。这中间还发生了一段有趣的故事。

玻色子的奇妙现象是当时非常年轻的印度物理学家玻色（Satyendra Nath Bose）在爱因斯坦的帮助下发现的。玻色在给学生上课时，本来想要向学生说明当时的理论无法证明普朗克的黑体辐射公式，结果在演示的过程中遭遇“打脸”。他在计算概率的过程中阴差阳错犯了错误。然而出乎意料的是，正是在这个错误的假设下，他居然正确地推导出了黑体辐射公式。因为事有蹊跷，后来玻色仔细检查自己无心的错误中隐藏了一个大胆的假设：计算黑体辐射中的光子气体状态分布时，需要无视粒子的位置和动量等信息。只有认为系统中每种状态发生的可能性都是相同的，才能正确导出普朗克的黑体辐射公式。后来他把内容整理成文章向杂志社投稿，没想到拒绝来得非常突然。或许是这个“错误”在别人看来真的是错误，又或许是文章中的思想太过超前，文章在当时很难得到认可，很快就被杂志社退回了。

无奈之下，玻色只好给爱因斯坦写信求助，彼时爱因斯坦已经建立了相对论，是世界著名的科学家。爱因斯坦非常友善地帮他把文章翻译为德文，并在德国著名物理杂志《物理学杂志》（*Zeitschrift für Physik*）上以玻色为名发表。在这之后，他们继续在这个领域共同研究，一起预言了**玻色-爱因斯坦凝聚**（Bose-Einstein condensation，BEC），两人之间的友谊也变得更加深厚。其实，此次求助并不是玻色第一次给爱因斯坦写信，在此之前，他就曾去信询问爱因斯坦能否将其广义相对论的文章翻译为英文，向更多人介绍。

前面我们提到微观粒子没有轨迹，另一个形象的描述则是微观粒子具有波粒二象性——是粒子，但它的行为又有些像波。这对应的粒子波也被称为“德布罗意波”，由法国物理学家德布罗意提出。在我们的生活中，声波、水波都有疏有密，这是波动性的体现。换个角度理解，粒子的波动性表现出来就是粒子上存在涨落，涨落的范围，也就是德布罗意波长，由粒子的能量决定。当粒子的能量很高时，粒子的波长很小，此时涨落带来的效应并不明显。只有当系统的温度非常低，使得物质波波长和粒子之间的平均距离差不多的时候，玻色-爱因斯坦凝聚才会出现。为什么称之为“凝聚”？和大家通常理解的凝聚不同，玻色-爱因斯坦凝聚并不是指这个状态下粒子互相紧挨着，离得非常近，而是指在这一过程中非常多的玻色子都掉到最低能量态，完成了状态上的“凝聚”。提出这个理论预言以后，玻色和爱因斯坦都感到很高兴，但是在计算了发生条件以后，他们又有些失落，因为大家都认为没有希望能在实验中观察到。

非常幸运的是，科学家经过 70 多年的努力，1995 年，康奈尔（Eric Cornell）和维曼（Carl Edwin Wieman）及其助手在使用激光冷却原子的基础上，利用挥发降温的方法将铷原子的温度最终降低至 170 nK。在挥发的过程中，系统里跑得快的原子因为速度比较大迅速跑掉了，剩下的粒子就是跑得比较慢的原子，所以温度就降下来了。随着温度降低，到达转变温度以后会在系统的速度分布图上冒出一个尖锋，也就是有大量的粒子全部落在基态里。

一方面，人们在实验室里辛苦求索；另一方面，奇妙的玻色-爱因斯坦凝聚在更早的时候以另一种形式在液态 ^{4}He 中被观察到。液态 ^{4}He 是一种非常奇妙的物质。我们都知道温度低了以后，物质一般都会从液体变成固体，但是液态 ^{4}He 在不加压的情况下，即使是绝对零度，也就是物理允许的最低温度 −273.15 ℃下也不会固化。1938 年，苏联物理学家卡皮查（Pyotr Kapitsa）更是在液态 ^{4}He 中发现了神奇超流现象。什么叫超流？就是流体流过的时候没有阻力。展示超流最形象的实验就是把超流态 ^{4}He 装在一个容器里，比如把它吊在一个玻璃瓶子里。在实验过程中，可以观察到液体薄层会沿着瓶子壁向上攀爬，并翻过瓶壁，最终可以看到在瓶外底部有液滴形成，开始一点点滴下来。随着时间的流逝，瓶子里的所有超流态 ^{4}He 都会从瓶中流出。这是玻色子会出现的奇妙现象。

在费米子系统中，比如通常金属里的电子，随着温度的降低同样会发生非常奇妙的现象——超导。超导现象是 1911 年荷兰的物理学家昂内斯（Heike Kamerlingh Onnes）先把 ^{4}He 液化，用其对水银进行冷却以后发现的。这个现象有两个最重要的特征，一个特征是电阻为 0，如果我们在一个超导环里面感应出电流，这个电流将会永远无损耗地一直流下去；还有一个特征，则是完全抗磁。通常的金属中允许磁场存在，磁力线可以穿透它们，但是降到超导转变温度以下，超导体内部就不再有磁场存在，磁力线就被排斥了。这也是用来演示超导现象最漂亮的实验之一——磁悬浮，通过降温把超导材料转变为超导体以后，那么它可以悬浮在磁铁的上方。我们甚至可以大胆期待一下用超导磁悬浮技术建造未来高铁的那天。

源于对称破缺的相变

相变带来如此丰富奇妙的物理现象，但想要解释相变却不太简单。

关于相变，科学家从 19 世纪开始就一直争论，这中间论战持续了好多年。在研究非常多的粒子的性质时，已经不能简单用牛顿力学解决，而是需要用一个新的方法——统计物理。统计物理是一种通用的理论框架，它并不假定微观粒子的运动规律，由此这一学科虽然经历了从经典物理过渡至量子力学，却依旧生机勃勃。奥地利物理学家玻尔兹曼（Ludwig Boltzmann）是这个领域的奠基人，他将他的一生，包括死亡，都奉献给了统计力学。

利用统计物理，人们成功解释了热平衡、输运以及气体状态等现象，但是能不能用它描述相变，比如水如何变成冰，材料在什么条件下进入超导态，这些问题依旧不清楚。当然我们可以更直观地理解，相变就像是物质内部有两伙人打架，一伙人是体系的自能，也就是因为物质内部微观粒子相互作用所拥有的固有能量；另一伙人是热能，可以用物质内部的无序程度，也就是熵来表示。在两伙人打架的过程中，相对而言，谁打赢了，物质就表现为哪种状态。

最早能够定量化描述相变的理论是范德瓦耳斯（Johannes Diderik van der Waals）在100多年之前提出来的，叫“范德瓦耳斯方程”。正如前面所说，水的三态变化是人们认识相变最开始的源于生活的观察，而如何将这种观察凝练为数学的精确表达，范德瓦耳斯做出了他的尝试。在他的理论里，构成气体的分子是一个又一个有一定体积的球体，[①] 相互之间存在微弱的引力相互作用。在这两个假设下，他写出了描述气体状态的方程。这个方程也非常成功，它不仅正确描述了气体的状态变化，而且能描述气体向液体转变的

① 直到20世纪初，科学界才广泛认可物质是由分子和原子构成的。在这之前的诸多科学家甚至怀疑分子的存在，因为这不符合电磁理论连续变化的概念，由此发展的诸多理论亦存在受限于时代的局限性。虽然科学家脑海里存在“分子”的概念，但对于分子的具体性质基本一无所知。范德瓦耳斯在1873年提出范德瓦耳斯方程时也不例外。

发生，时至今日仍有应用。除此之外，类似描述相变的理论还有很多，比如外斯的分子场理论、布拉格-威廉斯的合金有序化理论、朗道（Lev Landau）二级相变“普遍”理论等。

在物理学史上第一个尝试对相变进行分类的物理学家是艾伦费斯特（Paul Ehrenfest），他在 1933 年提出的一级相变和二级相变的概念时至今日仍在使用。那么，根据什么来进行分类呢？有一个很简单的分类，其中一种的热力学函数自由能连续，但一阶导数有跃变，这叫作“第一类相变”，比如水的沸腾、冰的融化等，斜率也连续。但是二阶导数不连续，有跃变，这种叫作“第二类相变”，像超导、超流、磁铁的居里点，气体、液体的临界点都是第二类相变。随着人们研究的深入，除了上述相变，自然界中还存在拓扑相变以及源于量子涨落而不是经典涨落的量子相变。

科学家在描述相变时提出了一个重要的概念——序参量。这里说的序参量是什么？它在液体到气体的相变里是液体和气体的密度差，在磁的相变里就是自发的磁化强度，总之是可以描述体系从对称到不对称的量。我们一直想说明相变和对称破缺联系在一起，而对称破缺的定量化描述正是由序参量完成的。

在这里，我们必须在泛用性极强的朗道二级相变理论上多着些笔墨。

朗道相变理论其实很简单，在满足系统一些基本性质的限制下，它认为系统的能量可以用序参量的多项式表述，其中多项式每一项的系数和温度有关系。通过改变温度，朗道发现能量曲线在一定温度以上是完全对称的，而在降低到一定温度以后，能量曲线会出现两个坑，这个温度也被称为“转变温度”。因为系统的能量总是倾向于最低的，此时只能从“狡兔三窟”中选择一个，这就是破缺。如果系统的序参量从实数变成复数，能量曲线变成了能量曲面，上述的转变过程就像一个饮料瓶的底部，从圆底变成了香槟酒的瓶底。此时系统体系可能存在的状态是一个圆，从原来的“狡兔三窟”升级成了“狡兔无穷个窟”，但最终系统只能处于一种状态。这就是U(1) 规范对称的破缺，是连续情形下的对称破缺。

这种理论也被称为“平均场理论”。原本统计物理难就难在处理的系统内部相互作用时变量太多，平均场理论很简单，将复杂的系统“平均”到了其中的几个变量上。利用它可以预言很多事情，包括临界指数、伊辛模型[①]中的磁矩如何随着温度变化等，而且这个简单的理论发挥了近 100 年的作用。但在 20 世纪 60 年代，精确的实验测量发现，在相变点附近，平均场理论不适用。平均场理论的预测与精确测量的实验值并不相符。比如序参量磁矩的临界指数在平均场理论是 1/2，而在实验上观测出来是 1/3，所以此时需要用一个新的理论去取代平均场理论定量化描述相变临界点附近的行为。这个新理论被称为“**重整化群理论**”。

前面我们介绍到人们为了处理复杂的统计物理问题，利用了平均场理论之类的近似理论。船到桥头未必直，车到山前也不一定有路，路是一位又一位科学家披荆斩棘不断蹚出来的。第一个里程碑事件发生在 1944 年。在 1944 年，挪威出生的美国物理学家拉斯 · 昂萨格（Lars Onsager），通过精确地求解统计物理中的伊辛模型的配分函数证明它确实有相变、有奇异性。此后，统计物理是否可以描述相变这个问题就画上了一个句号。但是昂萨格的解非常复杂，连当时最著名的科学家对此都一知半解，一般人更难搞明白了。他当时究竟是怎么想出来这一问题的解决方案的？这不由得让

① 伊辛模型，是一个以德国物理学家恩斯特 · 伊辛为名的数学模型，用于描述物质的铁磁性。该模型中每个格点上存在自旋，其值只能为 +1 或 -1，分别代表自旋向上或向下，而格点间存在交互作用，使得相邻的自旋互相影响。

人们开始“八卦”起来。

杨振宁同样对昂萨格的解法非常好奇，在机场偶遇时，他们直接在候机室里讨论起了当年这个问题的解法思路，不过昂萨格的回答让人出乎意料。在此之前，一维的情形，也就是一条链条的问题已经解决，但是二维的问题看着令人生畏。昂萨格最初迈出的第一步，则是把一条链条变成了一个梯子，也就是两条链尝试求解，不出意外，他成功了。然后他再逐渐增加难度，计算了三条链时的情形、四条链时的情形，直至算到七条链。他通过繁杂的计算，终于领悟出了伊辛模型在二维情形下的正确解法。正是用这种极需要耐心和毅力的方式，他用统计物理确认了二维下的伊辛模型确实存在相变。

在 20 世纪关于相变和对称性的研究中，杨振宁先生和李政道先生做出了卓越的贡献。除了前面提到的宇称不守恒，1952 年，杨振宁在昂萨格研究的基础上进行了一个堪称壮举的计算，计算得到了二维伊辛模型的自发磁化强度在相变时的重要参数——临界指数。戴森（Freeman Dyson）对此啧啧称奇，盛赞其为“雅可比椭圆函数理论的大师级运用”。

超导的故事

我们前面已经介绍过超导了，超导现象如此神奇，而且在如今，从最前沿的粒子加速器里的超导线圈，到我们去医院做核磁共振成像，里面都有超导体发挥着至关重要的作用，而人们对超导体微观理论的认识走过了一条十分曲折的路。大家可能已经注意到这个很有意思的事实，超导现象是 1911 年被发现的，而 1913 年，发现者就被授予了诺贝尔奖，但是由约翰 · 巴丁（John Bardeen）、利昂·库珀（Leon Cooper）和约翰·罗伯特·施里弗（John Robert Schrieffer）三个人建立的解释超导理论的微观理论到1957年才出现，又经过了15年，他们最终在1972年获得诺贝尔物理学奖。这中间经历了整整61年，我们不禁要问，为什么建立超导理论那么难？为什么经过那么长时间才得到公认？这是因为把超导相变的起源、对称破缺的起源搞清楚费了九牛二虎之力。接下来我们就来看看背后的故事。

在超导现象被发现后，科学家首先需要建立**唯象学**（phenomenology），用一个简单的方法来描述这个现象。

大家可能对唯象学这个词很陌生，但这是人们认识和解释物理现象时不可或缺的一环，古人有句话很形象，“知其然而不知其所以然”。此时，我们不用了解其内在原因，而是对实验事实经过概括和提炼得到物理规律。当然，这个规律现在是无法用已有的科学理论体系做出解释的。开普勒行星运动三定律就是最典型的例子。开普勒通过分析第谷天文观测得到的行星运动数据，总结出这个定律。利用这个定律可以预测行星的运动，但要解释为什么行星是这么运动的，则需要牛顿的万有引力定律。

关于超导的唯象学在20世纪30年代末期就建立了，被称为“伦敦方程”。伦敦方程的第一个方程展现了超导电流随时间的变化，用来描述超导体中持续电流是如何演化的——有了电场就会加速，没有电场的时候还是会保持速度。第二个方程则展现了超导电流是如何随空间变化和磁场产生直接联系的。提出理论当然不够，肯定还要预言些什么。伦敦方程有个很重要的结果——磁场在超导体内部穿透很浅，从理论上保证了人们对于超导磁悬浮铁路的畅想。但推导和理解伦敦方程又走了很长的路。伦敦方程表示如下：

$$\frac{\partial}{\partial t} j_s = \frac{n_s e^2}{m} E$$

$$\nabla \times j_s = \frac{n_s e^2}{m} B$$

为了得到描述超导现象的理论，京茨堡（Vitaly Lazarevich Ginzburg）和阿布里科索夫（Aleksej Alekseevich Abrikosov）从朗道的二级相变出发，得到京茨堡–朗道方程。

$$\frac{1}{2m}\left(-1ih\nabla - eA\right)^2 \varphi + \alpha\varphi + \beta\,|\psi|^2\,\psi = 0$$

$$\frac{1}{\mu_0}\nabla\times B = \frac{he}{2im}\left(\varphi * \nabla\varphi - \varphi\nabla\varphi^*\right) - \frac{e^2}{m}|\varphi|^2 A = j_s$$

人们对这个方程其实并不陌生，它背后就是前面提到的平均场理论，但是京茨堡和朗道在原来的基础上加入了电磁场。这是一个宏观的描述。这里另外一件重要的事情是引入了宏观的波函数，原来波函数是用于描述微观粒子的，但是现在描述宏观的状态，这个量也是体系的序参量，当然这时候是一个复数。

到 20 世纪 50 年代初，科学家开始向微观理论冲刺。理论的建立离不开实验的支持，除了超导体最基本的超导电流和完全抗磁性两个性质，人们在 50 年代初有了新发现——同位素效应。1950 年 5 月，美国国家标准局的科学家塞林（Bernard Serin）等通过精确测量金属汞的各个同位素超导温度发现，如果把超导体中的元素用同位素进行替换，那么超导的转变温度的平方和同位素的质量成反比，质量越重的元素构成的超导体，其转变温度越低。科学家从这个现象得到启发，这说明在超导体中引发超导的并不只是电子，晶格参与了超导现象。

1951 年 5 月 24 日，巴丁为了研究他心心念念的超导问题，也为了摆脱同侪的排挤，毅然从高薪的贝尔实验室转到伊利诺伊大学教书。为此他做了非常细致的调研，写了数百页的笔记。巴丁将关于超导电性可能起源于电子和晶格振动量子（声子）相互作用的学术思想写成一篇论文并发表。在探索超导问题的过程中，他发现了一个令人吃惊的结论，常识告诉我们同种电荷互相排斥，但超导体中的电子通过晶格相互作用，居然可以在排除库伦排斥作用以后，产生净的吸引作用。这样的两个因为吸引作用在一起的电子，也被称为“库珀电子对”。

在这之后，巴丁进一步意识到，这个体系里最低态和激发态中间还要有一个能隙。恰巧，杨振宁先生推荐了他认识的搞场论的年轻博士后库珀。库珀加入巴丁的团队以后马上解决了能隙的来源问题，他指出，打开库珀对使两个电子进入正常态需要能量，这正是能隙的来源。

从形单影只到成双成对，面对如此生动的库珀对，人们不由得产生丰富的联想。在和李政道先生充分沟通以后，著名的漫画家华君武先生就创作了一幅名为《双结生翅成超导》的画。成双成对的蜜蜂可以远走高飞，单个蜜蜂则被困在蜂巢里面。

前面我们介绍过了玻色-爱因斯坦凝聚，那超导现象是不是就是库珀对这一“玻色子”的凝聚呢？这个问题有点复杂，这个复杂的原因是库珀对很胖、很大，它的尺寸远远大于库珀对之间的距离，所以怎么正确地描述依旧是个问题。原来做半导体的博士生施里弗加入了巴丁的团队，开始和大家一起冥思苦想。后来，也许是福至心灵，他在地铁上想出了一个与超导相关的波函数，然后巴丁、库珀和他三个人在伊利诺伊大学的办公室里算了三个月，终于得到了超导微观的理论（BCS 理论）。他们把结果写成了一篇几十页的长文章，非常完整地解决了超导问题。

不过，理论的提出并不意味着得到大家的承认，诺贝尔奖最终晚了 15 年才来。

不过，借助 BCS 理论，人们可以对超导体有进一步的研究和预言。1962 年，22 岁的剑桥研究生布赖恩 · 约瑟夫森（Brian Josephson）预言，在三明治结构中——两边都是超导体，中间夹一个非常薄的绝缘层，库珀对是可以隧穿过去的。通过测量隧穿电流的大小，可以精确测量这两个超导体波函数相位和电压的差别。利用这个效应，人们制成了用于测量极微弱磁场的超导量子干涉仪。

回顾与展望

正是对超导的研究使人们对于对称破缺的认识更进一步，反过来推动了其他领域发展。

彼时在粒子物理领域，新粒子的探索工作方兴未艾，而对于这些粒子之间相互关系的解释的探索工作也在如火如荼地进行。1954 年，杨振宁先生与罗伯特·米尔斯（Robert Mills）写下了杨-米尔斯理论，基本相互作用都和对称性对应。这正是今天物理学界“一统天下”，用于解释电磁相互作用、弱相互作用和强相互作用的标准模型的基础。不过，当年杨振宁先生在一次演讲中受到了来自泡利的诘难，杨-米尔斯理论无法解释传递相互作用的基本粒子的质量问题。

在超导中，我们前面提到超导体存在完全抗磁性。电磁相互作用由光子传递，磁场无法进入超导体中，那是否意味着光子在超导体内部因为对称破缺获得了有效质量？这个想法经由日裔美国物理学家南部阳一郎（Yoichiro Nambu）引入粒子物理学界，由此揭开了递相互作用的基本粒子的质量问题的面纱。这个过程被称为“希格斯机制”，引起了粒子物理学的革命。

对称破缺为什么如此难以理解？

简单来说，量子力学里有一个重要概念——希尔伯特空间。通过数学家的研究，我们知道如果讨论的体系是有限体系，不同的变化、不同的状态都只需要一个坐标变换。但是到了无穷维的希尔伯特空间以后，就会有无穷多种的希尔伯特空间，对称破缺的相变是从一个希尔伯特空间到另外一个希尔伯特空间的跃变，这里面隐藏着丰富的变化。

把复杂的问题简单化，在处理统计物理问题时，平均场理论很管用、很直观。但是为了得到更准确的理解、更进步的观点，我们依然要尝试着正面面对其本身。对于对称破缺的认识正是我们直面问题获得的宝贵财富。对称破缺中有着非常丰富的内容，就像我们看一个迷宫，从外表看很美，但真正进入迷宫里才发现这真的很复杂。它不光解决了超导的起源之谜，后来发现它还在粒子物理学界引发了一场革命。因此，对称破缺理论从微观到宏观都很有用。

一个物理概念能拥有如此普遍的作用范围，足以说明这个概念非常好、非常美、非常深刻，需要不同学科的交叉。这也是为什么超导现象的解释花了 46 年，还要经过 15 年以后才得到学界的公认。到现在为止，还有若干顶级物理学家不承认对称破缺的概念，认为其没有必要。这件事情还是挺值得回味的。

你以为你看见的就是真的吗

世界上最常见的物质是什么？一个比较有趣的回答是光。

虽然光是如此常见，从婴儿诞生到这个世界，嘤嘤啼哭睁开眼睛开始，人就与光展开了亲密的接触。我们用眼睛观察这个世界，都是通过光完成的。都说“耳听为虚，眼见为实”，但是在科学上要真的把“看”这件事情解释清楚，单单凭物理一门学科并不够。

虽然本书主要和大家讲的是物理，但在这章里，我们跨界，和大家聊聊物理学和其他学科交叉的事。现代科学发展到今天，越来越离不开不同领域之间的相互借鉴。比如前面几节提到的粒子物理借鉴人们对于超导的认识，解释了基本粒子为什么有质量。在现在科学发展的最前沿，量子计算机算是最火的领域之一了，而它的不断迭代升级也离不开计算科学、数学和物理学之间的通力合作。想要让量子计算机充分发挥性能，既需要物理学家设计光量子或超导量子之类的量子计算平台，也需要诸如肖尔算法之类的运行在量子计算机上的量子算法。肖尔算法，以数学家彼得·肖尔（Peter Shor）命名，大家通常所说的利用量子计算机可以对密码体系进行加密和解密，就依赖于肖尔算法对大数进行分解素因数。

我们接下来要讨论的光与视觉，正涉及物理、化学、生物和心理等诸多学科的内容，而我们也借此一观在科学前行的过程中学科交叉的独特魅力。

光是什么，有何属性？

光到底是什么？我们看不见也摸不着，物理学对光的认识经历了诸多阶段。在后面的章节里，我们也会多次和光打交道，看看大家对于光的本性的讨论所引发的三次波粒论战，看看光如何成为推开现代物理学大门的钥匙。

当然，我们现在已经知道，光是一种物质，它具有能量，也具有动量。可光并不能凭空而来，光的产生与电磁场密切相关。比如，如果我们拥有一对正负电荷，那么它们就会在空间中自然地产生电场。一旦这两个异种的电荷之间产生相对运动，电场也会跟着发生改变，变化的电场产生变化的磁场，而变化的磁场也会在周围产生变化的电场，如此循环往复、环环相扣、生生不息，就产生了一列波向前传播。这就是电磁波的产生过程，也是光的产生过程。我们如果把上述过程在三维空间中用矢量表示出来，就可以发现在远场处电场和磁场是相互垂直的。人们最早意识到电磁波存在的时候，利用的是偶极子天线实现电磁波的发射，这也是在无线电通信中使用最早、结构最简单，同时也是应用最广泛的一种天线。

光存在几个特征量，即波长、频率，还有一个叫能量，而且它们之间是具有密切关系的。比如说有一列波，如果在其传播速度一定的情况下，频率越高，波峰之间的间距，也就是波长，就会越短。另外，爱因斯坦通过解释光电效应告诉我们，光的能量是量子化的。

$$E=h\nu$$

也就是说，光的能量与频率成正比。

在这三个概念中，最核心的其实是能量。现代量子力学认为，在原子核的周围，电子的分布呈现为电子云。天上的云形状千奇百怪，原子中的电子云也有不同的分布。光既然是电磁波，它周围就会有一个周期变化的电场，电子会在这个电场的作用下受到扰动，与光发生相互作用。当原子吸收一个光子的时候，可以从一个较低能量的电子云的分布，变成一个较高能量的分布状态。反过来，电子也可以从较高的能量状态释放一个光子，回到较低的能量状态。

这里的能量变化体现为一系列能级，它就像台阶一样可以在上面，进行上下移动。有一些元素因为这个能量差别恰好处在可见光光子能量的范围内，所以就可以在火焰燃烧的时候呈现出一定的色彩，这就是著名的“焰色反应”。化学中常常用焰色反应鉴别元素的种类。

生理：人眼结构与视觉过程

在科学发展的路上，很多人都会问，你研究的这个到底有什么用？当年法拉第演示电磁感应现象时有人问，现在科学的分支越来越多，每天的进展也层出不穷，这个问题同样有人问。只有理解一个现象从何而来，人类才能将之加以利用。想想今天你可能已经离不开的手机，上面精彩的视频和图案之所以栩栩如生地呈现，就是因为科学把颜色是什么研究透了。

从本质上来讲，颜色就是光的频率。不过在客观频率的基础上，我们又加入了人为的感知，这种主观因素在牛顿的时代就已经被发现，一束白光通过三棱镜进行分解，可以变为 7 种颜色，大致分为 7 类光。但实际上这个光谱是 380~780 nm（1 nm 为 1 m 的十亿分之一），从紫到红不断变化的，对应紫、靛、蓝、绿、黄、橙、红（见图 1-2）。

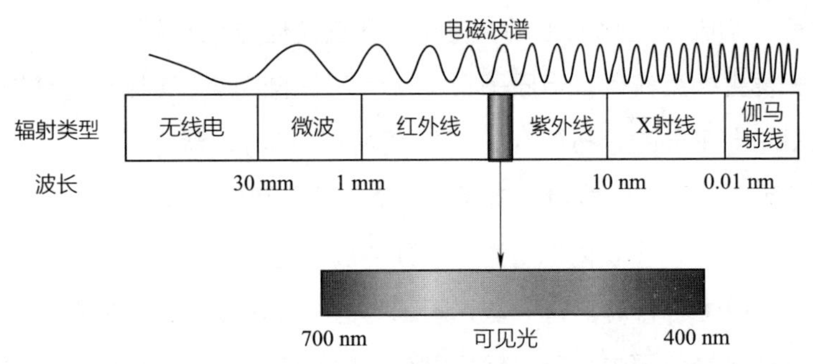

图 1-2　电磁波谱。尽管同为电磁波，但波长不同，对外显示出了截然不同的性质。

光要被眼睛感受到，需要一个成像系统和感光系统。眼睛正是这样一个关键的结构。眼睛的结构大概像一个相机，晶状体扮演着凸透镜的角色，而后面的视网膜则扮演了底片或感光元件的角色。

说到感光，就涉及光与物质的相互作用了。在最早期的胶片相机中，卤化银在光子的作用下，发生了光化学反应，从而记录了光线的强弱；数码相机中的电荷耦合器件（CCD）和互补金属氧化物半导体（CMOS）则是靠光电效应来工作；而人的眼睛能看见光线，是视网膜中发生了一系列生物化学反应。**这一切都紧紧围绕着电子的转移与跃迁来进行**（见图 1-3）。对于孤立的原子体系，电离能主要是 5~20 eV；在原子物理中，我们通常使用电子伏特作为能量单位，1 eV 对应将一个单位电荷的电势升高 1 V 所需的能量。而金属、半导体和绝缘体，是 0~6 eV。过渡金属和稀土族化合物经常呈现出一定的色彩，也就是说恰好有一部分跃迁所需能量处在1.6~3.2 eV。

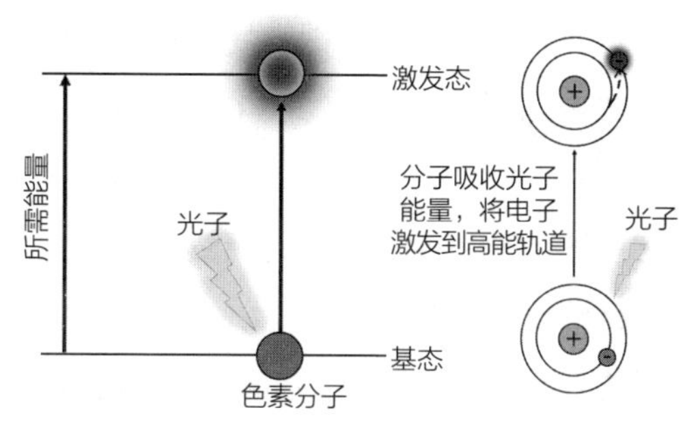

图 1-3 电子的转移和跃迁。从量子力学的视角来看，物质与光的相互作用实际上是分子内原本处于基态的电子在吸收合适大小的光子能量后，跃迁到更高能量的激发态。

但是在有机物中，我们如何才能实现电子的转移与跃迁，并且使跃迁能量恰好处在 1.6~3.2 eV 呢？先抛开具体的数字，做一个定性的讨论。有机物一般是不导电的，不过我们可以让其中碳原子的化学键单键和双键交替排列，方便电子的转移。另外，化合物最好还形成一个长链或其他的结构，让电子有充分运动的空间。此时根据量子力学的不确定性原理，电子的能量也会相应地有所降低。第三是创造一个特定的对称性，使电子各个态之间能量比较接近，减少跃迁的障碍。第四是在局部增减一些基团，在之前的基础上进行更精细的调节。第五是通过吸收光子，改变一些电子轨道的对称性，影响其中分子的构型。比如在生命体中常见的叶绿素和血红素都具有上面描述的类似结构。卟啉环上原子单键双键交替排列，方便电子转移，它们有一个比较大的空间，降低了能量，在此基础上增加和减少一些基团，又可以使这些物质的最终颜色发生轻微的改变。

那视觉细胞是如何实现感光的？感光的过程涉及两种物质，视黄醛和视蛋白，它们结合成为视紫红质。我们注意到在视黄醛中，碳-碳原子单键双键交替排列，方便电子转移。更有意思的是视黄醛中的第 11 个碳原子，当它吸收一个光子后，其中电子轨道发生对称性的变化，从原本相对固定变得容易旋转，进而让整个分子的构型从卷曲的状态变到伸直的状态。在生物体内酶的作用下，它可以从伸直的状态再次卷曲。在不断卷曲和伸直的过程中，相应的结构变化导致蛋白质构象发生变化，从而转变为一个交替变化的生物电位，最终在神经系统中传输。

实际上，视觉不只是眼睛的事，其实也与肝脏有关。当人体缺乏维生素 A 的时候，就容易导致夜盲症。

如果是其他几种视锥细胞又如何感光呢？我们只需要把视蛋白进行替换，对相应的能量进行微小的调整，就可以实现不同频率光的感知了。视网膜上视锥细胞的分布分为三类，分别负责长波段、中波段和短波段的视觉感知。对于一个特定的单色光来说，比如黄光对三种细胞进行了不同的刺激。把这三种刺激加起来，就形成了对黄光的感知。**从这个角度讲，眼睛其实是一种“合成器”。**因为它把光谱中很多颜色叠加起来之后形成了大概三类，而这三类再一次叠加，形成较为整体的色觉感知。

人类非常幸运拥有三种色觉细胞，实际上很多哺乳动物只有两种。所以很多哺乳动物基本上都是色盲。如果你细心观察哺乳动物，就会发现一个很有意思的事情——梅花鹿也好，东北虎也好，虽然它们基本在丛林中生活，但从我们的视角看来，它们皮毛的颜色看起来非常显眼，因为橘红色的皮毛与丛林的绿色对比非常强烈。但这种颜色实际上是它们用来保护自己的，这是为什么？这是因为它们眼中缺乏区分红色与绿色的色觉细胞。所以在这些动物自己和猎物或天敌的眼里，其实它们是与背景融合得非常好的。另外，极少数人以及一些鸟类拥有四色视觉，而螳螂虾这种生物甚至可以有多达十几种色觉感受器，还能感知偏振光。它们眼里的世界应该更加丰富多彩。

不过，人的视觉的形成并没有上面描述的这么简单，色觉感受器获取颜色信号以后，实际上还经过了初级神经对信号重新进行编码计算，**处理加工以后才上报给更高级的神经系统。**比如人眼将红色和绿色重新编码（可以简单理解为相加），得到红-绿信号；而将红色信号和绿色信号相减，得到黄-蓝信号。这两路信号构成了人类对于色彩的认知，而由三路信号共同混合而成的黑-白信号，则构成了人类对于亮度的认知。

艺术与物理的交汇——色彩的测量与表示

那么对于色彩，我们又要如何进行测量与表示？艺术家直接配颜料、比颜色可以得到；科学家则可以将**物理学与心理学相结合**，用更便于数值化和标准化的方式表示颜色。比如说我将一个白色的衬底分割为两部分，左边这部分用汞灯的三种红、绿、蓝特定波长的光混合，右边是一个连续可调的、频率变化的不同颜色的光。在人眼对比左右两侧颜色直至匹配的过程中，我们就建立了它们之间的对应关系。按这种标准构建的色彩空间，也被称为“CIE-RGB空间”。其中 CIE 是国际照明委员会，他们制定了这个标准。后续人们又根据不同的显示条件（色光波长限制等）和需求（印刷、光照、屏幕等）划分了不同的色彩空间，大家在购买显示器时往往能接触到这些，这代表了这款显示器能显示多少颜色。受限于篇幅，更细节的差异就不在这里介绍了。

为了方便使用，我们更多使用的其实是把 CIE-RGB 的坐标利用线性变换以后切换形状的 CIE-XYZ 空间。

值得一提的是，人们在色彩空间图中标注了一些白点，它们是在不同空间中所定义的白色，此外，人们还标出黑体辐射在色彩空间图中的分布。这些白色的点总是围绕在黑体辐射这条线的周围，其中蕴含了怎样的道理？具有特定温度的物体，可以发出频率范围比较宽的电磁波，当它温度越来越高的时候，辐射出的能量越高，辐射能的波长就越短，会逐渐往可见光波段转移，直至更短的波段。

$$L(\lambda, T)=\frac{2hc^2}{\lambda^5}\frac{1}{\exp\left(\frac{hc/\lambda}{k_B T}\right)-1}$$

普朗克黑体辐射公式描述了理想黑体在不同温度下所辐射出的电磁波的强度分布。比如说黑体的温度从 4000 K 逐渐升到 8000 K 的过程中，对应辐射光谱中红光的比例越来越低，而蓝光的比例越来越高。所以整体上它的颜色会从偏红橙色变为偏浅蓝色，而当温度比较适中，比如它处于 5500 K 到 6500 K 这个范围的时候，颜色看起来就非常接近于白色。比较有意思的是，5500 K 恰好是太阳的光球层的温度。也就是说太阳这个黑体，它所辐射的光被感知为白色。不过反过来想一想更有可能的是，恰恰因为太阳在这个温度辐射出了这样的光谱，而我们在这个环境中生存和进化，所以探测到了这个光谱范围，从而把这个最为常见的光定义为白光。

不过，这里我们需要思考的不只是这些。眼睛是一个非常复杂的系统，包括前面的物理系统、感知系统，还有后面的神经系统，形成视觉的每一步都充满了变数。人们经常说“眼见为实”，然而事实恐怕并不这么简单。因为眼睛远远不只是一部忠实记录数据的相机，而且是充满变化的。

比如因为不同颜色的光在同样的材料里传播时对应不同的折射率，这个物理现象最终会导致“色差”。相机里也有色差，如果仔细观察照片最边缘的物体，可以看到“紫边”，眼睛也不能例外。同一个点发出的白光在视网膜上成像的时候，前后位置其实是存在轻微差异的，从而眼睛感受到的不同颜色物体的远近程度是不一样的。如果你甩头左右摇摆，有些字似乎在运动，假如你戴眼镜，眼镜所带来的色差会进一步加强这个效果。

当然，色差是光线经过人眼这个透镜系统发生折射以后成像造成的，而反射式的系统就没有这种现象。动物中也确实有采用反射方法来获得视觉的，比如扇贝。扇贝的眼睛是靠底层一些嘌呤结构形成的晶体的平面来反光，最后光线像反射式望远镜中的情形一样，成像到视网膜上。不过这个系统也有它自己的问题，这些微小的结构，尺寸大概在微米量级，有可能会导致衍射等其他的干扰因素。

人类的眼睛还会有球差、不对称性、不均匀性等问题，光线比较强的时候，瞳孔会收缩得比较小，这个时候还有少量的衍射效应。另外视觉细胞也有一定的大小，这导致人眼的像素和分辨率也不能无限大。以上几项因素影响到的视角感知，大约都在 1′ 量级，也就是 1/60 度。这些不足之处平常还好，不过在一些特定的情况下还是很明显的。晚上看星星和灯光，大家会感觉好像光源处冒出了几个尖尖，这就是以上这些不均匀性等原因所导致的光学效应。

另外，如果你仔细观察视网膜的生理结构，就会发现它的层次分布其实有些不合理。光线先是通过了血管层、神经层，最后才到感光层，这样的结构导致感光过程实际上受前面的血管和神经的额外干扰。有意思的是，章鱼眼睛的视网膜结构与人类的恰好相反，光是先到达了感光层，所以从视觉系统的结构而言，章鱼的其实更合理。

如果我们抛开具体的视觉成像结构，其实在大自然里，文昌鱼、章鱼和人类只是选择了不同的进化路径。这从人眼的视网膜结构上就可以体现出来，人类的视觉细胞在视网膜上是有特定分布的，比如视锥细胞集中于中央凹区域，而视杆细胞则分布在周围。从整体上来讲，我们看正前方的时候比较清晰，而四周比较模糊，但是晚上的时候，光线比较暗，视杆细胞起主要作用，所以我们有时候盯着一个比较暗的星星看，直接盯着会看不见，但眼睛稍微一偏，星星反而成像到周围的视杆细胞上，它们对亮度的敏感性更高，这样我们就能看清星星了。看一个物体的颜色时，由于其大小远近带来的视角变化导致成像到视网膜上位置不同，也会带来轻微的色彩变化。

如果说以上这些缺陷尚可以接受，在所有的结构缺陷中，盲点可以说是最让人难以接受的了。神经细胞从盲点经过，导致这里根本不存在感光细胞，不会感光。那我们看天空，岂不是会有一个窟窿？倒也不用担心，因为这个时候左眼和右眼看见的区域和盲点的区域相互重合，是一个互补的状态，所以还是能看见的，不过我们即使用一只眼睛看，也依然不会看到窟窿，人眼也能“无中生有”（见图 1-4）。

图 1-4　视觉错觉盘点，眼见不一定为实。

让我们从上面这个图来体会一下这个效应。首先，你需要闭上左眼，右眼视线的中心放在上方的十字上，然后前后移动头，不断尝试靠近和远离书页，你会发现到某个位置时，右眼余光里一直能观察的右边的点突然不见了，这是因为此时点正好落到盲点上消失了，这叫“视而不见”。另外，我们同样需要闭上左眼，右眼视线的中心放在下方的十字上，用右眼余光感受线段，本来在这个线段的中间是有一个间断点的。同样，前后移动头，不断尝试靠近和远离书页，你会发现到某个位置时，本来间断的线段竟连在一起了。这就不得了了，你发现人眼还会“无中生有”。你所看到的图案其实是你“脑补”出来的，眼见未必为实，视觉成像的过程涉及神经系统带来的各种生理和心理因素，与此同时也会带来很多错觉。

心理：神经系统与视觉错觉

如果你对数据比较敏感，你应该可以注意到我们眼睛里的视杆细胞有超过 1 亿个，视锥细胞也有 500 多万个，而位于视网膜最终端负责传到视觉信号的神经节细胞只有 100 万个左右。从这里就可以看出来，大量的信息在眼部都已经做了预处理。**这些视觉感受器细胞的作用其实不只是感光，还要进行信号反馈、特征提取、背景抠除、边缘增强、环境对比等非常多的处理工作，整个过程真正利用了神经网络算法。**再加上大脑的处理，人眼可以实现更多你没想到的丰富的功能。

如果背景长时间不变化，颜色又比较淡，神经系统很可能会觉得它没什么用，就不花费注意力再关注它了。实际上你可以想一想，人类的鼻子始终处于眼睛的视觉范围内，但平时你可能并不会关注到它的存在，只有刻意去看的时候才看到。这个效应被称为“**特克斯勒消逝效应**”（Troxler's fading），由瑞士物理学家特克斯勒于 1804 年发现。忽略一些不必要的东西实际上大大减少了神经系统的负担，让神经系统在那些不太重要的信息上不必再浪费资源。

人们发现的视觉错觉现象远不及此，还有人将其系统地整理，你可以看到多达上百种的视觉错觉现象。在各种社交平台上经常有人争论裙子到底是蓝黑色还是白金色，人的静脉到底是蓝色还是绿色，其实就是人眼在处理颜色的白平衡时因为颜色恒常性导致的错觉。

视觉形成其实是一个包含物理、化学、生物、心理等诸多方面的复杂的过程。眼睛能够探测的始终是世界的某些部分、某些方面。探测的过程不仅受制于物理和生理因素，还受到心理因素的干扰。当然，前面我们介绍了很多人类视觉系统中的“不合理之处”，但在生物进化的过程中，神经系统的主观处理其实是有助于生物适应环境的。为了适应不同的环境，生物甚至可以演化出不同的感光结构和视觉功能来。

在众多的学科中，我们也常常发现所谓的“常数”和“线性”往往都是特例，变化才是常态。**眼见未必为实，假设需要求证，科学发展的过程更要注重实验探测与理性分析。**除了学习知识，我们还需要多反思多提问，什么是原因？什么是结果？为什么这样？可以不这样吗？

多一些思考，多一些想象，多一些学科融合，科学探索的过程才会更加有趣和精彩。

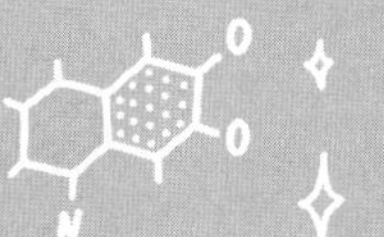

PHYSICS

2

物质篇

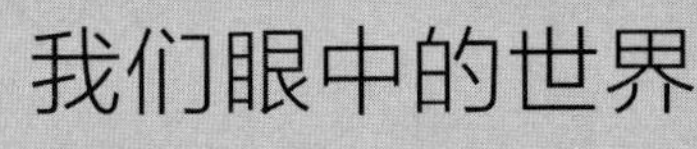

我们眼中的世界

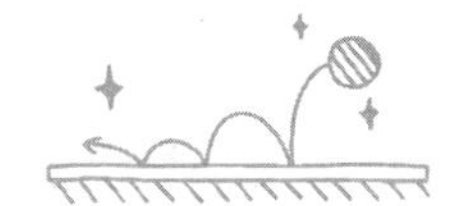

我是谁？我从哪里来？我到哪里去？

不知道有没有读者曾在某个难眠的夜里这样自问。著名科学家、量子力学奠基人之一、猫咪爱好者薛定谔就曾对“我是谁”这个问题给出他的思考。他着眼于到底何为生命，认为生命体通过吃、喝，不断新陈代谢、不断和外界发生物质交换——从环境摄入的食物中包含着“负熵”，生命以“负熵”为食，从而使得有机体的熵保持稳定。在物理学中，熵用来衡量系统的混乱程度，生命依靠外界获得的能量来保持有序的状态。

从金、木、水、火、土的五行相生相克，到太极八卦推演万物变化，古人一直在思考这个世界到底是怎么构成的。到了现代，在道格拉斯 · 亚当斯（Douglas Adams）创作的科幻小说《银河系漫游指南》（*The Hitchhiker's Guide to the Galaxy*）里，超智慧生物建造超级电脑，对生命、宇宙以及任何事情给出的终极答案是 42。

42 到底意味着什么？超级电脑并没有给出答案。不管是自问，还是对这个世界的思辨，这种可以无限发散思考的话题总是容易让人浮想联翩。

不过，这些终极问题终究显得虚无缥缈，对人类目前已知的所有知识进行评级看起来更具有可操作性。物理学家费曼曾设想过类似的问题：如果在一场灾难中，所有科学知识都被摧毁，我们只能留给下一代一句话，如何用最少的文字包含最多的信息？费曼给出的答案是“所有事物都是由原子构成的”这句话。毕竟无论是什么天马行空的猜想，最终总是离不开物质这个话题。这也是本篇的核心话题。

在物质篇里，我们将从最实际的角度出发，介绍人们在这个物质世界的探索和洞见：

科学家在认识世界时如何建立通用“语言”以互相交流？

目前，人们对物质的认识到了哪一步？

物质有哪些形态？

生命是什么？

希望我们的解答，能让你对世界多一分理解。

准确描述是一件很困难的事

人类对世界的认识起源于测量，也离不开测量。人们用自己的双脚丈量世界，行万里路，看无限风景，这是对距离的测量。人们仰望天空，看日月轮转，斗转星移，这是对时间的测量。随着测量技术的进步，我们对世界的认识也不断加深，可以说，物理学的进步离不开对这个世界更精确的测量。直到现在，如何尽可能提高测量精度依然是物理学关注的问题。但是，纵观人类测量手段的发展史，我们不难发现，如何准确地描述我们看到的客观实在，从来都不是一件简单的事。

如今，出门在外已经离不开地图和导航了。放在 20 年前，到了人生地不熟的地方，你只能向大爷大妈问路。大家在网上经常说南北差异，其中有一个就和问路有关。比如一个南方人想要在北京找家餐馆，站在路边往往还要先思考东南西北在哪边——过了中关村大街，沿着知春路一直向东，在第一个红绿灯路口向南，过了几十米就能看见了。对习惯了用前后左右描述行进路线的人来说，一下子切换到方向感如此明确的地方，确实有些手足无措。

如何准确描述，从来都是一件很困难的事。

开端

所幸现在智能手机和全球定位系统（GPS）已经足够发达，确定好出发地和目的地，软件内置语音就开始播报：准备出发，全程 ×× 千米，大约需要 ×× 分钟。导航在描述这段路程的时候，出现了两个关键信息：**空间和时间**。所谓“四方上下曰宇，往古来今曰宙”，自古以来，人们的日常生活就离不开空间和时间这两个概念。在生活中，我们会用一些比喻来描述空间和时间，比如立锥之地、白驹过隙等。遗憾的是，这些描述既无法准确地描述世界，也不能帮助人类认识世界运行的规律。只有加入了更多定量化描述，到底走了多少千米，需要多长时间，才能真正描述清楚。

举一个简单的例子，与“一个人在操场快速地奔跑”相比，添加了更多定量刻画的修饰词之后的“有个人在操场东南角跑道向北以大约 4 m/s 的速度奔跑”则显得更加清楚。**回到科学上，时空观的定量化描述是物理学的基础。这一点是至关重要的，因为如果没有时间和空间的观念，人们很难科学地描述现象，更谈不上研究和总结规律了。**

不过，时间和空间的研究是一个宏大且困难的科学问题。科幻小说里关于时间和空间的描述层出不穷，尤其是出现涉及接近光速的星际旅行或时间穿越等远超现今科技发展水平的桥段时，各种情节不禁让人浮想联翩。“不积跬步，无以至千里”，人们对于时间和空间的研究，还是要从简单的现象着手。

在 16 世纪，西方科学家伽利略想要描述这样一件事情：小球沿着斜坡滚下是一个运动速度不断提高的过程，换言之，小球滚得越来越快。对于这个运动过程，我们应该怎样定量化描述呢？伽利略在思考后发现：可以观测和比较小球在相同时间间隔内的运动距离。

相同的时间间隔考察的是时间，运动距离考察的则是空间。当时人们对如何计时的研究刚刚起步，连摆钟都还没有。

让我们再回顾一下上一篇提过的伽利略的双斜面实验。首先，伽利略做了完整的斜面实验，并记录金属小球滑下所需的时间。然后，他仅在 1/4 斜面长度上释放小球，记录时间。他发现此时的时间精确地（误差不超过 1/10 脉搏）和前者时间的一半相等。由此不停地改变斜面长度，记录时间，重复上百次，最终得到小球通过距离和时间的平方成正比这个结论。而伽利略记录时间的方法也很简单，他将一个盛满水的大容器置于高处，在底部焊上一个很小的出水管道。每次需要记录时间，就测量有多少水流了出来，并由此获得不同实验时间的比例。

在位于佛罗伦萨的伽利略殿墙壁的湿壁画上，画家还描绘了比萨科学家后来用来进一步研究双斜面实验的装置。同样是可以调整坡度的斜面，他们在斜面的各处装上可以调节位置的铃铛。当金属小球通过铃铛时，拨片带动铃铛发出声音，提示金属小球此时已经通过此处。通过不断调节铃铛在斜面上的位置使得小球从斜面最高处滑下时，铃铛声音间隔是均匀分布的。此时测量金属小球出发点和各个铃铛之间的距离，距离之比约为：

$$1:4:9:16\cdots$$

随着单位时间的增加，小球滚过的距离之比也可表示为：

$$1^2:2^2:3^2:4^2\cdots$$

它们成平方关系。双斜面实验的故事反映了人们对时间和空间的探索。

定量化描述到底意味着什么？中国邮政在 2015 年 5 月 20 日为了纪念世界计量日发行了一张邮票，在方寸之间浓缩了几千年来人类定量化描述历史的全部发展。邮票右上角的图形是中国古代的日晷，它可以通过太阳的阴影反映时间的变化，而邮票右下角则是秦始皇发布的统一度量衡的诏书。从右向左展示的是近现代我们所使用的国际单位制的发展历程，时间、距离、温度、速度等我们常用的物理量都包含其中。定量化描述的发展是人类文明基石的一部分。

描绘变化的基础——时间

什么是时间？我们不妨先来做几个语义辨析。

1. 现在，你正在花时间看书，这里的时间是什么意思？

2. 你已经花了 20 分钟看书，这里的时间“20 分钟”和上一句的时间有什么区别？

3. 现在的你不可能再回到看书前的时间，这个时间又是什么？

时间在词典里有很多解释，但是你稍加思考便能意识到：时间可以指代时刻，也可以指代时段。我们在日常生活中经常会涉及两个有关时间的问题——“需要多久”和“什么时候”，这两个问题完美体现了我们对时间的理解。“需要多久”描述在任何事情都没有发生的时候预判事件的时间跨度，比如一个秒针“嘀嗒嘀嗒”地走，从一个“嘀嗒”到另一个“嘀嗒”是一个时间段。“什么时候”则是描述一件事情发生的时刻，比如秒针刚好指到零刻度。

如果我们想定量刻画时间，最重要的是什么？答案是周期性。万事万物都在不断变化，有些很容易被人们感受到，比如水滴滴落，而有些则难以觉察到，比如斗转星移，这时候我们常常需要以具有周期性变化的东西作为参考，以便清晰地记录这些过程。周期性运动的物体有很多，比如周期性振动的弹簧、规律摆动的单摆等。不过，生活中最常见的周期是太阳的东升西落，从太阳升起到落下，从早上到晚上，循环往复。再比如水龙头，如果轻轻拧开水龙头，便会有水一滴一滴地掉落，这实际上是古代常用的一个重要时间量器——滴漏的工作原理。人们利用这样的一滴一滴的水来标记每天的时间。随着一滴滴的水流到最后一个带有标尺的容器中，这个标尺会慢慢地浮起来。我们如果在标尺上标记刻度，通过适当的设计，就会发现刻度可以均匀地升高。

这样，我们便有两个测量时间的方法：**太阳的东升西落和滴漏。**我们将这两种方法进行对比会出现怎样的情况？滴漏在我们如今的生活中不常见到，更常见到的是沙漏。沙漏中的沙子漏完可能需要 30 分钟或 1 小时，随后需要手动把沙漏翻转一下再继续测量。其实，在大航海时代，沙漏是航海家经常用的东西，船上专门有人看管沙漏，过一段时间翻转一下，人们利用这样的方式来计时。每次翻转沙漏后，沙子漏完的时间相同，因此沙漏中沙子下漏对应着严格的周期。那么，我们便可以将每次太阳的升落时间间隔和沙漏进行对比，测量一下太阳的升起和落下之间是否对应着一个严格意义上的周期。比较之后会发现，不同季节从日出到日落的时长是不同的。更进一步，我们可以利用钟表进行测量，不难发现夏天的时长长，冬天的时长短，这说明日出日落并不是严格意义上的周期行为。 你可能会觉得："不对啊，在生活中，我们还是以'天'为单位计时的呀。"这是因为人们把一整天、一个昼夜看作从正午到下一个正午的时间，由此得到以天为单位的周期。

那么，古人是怎样确定正午时间的呢?《周礼》记载:“以土圭之法测土深，正日景，以求地中。”这里的土圭其实是一种圭形玉器，是古代用来测日影以定四时、土地方位远近的工具。此外，人们还可以利用天文台对太阳进行观测，从而确定每日的变化。举个例子，登封市的观星台在古代专门用来测量正午时间的日影。太阳的光线从观星台上的孔射入，照射在正北方向的石圭上面，这样天文学家就可以知道什么时候是正午，日复一日，这就是一个具有很好周期性的时间量器。

假如有这样一种沙漏：一天内它正好翻转 24 次，即对应 24 段沙子下漏的时间，那么我们可以认为这类沙漏是“好的时间量器”。我们可以把一天划分为 24 小时，1 小时则对应沙漏翻转一次后沙子下漏的时间。现在，我们寻找周期性更小的东西，如果它正好在 1 小时循环了 60 个周期，那么可以把每个周期规定为 1 分钟。类似地，如果 1 分钟循环 60 个周期，那么每个周期就是 1 秒钟。不同长度的周期会让你联想到什么？——单摆问题！没错，由于不同长度的钟摆具有不同的周期，人们通常利用钟摆来确定 1 小时、1 分钟和 1 秒钟。那么，怎样寻找比 1 秒钟更短的周期？这时候就不能用钟摆了。

现在，科学家能够在电路中制造电流的振荡，其振荡频率远高于钟摆的振荡频率，比如 1 秒钟可以振荡 1000 次、100 万次，甚至能够达到 1 秒钟 1000 亿次、1 万亿次……科学家利用**铯 –133 元素定义 1 秒钟，铯 –133 原子基态的两个超精细能级间跃迁对应辐射的 9 192 631 770 个周期所需要的时间。**

人们利用电磁振荡可以测量每秒 1 万亿次量级的周期，那么还能够测量更短的时间吗？其实，电磁振荡的方法无法分辨更低的量级，但是我们有其他的办法。大家平时做过这样的数学题：一辆行驶的汽车在某个位置亮起车灯，之后行驶到另外一个位置熄灭，这一过程花了多长时间？我们尽管不能利用秒表直接测量，但如果已知汽车的行驶距离和速度，将两者相除就能计算时间。

从最早的云室到后来科学家发明的火花室、流光室，带电粒子在其中穿行时，或者为饱和蒸汽提供凝结核从而形成液滴留下轨迹，又或者气体被电离后电子雪崩式倍增形成导电通道，继而发展成火花击穿，组成粒子径迹（particle track）。穿行的带电粒子形成很多轨迹线，线代表空间中粒子行走的轨迹。不难发现，有的线是有头有尾的。头意味着粒子出现的位置，而尾则代表粒子湮灭的位置，也就是寿命耗尽而消失了。物理学家根据粒子的运动速度和行进轨迹，可以推算出它的时间。

不过，这种测量方法也有极限，当粒子寿命短于 10^{-10}~10^{-12} 秒时，就很难在探测器中留下径迹而直接被探测到，科学家只能通过其衰变产物进行观测。实际上，寿命极短的粒子被称为“共振态”，目前人们发现的一些共振态寿命短到 10^{-20}~10^{-24} 秒。更进一步，时间是不是无限可分的，人们还有可能测量更短的时间吗？如果我们寻找不到涉及更短时间的物理现象，那么更短的时间是否还有讨论的意义？这是一个有趣的哲学问题，也是一个现实的物理问题。

想要定量化描述时间，我们不仅需要了解时间可以有多短，而且需要了解时间可以有多长。“寒来暑往，秋收冬藏；闰余成岁，律吕调阳。”人的一生不过百年，寒来暑往便用去人类寿命的百分之一，但自然界中以年为计算单位的现象不计其数，最令人无力的是，寿命超越百年的现象比比皆是——苏轼在《赤壁赋》中写道：“哀吾生之须臾，羡长江之无穷。”寿命短暂的人类能探索多长的时间？

你游山玩水时是否留意过，岩土中存在条纹般的层状结构。这便是地质层。由于河水中裹挟的泥土不断沉积，沉积物随着季节、年代的变化而改变，因此河床中会存在深浅不一的泥土。地质学家可以通过一层层的泥土推断出地球经历了多少生物圈的积累，进而推断出山脉河川的寿命。不过，利用地质层推断时间的方式存在很大的误差，科学家往往会利用一种更加精确的方式测量地质寿命——同位素的半衰期。

自然界中存在着一些特殊的元素，这些元素的某种放射性同位素的数量会随着时间不断变化。举一个例子，假设开始的时候一块石头中有 10 000 个这类原子，而 5000 年后剩下 5000 个，再过 5000 年只剩 2500 个了。换言之，同位素的数量会周期性地成半衰减，这种周期被称为同位素的半衰期，比如碳-14 的半衰期大约为 5730 年。科学家**利用放射性元素的半衰期进行纪年，**测量精度可以达到百年。具体讲，人们利用同位素比值法来推算出样品在诞生之初所含有的同位素的数量，将其与当下同位素的数量进行比较，从而推算出实验对象的寿命。科学家利用碳-14 这类半衰期长达几千年的同位素可以为十万、百万乃至千万年前的物体“算年龄”。

那么，人类可以测量更长的时间尺度吗？答案是肯定的！地球上的很多材料中都含有铀元素，比如石头。实际上，铀-238、铀-235 都是核电站所需的重要元素。铀-238 的半衰期长达 45 亿年，它会衰变成铅元素，在岩浆里裂变产生的铅几乎不存在。我们如果对一块石头中的铀-238 含量进行测量，了解有多少比例的铀-238 衰变成铅元素，通过这个比例便能反推出地球的年龄。实际上，现在我们熟知的地球年龄——45.5 亿年，就是通过这样的方式推算得到的。

在宇宙诞生之前是否存在更早的宇宙？在时间之前有没有时间？世界在宇宙诞生之前是怎样的？既然时间是单向的，那么时间有没有起点？这些都是令人深思的问题，当下科学家的结论是：时间是有起点的。不过，需要注意的是：**任何的思考都必须建立在实际测量的基础上。**如果没有任何的测量和观察，只用主观思考是没有任何现实和物理意义的。

探索规律的舞台——空间

人类生活在三维空间中，向南向北是一个轴，向东向西是一个轴，向上向下是另外一个轴。一个自然的问题是：这个三维空间是均匀的吗？我们可以拿尺子测量进行验证。如果这个三维空间不是均匀的，那么所有的物理规律都无法起作用。只有三维空间是均匀的，无论在任何位置测量，长度都保持不变，这样科学家才能真正把这个三维空间当作一个理想的舞台，进而探索未知。幸运的是，现在至少在人类的观测范围内，三维空间是一个均匀的体系。

有人说，人类是生活在三维空间的动物，而蚂蚁则是二维空间的动物。可能会有人问，蚂蚁难道不是同样在三维空间里生存的吗？这里其实涉及微分几何中流形的**嵌入**概念。想要确定维度，核心还是看运动上存在多少自由度，而不是看它是如何呈现的。对蚂蚁而言，垂直运动方向的法线方向总是可以忽略不计的。人类对于不同维度的宇宙有很多想象，比如在科幻小说《三体》中有一个概念叫降维打击——整个太阳系被活生生摊平了。不过，现实中想要实现并不容易：倘若存在不同维度的空间，**不同维度下的物理规律很可能是不同的。**

让我们回到空间中最基本的概念：长度。怎样刻画长度？我们可以用一把尺子定义出 1 米的单位长度，随后便可以不断地缩小，比如一把尺子上有厘米，厘米之间有些间隔，而在这些间隔中间可以细分更密的间隔，这样就可以把长度不断地缩小，获得更多用来测量更小距离的小尺子。

除了尺子，我们还有其他方便的测量方法吗？有，但是这些方法不太精确。人迈出一步的距离、一庹的长度或一拃等都可以作为日常的长度测量单位，很多英制长度单位就是这么来的。正在读书的你可以尝试一下，用尺子测量你走 50 步的距离，然后用除法求出每步的平均值，这样就知道你一步的长度，可以在平时用来估算房间的大小。类似的，一拃是从大拇指到中指的距离，成人的一拃在 20 厘米左右，而一庹是指人在平举双臂时两个中指尖的距离，跟个人身高差不多。这些都是非常简单的方法。甚至你可以记住常用纸币的尺寸，或者记住日常使用的手机的尺寸，这些都能帮助你在没有其他长度测量工具的情况下进行估算。

对于一些大尺度的空间距离，无法用米尺进行测量时该怎么办？小学课本中教过三角形，如果已知三角形两个角的大小和两角公共边的长度，那么就可以推算出三角形中的任一个边的长度或角的大小。我们可以利用三角测量法测量长度，而这种方法也是自欧几里得开始，古代数学家常用的几何测量方法。我们在电视剧里经常看到炮兵向前伸出大拇指进行估算，其实炮兵也是在利用三角测量法测量阵地到目标的距离。通过交替睁开左眼和右眼（也就是跳眼），大拇指指向的位置也发生变化，跳眼间隔距离的十倍约为目标距离炮兵阵地的距离。

三角测量法该如何使用？你和另外一个人**“同时”**[①] 看一个物

① 在这里，“同时”的含义取决于想要测量的物体是否运动或变化。如果测量的物体在运动，那么两地的观测者同时观测和测量就很重要了。

体，如果知道你们两个人之间的距离以及两人观测同一位置的不同夹角，便能够推算出到这个物体的距离。我国古代魏晋时期刘徽所著的《海岛算经》就利用了三角测量法的思想测量山高或谷深。更进一步，三角测量法还能测量月球到地球的距离。你和另外一个人在地面上不同的位置同时观测月球，如果测量一下你们之间的距离以及观测月球的角度，那么通过三角测量法可以推算出月球距离地球差不多是 3.8×10^5 km。[①]1752 年，法国天文学家拉卡伊（Nicolas-Louis de Lacaille）和杰罗姆·拉朗德（Jérôme de Lalande）师徒合作，分别在德国柏林和非洲好望角同时对月球进行观测，两人就是这样推算地月距离的。

可以发现，这是一种较为实用的方法。不过，人们试图用这种方法测量地球到太阳的距离时遇到了困难，这是为什么？因为地球距离太阳很远，而太阳的体积又太大了。古希腊时期，阿利斯塔克（Aristarchus of Sámos）曾经利用月全食测量太阳和月球的大小，后又根据月相为半圆时，太阳、地球、月球的相对位置呈直角三角形，对日地距离进行测量。不过，这种测量方案非常依赖日地连线和月地连线夹角测量的精确度，虽然原理正确，但当时的测量数值和真实值相去甚远。

真正利用三角测量法精确测定日地距离，还要等到 1716 年哈雷提出利用金星凌日的方法。哈雷在 1716 年的论文中提出从不同地区观测金星凌日，从而测定太阳直径，由此根据太阳的视直径（也就是太阳对地球观察者而言的角度大小）计算日地距离。他的这篇论文促成了国际天文史上的一次大合作，通过观测预测接下来的金星凌日将发生在 1761 年和 1769 年，来自英国、法国、俄国等国

① 具体计算时，还应考虑到地球是圆的，相互之间的几何关系颇为复杂。

的天文学家前往全球各地，例如南非、西伯利亚、北美洲、中美洲、印度洋以及太平洋等共同观测。考虑到当时远洋航行的条件，这些科学家需要数月甚至数年的时间前往目的地，有的观测团队出发时有 28 人，回来时仅剩 9 人。哈雷本人在论文里预测了多个他认为最理想的观测地点，后来也有天文学家改进测量手段，进一步拓宽了观测条件，不过可惜的是，哈雷在金星凌日发生前的 20 年就已撒手人寰。1771 年，法国天文学家杰罗姆·拉朗德结合 1761 年和 1769 年的金星凌日观测数据计算出日地距离约等于 1.53 亿千米（误差 ±100 万千米，约 0.65%），已和现代值十分接近。

你如果想重温当年利用金星凌日的方法，约上小伙伴在两地尝试，可能要失望了。21 世纪仅有的两次金星凌日，分别发生于 2004 年和 2012 年，再下一次则需要等到 2117 年了！

在现代，测量行星间距离和日地距离的方法就更多了。借助激光、电磁波，我们可以向这些行星发射电磁波，通过探测回波的时间推算距离。这种方法的原理就像蝙蝠捕猎。

前面我们介绍了利用三角测量的方法定量测量太阳系内天体之间的距离，那么太阳系外的天体该怎么测量？实际上，对一颗星星进行测量时，我们可以把地球绕太阳运行的公转轨道当作一把尺子。首先，在夏至测量恒星与地球的张角，然后测量冬至的时候恒星与地球的张角。我们知道，太阳系中的地球的轨道半径大约是光传播 8 分钟左右的距离。由于夏至和冬至大约对应地球公转轨道的两端，光从太阳传播到地球需要 8 分钟，那么从夏至到冬至的位置，光需要传播 16 分钟。随后，利用前文介绍的三角测量法便能计算出恒星与地球之间的距离。通过这种方法，人类测量发现地球到太阳系外最近的一颗恒星的距离是 4.22 光年。天文学上也因此诞生了一个新的距离单位——秒差距，其定义为 1 天文单位的对角为 1 角秒时的距离，大约为 3.26 光年。

4.22 光年，这是一个十分惊人的数字，但这不是当前人类测量的极限。因为 1 角秒是 1/3600 度，人类测量的极限精度约为 0.001 角秒，对应的只有 300 光年。宇宙这么大，光谱是一种新的测量方法，因为恒星的颜色跟它的发光亮度直接相关。我们学习过几何知识：球体表面积是 $4\pi R^2$，一个点光源发出的光线会呈球形向外扩散，照射到单位面积上的辐射功率与距离成平方反比。我们如果知道星星在地球上的亮度，又根据恒星的光谱等信息知道其绝对亮度，理论上借助光线的衰减关系便可以反推出恒星的位置。

通过测量，科学家发现了一件令人震惊的事情：很多恒星都分布在与地球距离差不多的位置上。那个位置正是银河系的中心。这样，人们甚至能推算出地球距离银河系中心有多远。现在，我们知道这个数值大约是 26 000 光年，这应该算是太阳系与银河系中心之间的距离。

准确描述宇宙的路远没有到尽头，我们还可以继续追问：人类有没有可能知道更远的距离？

宇宙中不光有银河系，还有河外星系。星系中的天体成分极为复杂，来自不同恒星的光谱混杂在一起。幸运的是，宇宙中有一类被称为“**造父变星**”的神奇天体。它是一种极为明亮的星体，而且其光度和星体光度脉动的周期关系十分明确。由此，天文学家把造父变星当作一把量天尺，用来测量银河系与河外星系之间的距离。

世界很大，但也很小，讲完空间的庞大，我们来看一下空间能有多小。尺子不断地缩小，是否存在一个尽头？有的。实际上，这个尽头就是光波的长度。**可见光的波长是人的眼睛分辨空间的极限，**因为我们都是用眼睛来看世界的。无论是用显微镜还是直接用肉眼去看，我们看到的都是光散射回来的信号。光的波长约为 0.5 微米，1 微米是 0.000 001 米，相当于头发丝直径的 1/100。如果物体比这个尺度还小，我们用光学手段就不可能再观测到了。比如红细胞的直径是 6 微米左右，我们利用显微镜就可以看到。

那么，有没有可能看到更细微的尺度？我们需要找一把更小的尺子。有没有比光波更小的波可以给我们当尺子？在量子力学中，任何一个类似电子的基本粒子都是有波动性的。电子的德布罗意波长达到 10^{-10} 米、10^{-11} 米，科学家利用其制作出了电子显微镜，利用这样的尺子就能看到更细节的东西。

流感病毒的尺度大小为 100 纳米量级，用光学显微镜是绝对看不见它的，但是用电子来成像，我们就能够看到它。同样，一只漂亮的绿色蝴蝶的翅膀，无论你怎么用肉眼观察，它都是绿色的。而如果把这绿色的结构放到电子显微镜下观察，你就会看到它上面存在一些孔洞结构，正是这些孔洞结构赋予了它绚丽的色彩。

我们用电子的波长可以分辨出 10^{-11} 米，实现原子级的分辨，每一个原子的大小差不多是 10^{-10} 米，而这也是目前人类直接观测手段的分辨极限。我们暂时找不到更小尺度的尺子了，因为没有比电子波长更小并且能为我们所用的东西。在这种情况下，我们是否就束手无策了？

实际上也不是，我们可以用另外的方法。在生活中，怎样估计一个物体的大小？比如，纱布中有多少纱？是密织的还是非常稀疏的纱？我们拿着纱布对着光线一看就知道了。透光越多说明这里面的东西越少，或者说每一根纱越细。同样的方法可以用于估计比原子更小的原子核的大小。我们只要用射线去轰击，碰不到原子核的射线就过去了，碰到原子核的射线就回来，测量透过去的射线有多少便能推算出原子核的大小。实验的结果非常惊人，原子大小约为

10^{-10} 米，原子核的大小却仅有 10^{-15} 米，在这中间没有任何其他物质。如果我们把一个原子类比成一个人这么大的物体，那么一个原子核就类似比一根头发丝的 1/10 还要小的东西，而原子核也是目前人们能分辨的最小的空间尺度，我们很难测量更小的尺度。

统一的标准——国际单位制

前面我们讨论了在物理学中如何实现对时空的定量化描述，这也构成了物理学研究的基础。但物理学的研究对象远不止时间和空间，现实世界中还有着丰富的物理对象，没有计量，很难发展出科学！我们的祖先很早便意识到了这一点，秦始皇在统一六国以后就开始统一度量衡，为全国的度（长度）、量（容积）、衡（重量）制定统一的标准。前面描述时间和空间时，我们已经默认使用了一些现行通用的定量化描述的语言，比如“米”“秒”等，这些通用的定量化描述语言共同构成了现在使用最为广泛的国际单位制。

国际单位制发展至今经历了两个世纪，其起源可以追溯到第一次工业革命。提起工业革命，便不得不提起一位重要人物詹姆斯·瓦特，就是那位改良了蒸汽机的英国发明家。瓦特改良了蒸汽机，大幅提升了功率，使它真正能够应用到人类生活实践中。此后，瓦特想到了另外一个问题：新改良的蒸汽机究竟在功率上有多大的提高？要知道，当时是没有功率单位的。在英国工业革命进行得如火如荼的时候，人们对大机械、蒸汽机等自动化机械设备充满期待，瓦特也怀揣着强烈的愿望想解决功率单位这一问题。为此，瓦特定义了“马力”作为功率单位。

马力是什么意思？一马力，指一匹马在单位时间内把 550 磅[1]的重物拉升 1 英尺[2]所做的功。现今常用的两种马力为英制马力和公制马力，英制马力约为 745.7 瓦，公制马力约为 735.5 瓦。有了马力这个功率单位，工程师就能够量化比较机械的优劣。但是，后来也发生了关于马力的很多小故事，有的人质疑，马力这个单位是不是有点大了？因为一匹马似乎做不到这么大的功率。甚至有人说，在定义马力这个单位的过程中，瓦特为了说服矿山的农场主，故意让对方找了一匹比较强壮的马来做这个实验。但不管怎么说，马力这个单位的定义大大推进了工业革命的进程。

英国的威尔特郡至今仍保存着瓦特所制作且现今仍然能够运行的最古老的蒸汽机。它大约是在 19 世纪初被制造出来的，至今仍然会定期运行，也有机会向公众开放。它拥有庞大的体积，输出功率却刚刚超过 20 马力。当然，你不能说它中看不中用，因为它具有重大的历史参考价值。

回到单位制的问题上，国际单位制通常用 SI 表示，SI 是法语公制“Système International d'Unités”的缩写。单位的发展经历了很多阶段。1960 年，第十一届国际计量大会通过了现在的国际单位制，也就是由基本单位和导出单位所构成的单位制。自此，现在所使用的国际单位制才真正具备了雏形。

在国际单位制中，最重要的是 7 个基本单位：长度单位——米（m）、质量单位——千克（kg）、时间单位——秒（s）、电流单位——安培（A）、热力学温度单位——开尔文（K）、物质的量单位——摩尔（mol）、发光强度单位——坎德拉（cd）。在 7 个基本单位的

① 1 磅合 453.6 克。——编者注
② 1 英尺合 30.48 厘米。——编者注

基础之上，还有大量导出单位，比如力的单位——牛顿（N）、功率单位——瓦特（W）等，它们共同构成了国际单位制。很多人会好奇：瓦特、牛顿等大名鼎鼎的单位为什么属于导出单位？为什么它们不是基本单位？原因是，在单位制的发展过程中，需要考虑非常多的问题，这涉及单位制的简洁和美学问题。在确立单位制的时候，人们并没有忘记为科学做出贡献的科学家。为了纪念他们，导出单位大多数是以历史名人的名字命名的。

为什么说国际单位制更好一些？举一个简单的例子，在处理功率问题时，马力单位相对来说就没有国际单位制合适。**功率这个物理量一般有两种应用场景：一种是机械功率，另一种是电功率。**在处理机械功率的时候，1 W 等于 1 N · m/s，对应力和速度单位乘积；而在处理电功率的时候，1 W 等于 1 V · A，对应电压和电流单位乘积。聪明的你一定发现了 1 W 在这两个问题的定义上都很简洁，这就是使用国际单位制给我们的生活带来的便利。这些单位定义时前面系数都为 1，按此原则定义的单位制也叫“一贯单位制”。仔细想一想，它确实反映了先人在制定单位时的科学性和艺术性。

如果不统一使用国际单位制，在不同领域计算时就需要换算，这里非常接近我们生活的例子是卡（cal）和焦耳（J）。减肥的人都关心食物的营养成分表，在表里列出不同食品每 100g 所含的能量等信息。有的运动应用程序里也会显示今日运动量对应消耗的能量，有的使用千卡（kcal）标注，而有的使用千焦（kJ）标注。因为历史原因，卡路里（calorie）至今仍在食品营养领域作为能量单位被广泛应用，但为了精确计算，1 cal ≈ 4.2 J，免不了要按按计算器进行换算，如果统一使用国际单位制，就没有这种问题了。

国际单位制的诞生可以追溯到 1799 年。在工业革命时期，法国国会通过了米制，确定米为长度单位。当然，为了确定“米”这一单位，人们需要找一个固定的长度，当时这个长度选取了经过法国的子午线总长度的四千万分之一，以此为 1 米。1875 年，十几个国家相继加入了米制的公约，并决定以后定期召开国际计量大会。很明显，这个定义不太精确，地球上仍旧存在活跃的地质运动，这么长的经线测量起来也难免产生误差，实用性也很差。1889 年，发生了一件重要的事情。在这一年的国际计量大会上，人们用铂铱合金制作出米的原器件“米原器”以及千克的原器件“千克原器”，当时这两个器件作为长度的标准和质量的标准被保存在位于法国巴黎的国际计量局。尽管这个器件很牢固，但依然存在热胀冷缩效应，此时的 1 米规定为米原器在 0℃时的长度。随着技术的不断进步，到了 1969 年，长度单位“米”的定义已经具备了一些不依赖于具体实物的量子化特征。这时候米是依据氪-86 特定的能级辐射的波长而定义的。“1 米”被定义为氪-86 原子在 $2p_{10}$ 到 $5d_5$ 能级之间跃迁的辐射在真空中波长的 1 650 763.73 倍。

1967 年，国际计量史上还有一件大事。在这一年的国际计量大会上，秒被重新定义为铯原子超精细能级跃迁周期的一定倍数。我们前面讲时间的定量化测量时已经提过。这意味着什么？意味着从 1967 年开始，人们可以制作原子钟了。

人们平时使用的时钟精度大约是每年误差 1 分钟，但这种精度在一些精密领域远不够用，而原子钟用原子吸收或释放能量时发出的电磁波进行计时，这种电磁波非常稳定，人们用一系列精密仪器控制，原子钟的精度可以达到每 2000 万年误差仅 1 秒。如此精密的原子钟带来的直接影响是，GPS 的研制终于有核心技术基础了。为什么原子钟对 GPS 这么重要？想象一个在地外高速运转的 GPS 卫星。就算 GPS 卫星在一天内和地面时间的差别仅有一千万分之一秒的量级，叠加上光速，每天其定位都要漂移几十米。虽然原子钟在我们的日常生活中可能不常见，人们也许会忽视它的重要作用，但是它对 GPS 卫星来说是非常关键的。如果没有原子钟对时间的量子化精细定义，我们今天的 GPS 可能只是梦想。

1983 年，“米”也被进一步定义了。这一年的国际计量大会重新制定了“米”的定义，即光在真空中行进 1/299 792 458 秒的距离，以此为 1 标准米。2018 年，发生了更大的变化。科学家对质量单位千克、热力学温度单位开尔文、电流单位安培还有物质的量单位摩尔都重新进行了定义，这些单位从此全部依赖于固定的物理学常数。

用固定的物理学常数定义基本物理量有什么好处？以千克为例，在人们使用千克原器来定义质量单位时，任何一个地区制作出了 1 千克器物，都需要拿到巴黎进行校正，来回过程烦琐不说，每次使用千克原器都意味着一次损耗，甚至千克原器本身也在缓慢发生着变化。但是在重新定义千克单位之后，在地球上任何地方，甚至在宇宙中任何地方，人们根据固定的物理学常数就可以对基本的物理单位严格定义，这为生活提供了巨大的便利。

具体而言，国际单位制是怎样变化的？下面以开尔文和千克为例进一步说明。

起初人们使用的质量单位的原器件保存在巴黎，这一原器件被精密地保管在真空玻璃罩中，但经过近百年的时间，它的质量其实还是发生了变化。我们怎么知道它的质量变了？其实，世界各国都保存着这个千克原器的复制品。通过不断测量原器件及其复制品之间的误差，科学家分析得出，在近百年间，1 千克的原器件的误差在 50 微克左右。这有什么影响？由于定义千克的原器件的最大精度为 50 微克，这意味着我们对 1 千克的物体进行测量时，无法测量到比 50 微克更小的精度。换言之，50 微克是现存测量质量的所有设备所能达到的最高精度。这显然不能满足科学家的进取心。于是，2018 年 12 月，国际计量大会通过了新的单位制，在 2019 年 5 月实行后，1 千克的定义对应普朗克常数为 $6.626\ 070\ 15 \times 10^{-34}$ J · s 时的质量单位。

这一定义让人有些难以理解，为什么质量的单位“千克”会与普朗克常数有关？也许我们通过爱因斯坦的质能方程更容易理解。质能方程告诉我们，质量实际上可以用能量单位来衡量：

$$E=mc^2$$

其中，E 是能量 ，m 是质量，它们之间用光速 c 联系在一起。另一方面，普朗克常数告诉我们什么？

$$E=hv$$

上面这个普朗克公式实际是量子力学的基础。它告诉我们：物体会对外发射电磁波，而电磁波的能量用 hv 表示。其中，v 是频率，h 是普朗克常数。现在，我们把这两个公式结合起来看。保证能量 E 不变，光速是固定的常数，由于我们已经用光速定义过长度单位“米”，同时频率可以用时间进行标准化定义，因此如果我们知道普朗克常数，那么质量 m 便能唯一确定。现在，国际社会把普朗克常数作为一个固定的常数，那么质量单位“千克”也就随之确定下来了。这就是 2018 年的国际计量大会对千克重新定义背后的物理意义。

那么，这样的定义对我们的生活会产生什么样的影响？不难想象，使用 1 千克的质量原器定义千克时，纳克、皮克等极小的质量是很难定义和测量的，这会对很多领域产生重大影响，比如我们无法精准测量一个病毒的质量，而新的单位制定义为物体的精确质量测量提供了基础，促进精密测量质量相关设备的飞速发展。

另一个重要的单位是热力学温度单位开尔文。在 2018 年之前，1 开尔文的定义是水的三相点热力学温度的 1/273.16。也许你会好奇：为什么开尔文的定义会用到水的三相点？这其实是一个历史问题。摄氏度或华氏度在开尔文温度出现之前一个世纪就已经深入人心了，而水的三相点是定义摄氏度、华氏度的一个基准点。

用水的三相点来测标准温度远比人们使用开尔文温度的历史悠久。这也是为什么定义开尔文温度的时候会用水的三相点温度作为基准点。那么，开尔文的定义是什么？2018 年 11 月 16 日，国际计量大会通过决议，定义 1 开尔文为“对应玻尔兹曼常数为 $1.380\,622 \times 10^{-23}$ J/K 的热力学温度”。

这个定义告诉我们，如果把玻尔兹曼常数固定，我们就得到了开尔文温度。我们可以同样按照上面对质量的定义，来看一下能量与温度的关系式：

$$E=k_B T$$

这个公式是在研究理想气体动力学过程的时候发展出来的。它告诉我们：气体中分子运动的总动能 E（与运动状况有关）和温度 T 成正比例关系，而这个比例系数就是玻尔兹曼常数。从这个公式中，我们得到两点深刻的启示：第一，为什么会有开尔文温度？从这个式子里可以看到，当内部自由度静止，即原子、分子不再振动的时候，我们把这个状态的温度定义为 0，这种定义方法得到的便是开尔文温度。不过，在实际生活中，物体内部的振动自由度完全停止是不可能发生的事情，因此不存在绝对的 0 开尔文，即绝对零度不存在。第二，这个公式为开尔文的定义提供了思路。如果知道由焦耳定义的能量以及玻尔兹曼常数，那么这个温度 T 的单位开尔文就会被唯一确定下来。由这个公式定义的开尔文精度远远要比依据水的三相点来定义要准确。因为水是具体物质，水中不同同位素的比例可能会发生变化，所以水的三相点温度也会存在误差。

开尔文这一定义会产生怎样的影响？可以预见的是，未来的极低温或极高温测量都可以更加精确，也可以进一步发展出测量极度低温、极度高温的科研设备。正如我们精确测量时间一样，我们期待未来精密测定温度给人类生活带来变革。

芝诺悖论

前面我们讨论了时间和空间，也讨论了定量化描述所必需的单位。**没有测量到的物理量，就不具有真实的物理意义，时间和空间亦是如此。**空间是否无限可分，这是没有证明，目前也无法证明的一件事情，也是一个开放性问题。宇宙外面是否还有宇宙，同样是一个开放性的无法回答的问题。

历史上的先贤曾争论过一个被称为“芝诺悖论”的哲学问题：阿喀琉斯是古希腊神话中擅长奔跑的英雄，如果他和一只乌龟赛跑，他能不能追上乌龟？当他跑到乌龟的位置时，乌龟往前跑了一点，当他跑到乌龟下一位置的时候，乌龟又往前跑了……按照这样的分析，虽然阿喀琉斯一直在奔跑，但永远也不可能追上乌龟。

当然，你可以用不同的方式跟你的朋友进行辩驳，但如果你稍微了解一点极限的思想，就知道这是一个不成问题的问题。乌龟领先的时间就算全部加起来也是一个有限的数值，所以人肯定能追上乌龟，并且能超过它。这里遇到的难题，也是我们在试图准确描述自然现象时可能遇到的难题。如果从单位制的角度来看，在分析乌龟的运动时，芝诺悖论的思路里其实隐含了错误的长度单位的选择。虽然故事中一直在描述阿喀琉斯和乌龟的相互运动过程，乌龟不断地向前跑，我们可以不断地按照编号 1、2、3、4 将上述阿喀琉斯和乌龟之间的距离都进行定量化描述，这个编号将会一直延伸下去，直至无穷。但其实这个描述存在局限性，无限的编号下对应着的运动距离终究是有限的。

所以在定量化描述这点上，芝诺悖论不禁让我们思考：目前使用的描述自然的物理量，真的能把所有自然现象囊括进来吗？也许未来的某一天，人类对大自然的认识将迎来新的突破，我们测到了以前从没有想过的物理量，代表我们科学发展的阿喀琉斯一脚超越乌龟，才能认识到目前的局限性。

单位制的发展目前进行到什么程度？简单来说，以前基于实物定义的单位，现在基于物理学过程和常数进行重新定义，这样做的最大便利就是消除先前定义的不确定性。人类可以基于新的单位制制作新的测量仪器。现在，我们正面临着量子科学大发展时期，单位制的变革也许会给未来生活带来新的变化，这对我们来说是挑战，也是机遇，希望我们国家在未来的科技浪潮中能够抓住先机。另一方面，随着科学技术的发展进步，也许未来会有新的物理现象、新的不变的物理学常数产生，单位制也需要与时俱进，不是一成不变的。

英国《卫报》(*The Guardian*)曾报道过美国国家标准与技术研究院史兰明格博士的一段话：

如果有一天外星人来到地球，除了物理，我们没有什么好谈的。而如果人类和外星人要谈论物理，那么就要先定下单位才能谈。这个时候告诉对方，我们的千克单位实际上是依赖于巴黎地下的一块金属而定义的，我们会不会被外星人耻笑？

其实仔细想想，这件事情还真的有可能发生。或者从更长远的角度来说，这一批新的基于物理学常数的单位制有没有可能成为和外星文明沟通的语言？我们可以大胆畅想。

原子的故事

合抱之木，生于毫末；九层之台，起于累土。

——《道德经》

古人很早就发现物体都是由细小之物积累形成的。那么，世界是由什么组成的呢？数千年前，人们便开始寻找这个问题的答案。柏拉图等古希腊哲学家提出过四元素说，而中国在古代也有五行学说，西周末年的史伯也曾提出：“以土与金木水火杂，以成百物。”那么，我们这多姿多彩的世界究竟是怎样的？

我们周围充满了各种事物，高的、低的、大的、小的、重的、轻的，五光十色、五彩斑斓，但我们这个世界其实是空空荡荡的！从大尺度讲，在宇宙里旅行，从一个星系到另一个星系，从一个恒星到另外一个恒星实在太过遥远。离我们最近的恒星是太阳，而从太阳出发去离太阳最近的恒星，连光都需要走 4 年。但是在这段旅程里，光经过太阳的时间只有短暂的 4 秒。从小尺度讲，一个原子的实体部分只有 1 飞米，即 10^{-15} 米。两个原子的间距通常是 10^{-10} 米，换言之，原子核的大小与原子间距相差十万倍。倘若每一个原子核都是一个活生生的人，我们在北京放下一个原子，那么下一个原子就应该放到石家庄——多么广阔的距离！所以，我们的世界就是这么空空荡荡。

那么，在空空荡荡的空间里，仅有的那一点东西是什么？这就是下面我们要讨论的主题——原子。前文提到，著名物理学家费曼曾设想过类似的问题：如果在一场灾难中，所有科学知识都被摧毁，我们只能留给下一代一句话，如何用最少的文字包含最多的信息？费曼给出的答案是“所有事物都是由原子构成的”这句话。

如果我们知道世界是由原子组成的，那么或早或晚，我们就会发展出现代科技，就会发展出核能，发展出现代社会里繁茂的科学体系。毕竟面对手里的一杯水，无论我们用光学显微镜如何放大，这些水始终保持光滑和连续的特性，而组成它们的竟然只是一群微粒。

归根结底，我们的世界、世界上的万物就是一些原子的组合。例如我们常见的流感病毒的 RNA 基因组长度大约有 13 000 个碱基对，每个碱基对平均有大约 30 个原子。也就是说原子编码不到 1 000 000 的这么小的集体，就产生了如此可怕的威力。即使是更复杂的一些东西，虽然包含的原子数量惊人，但依旧是有限的：成人体内大概有 10^{28} 个原子，组成太阳大约需要 10^{57} 个原子，而我们整个可观测的宇宙大约包含 10^{80} 个原子。

物质观的历史发展

你是否想过这个问题：原子的概念到底从何而来？我们的先辈很早就在思考——我们这个世界到底是由什么组成的？在这个方面，

东西方文化惊人一致，只是后来它们慢慢走向不同的方向。老子在思考宇宙万物的时候，提出“道生一，一生二，二生三，三生万物。万物负阴而抱阳，冲气以为和”。也就是说，宇宙的一切都是由“道”产生的。但这个“道”到底是什么？这一点老子并没有明说，它可能指道理，抑或某类实体。后来早期的中国人又发展了这一观念，形成了五行说——金、木、水、火、土。五行说认为，木生火、火生土、土生金、金生水、水生木，它们相生相克的关系组成了我们的大千世界。

其实在古代的西方，大家也有非常类似的观念。最早思考世界本原的哲学家是古希腊的泰勒斯，他提出“水是世界的本原，万物都由水组成”。如今，我们听到这句话可能觉得很好笑：世界怎么可能是由水组成的呢？明明有很多东西不是水嘛。但是，我们要正确理解泰勒斯的这句话，要思考泰勒斯语言里的水有什么意义。如果从现代科学的观念去理解，你会发现他的思想是非常深刻的。

不得不说，泰勒斯指出世界存在“本原”这个思想非常深刻。换言之，在泰勒斯的眼中，大千世界五光十色，却由一个统一的、不变的东西组成，而且那个东西还是一个实体。当然，我们可以马后炮地说一点巧合，组成水的氢元素和氧元素，正好也是宇宙中各元素质量占比排行榜中排第一和第三的元素。在这之后，上承泰勒斯，古希腊哲学家阿那克西曼德（Anaximander）、阿那克西美尼（Anaximenes）、赫拉克利特（Heraclitus）和恩培多克勒（Empedocles）等人进一步发展了这个观念，提出了**四元素**说，认为水、气、火、土是组成世界的基本元素，万物都是这几个基本元素混合而成的。这其实和中国的五行学说“金、木、水、火、土”有些相像。在四元素说发展的过程中，这些人相互之间其实都有师承关系，但“吾爱吾师，吾更爱真理”。虽然这些学说在今天看起来都有一定的局限性，但从当时来看各有其思想进步之处。比如赫拉克利特提出火是世界的本原，其核心在于他认为世界是动的——因为火是运动着的。他是想借此强调世界的本原有一部分在连续不断地运动。

柏拉图把对世界本原的认识进一步形象化。他认为不仅有这四种元素，而且这四种元素可能是切实存在的。它们都有特定的性质，所有物质的性质都可能由这四种元素来解释，甚至这些元素本身也有特定的组成、形状和性质。比如，他认为这四种元素和四种正多面体是直接对应的（见图 2-1）。

1. 正二十面体就像一个球形，对应水——因为水可以像球一样到处流动；

2. 正四面体可以想象成火——因为它特别灵活；

3. 最稳定的正六面体（立方体）可以想象成土；

4. 最后一个是正八面体，对应气——因为大家稍不留意便察觉不到它。

但是实际上，数学中有且只有五种正多面体，还有一种正多面体叫“正十二面体”。它怎样对应四元素？柏拉图的学生亚里士多德对此进行了补充。他认为地球上的东西是由四元素组成的，但是天体中、宇宙间的物质，应该是由第五种元素组成的。这第五种元素就是以太，它就对应正十二面体。所以他就把以太更加形象化、固定化。亚里士多德总结了先前人们对世界本原的认识，把四元素固定下来并且发扬光大。这一观念一直影响了人类 2000 多年的文明史，直到 300 多年前才有人真正质疑。

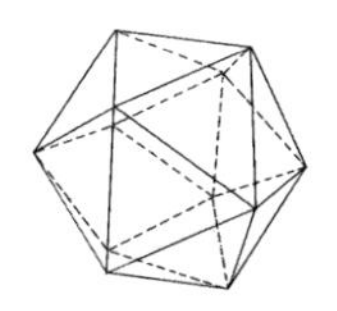

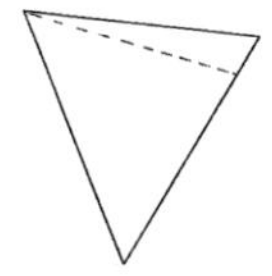

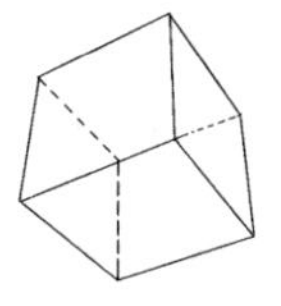

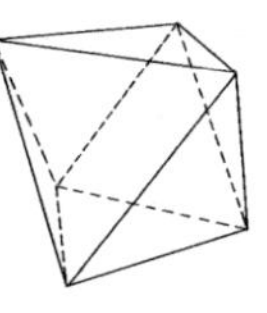

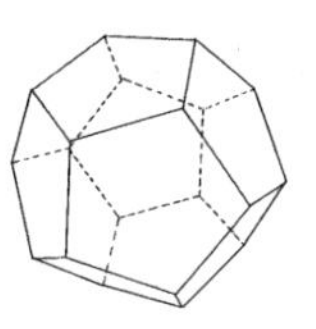

图 2-1　柏拉图的正多面体

古希腊的物质观对人们有怎样的影响？伟大的医生希波克拉底采纳了四元素说。他把四元素用到了人体里面，认为四种元素在人体里对应四种体液。血液对应气，黏液对应水，黄胆汁对应火，黑胆汁对应土。这四种体液就对应四种基本元素，是构成我们身体的成分，而且在人体健康的时候，这几种元素正好相互平衡。倘若人体中某一种元素多了一点，身体就会不舒服，疾病的各种症状由此而来。比如，希波克拉底在其著作《论风、水和地方》（*On Airs, Waters, and Places*）中，建议医生熟悉城镇所在的位置，一年中的某些季节和地理区域被认为会导致体液失衡，从而诱发不同时间和地点的不同类型的疾病。人们还借用四种元素来解释人的性格，分别为多血质、黏液质、胆汁质、忧郁质（抑郁质）。一直到今天，人们仍然习惯用这种组合来解释一个人的个性。

另外，古希腊的物质观影响深远的例子与现代科学的奠基人之一——开普勒有关。他在接受第谷的指导对火星轨道进行分析之前，尝试过采用正多面体来理解我们的宇宙。他认为几个不同大小的正多面体和球相互嵌套，而这几个正多面体决定的圆，就是这几个行星的天体轨道。虽然他后来因误差太多而抛弃了这种行星模型，但这个想法从侧面反映了四元素说这种世界本原思想的巨大影响。

最先质疑四元素说的是玻意耳。玻意耳在 1661 年出版了一本书，叫作《怀疑的化学家》（*The Sceptical Chymist*）。在这本书中，玻意耳也用假借主人公对话的方式提出了他的想法：四元素说太粗糙了，四元素不可能是组成我们这个世界的本原。比如说一块金子，它到底是水、是火、是气，还是土？他认为应该**用更本原、更简单、更纯粹的元素，以及更精确的认识来替代这种粗略的四元素，**这一观念推动了现代科学的发展。玻意耳也被认为是现代化学的奠基人。

四元素说占统治地位有2000多年的时间，但是并非所有人都是这样认为的。著名的古希腊哲学家德谟克利特就是众多持不同观点的学者之一，他在思考世界本原的时候，提到一个很重要的观点：**世界应该是由原子和虚空组成的，原子是不可分的小单元，这些单元组成了世间万物，这个空间——虚空——只是这些原子运动的舞台。**原子的英文是atom，在希腊语或英语中就是不可分的意思，a表示否定，tom就是分开。原子本身的含义就是不可分的小粒子。他也由此解释人类五感的来源，嗅觉得以产生是因为不断有"薄薄的原子层"从宏观物体表面脱落并通过空气飘进了人的鼻子。味觉则是因为舌头在和不同形状的原子接触时，一些原子呈锯齿状并撕裂舌头，产生苦涩的感觉；"光滑的"原子因为很容易在舌头上滚动，从而有甜甜的味道。德谟克利特提出的世界由原子组成的这种原始而朴素的原子论，也被称为"古典原子论"。这是很朴素的唯物观点。

遗憾的是，今天我们对德谟克利特的认识很少，只能经由二手材料了解他的思想，其中很多还很不可靠，甚至相互矛盾。而且原子论这种观念当时也并不是主流，尤其是亚里士多德视其为自然哲学的竞争对手。不过略显诡谲的是，亚里士多德曾专门写了一本关于德谟克利特的专著，里面引用的原始内容成了研究德谟克利特最好的材料。

四元素说作为主流观点影响了人们很久。到了 19 世纪，在玻意耳等人的努力之下，人们慢慢认识到更多的科学道理。这时候，英国的科学家道尔顿（John Dalton）提出了近代的原子论。

在道尔顿的时代，人们的科学知识已经比较丰富，玻意耳、拉瓦锡等人做了很多的化学实验。所以道尔顿提出的原子论和德谟克利特的原子论相比，有了非常坚实的科学基础。他的依据主要有两点：一个是**定比定律**，另一个则是**倍比定律**，它们都指出化合物中的元素是成比例存在的。如果你将水进行电解，一定会生成两个体积的氢气和一个体积的氧气，而绝对不会生成三个体积的氢气和一个体积的氧气——它们有可能一起变为原来的几倍，但两种元素的比例并不会变。根据这两个定律，道尔顿推测这些化合物——各种物质，是由很小的不可分的微粒“原子”组成的。这些原子极其微小，**它们既不能被创造，也不能被消灭，它们不可以再被分割，它们在化学反应中保持不变，**所以才有了刚才的定比定律和倍比定律。同一种元素的原子性质和质量都相同，不同元素的原子性质和质量各不相同。不同的原子以简单的比例组合形成了各种化合物——这就是道尔顿的原子论。

由于道尔顿的原子论建立在科学实验的基础之上，因此很快就为大家所接受。人们很乐意利用道尔顿的原子论来理解当时从科学实验中发现的各种实验现象，从而获得很多新的知识。

热力学和统计物理学的奠基人之一玻尔兹曼接受了原子论，以“一切物质都是由原子组成的”这个观念为基础，阐释了气体现象、热学现象，甚至推导出热力学第二定律，从统计上得到了各种宏观现象，奠定了统计力学的基础。物质中一大堆原子集体运动的行为组成了我们观察到的各种热学现象和其他的宏观现象。虽然玻尔兹曼的统计力学非常成功，但毕竟它建立在“原子是存在的”这一假设的基础之上，而很多人不接受甚至反对这个假设。反对者主要以马赫（Ernst Mach）等经验哲学家为代表，他们认为，**“我们看不见原子，所以它就不存在；我们感觉不到它，它就应该不存在”**。这种观念当时产生很大的影响，以至于玻尔兹曼在宣传其学说的时候，基本上是孤军奋战，这令他非常压抑。这件事情一直没有迎来转机，最终导致了可悲的结局。1906 年，玻尔兹曼实在承受不了压力，选择自杀。

在科学史上，在他死后几年到十几年的时间里，原子论获得了巨大成功，得到了公认。

小心求证，眼见为实

既然存在争吵，那么我们怎样用科学方法结束争端，证实原子的存在？在玻尔兹曼那个时代，人们已经开展了很多实验，正是这些实验奠定了原子存在的基础。

1897 年，约瑟夫 · 汤姆孙（Joseph John Thomson）进行了著名的汤姆孙实验。在抽真空的玻璃管中放上一些电极，给电极加上电压后，电极对面的荧光屏会出现绿色的磷光。人们认为，在给电极加压时会产生一种看不见的粒子流，粒子流打到荧光屏上便会产生磷光，当时人们称这种看不见的粒子流为**“阴极射线”**——因为它基本上是由电极的阴极产生的。这些射线能够在真空中运动，产生轨迹，人们可以通过荧光屏闪光来推断这些阴极射线的轨迹。汤姆孙做的实验就是在这个真空管里面加上磁场，通过调节电磁铁的电流改变磁场的大小，从而让阴极射线发生偏转。这也是以前家用老式电视机的显像管成像原理。

汤姆孙推导出，既然在磁场下阴极射线会发生偏转，那这个射线一定是带电的，所以它是由一种带电的粒子组成的。根据偏转量，汤姆孙很容易推算出这些粒子的带电量大概是多少。他发现，带电量和这个粒子质量的比例至少是氢原子的 1000 倍以上（后续更精确的实验测定比值大约为 1836 倍）。也就是说，假如我们默认这个带电的粒子携带的电荷量和氢原子核一致，那么它的质量是氢原子核质量的 1/1836 左右。他把这种粒子命名为“电子”。① 他认为电子是从原子中跑出来的，是原子的一部分。所以既然我们看到了原子的组成部分，那么原子也应该是存在的。他第一次用实验证实了原子的存在。

具有讽刺意义的是，**原子第一次被实验证实，同时也宣告了原始的原子概念的破灭。**因为我们前面已经提到，原子最原始的定义就是不可分的微粒，不过汤姆孙探测到了比原子小得多的电子。电子这种微粒既然存在于原子里面，那么就应该作为一个微粒塞进整个原子。同时，为了保持电中性，还需要其他的正电荷均匀地分布在这个微粒周围，也就形成了原子所谓的“枣糕模型”，或者叫“西瓜模型”——如果将每个电子比作西瓜籽，那么正电荷就是西瓜瓤。不过变化总是来得很快，在后来的一些实验里，人们发现原子的构造似乎和西瓜不太一样。

投石问路这个词想必大家都听过，在不了解一件事情的时候，获取信息最方便的方法，就是扔点什么进去。1909 年，卢瑟福（Ernest Rutherford）进行了著名的 α 粒子散射实验，就往原子里扔了个大宝贝。他的实验是这样做的：将氦的原子核，也就是 α 粒

① 他当时称这种粒子为“corpuscles”（细胞的复数形式），然而后来的学界多使用“electron”称呼电子。

子直接打到一块金箔上，从而探测金箔到底是由什么组成的。按照汤姆孙的原子西瓜模型假说，金箔上的原子全是由质量非常小的电子加上均匀分布的正电荷组成的，那么 α 粒子打到金箔上要么被直接弹回来，要么应该直接往前冲。但是他通过实验发现，除了绝大多数往前走的 α 粒子，有很多 α 粒子运动方向和入射方向相比偏转了很大的角度，甚至有些完全反弹回来了。

为什么绝大多数 α 粒子直接穿了过去，但是有少数发生偏转甚至大角度反弹呢？这意味着金箔里面一定有非常实在的小实体，这个实体使 α 粒子发生偏转甚至反弹回去。所以卢瑟福提出了新的原子模型：原子大部分质量都集中在一个很小的部分，叫作“原子核”；而电子只是原子核周围飞来飞去的一些微粒。这些原子核非常致密，以至于占的空间很小，但是一旦碰上，就会把 α 粒子反弹回去。这个有“核”的原子模型，也被称为“卢瑟福的原子模型”，它和汤姆孙的原子模型相差甚远，但是经过实验，人们认为这种原子模型更加合乎实际。

关于原子内部结构的探讨暂告一段落。回答原子是否存在这个问题本身，其实，原子的证实还有一些间接的证据，比如说大家熟知的**布朗运动**。罗伯特 · 布朗（Robert Brown）是英国植物学家，他在 1827 年偶然发现，如果把花粉的微粒放在水上，用显微镜观察时会发现这些微粒一直不停地做不规则运动。人们后来对这种现象做了大量分析，其中颇具代表性地给出定量结论的是爱因斯坦在 1905 年做的工作。人们得知这些花粉之所以不停地做不规则运动，是因为水面上的水分子不停地撞击这些微粒，但在微粒很小的时候又不会均匀地撞击。有些时候向上运动的水分子多，就会把微粒向上推动；有时候向左运动的水分子多，就会把微粒向左推动。所以这些花粉微粒的轨迹恰好反映了水分子存在的事实，从而间接推出水是由原子或分子组成的。

原子是否存在？这一问题在 20 世纪初期已经得到了解决。那么，我们今天又有什么进展？俗话说，百闻不如一见，能够证明原子存在的最重要的证据，应该是直接看到原子。当然，我们无法用肉眼看到原子，甚至没法用可见光看到原子。在原子的观测方面，最重要的进展是人们发明了电子显微镜和扫描隧道显微镜（Scanning Tunneling Microscope，STM），可以用电子探测的方法来观察到原子的存在。

其实，早在 20 世纪 60 年代，人们就通过场发射的电子显微镜观察到铂针尖上有很多的电子发射出来，这些电子在屏幕上的分布体现出针尖上的原子分布，不过这还不够直观。更直接的证据来自 20 世纪 80 年代。当时，格尔德 · 宾宁（Gerd Binnig）和海因里希 · 罗雷尔（Heinrich Rohrer）两位科学家发明了扫描隧道显微镜。它利用电子隧穿这种量子效应来探测物质表面的信息——当扫描隧道显微镜针尖距离物质表面足够近时，物质表面的电子就能跑到针尖上形成电流。这种电流的分布对空间非常敏感，这样便能体现出原子的分布。图 2-2 展示的便是硅原子的图像。

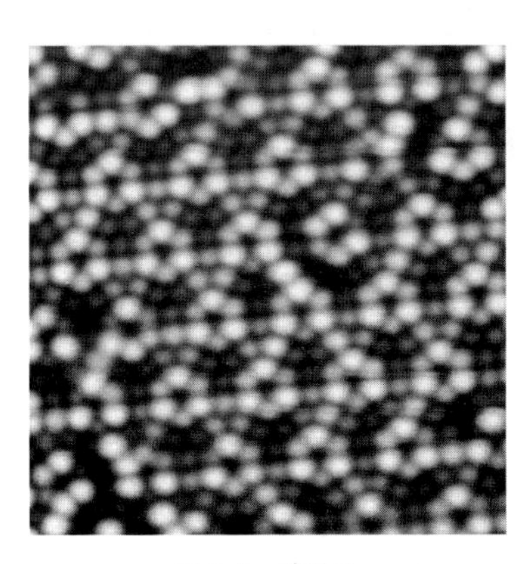

图 2–2　硅原子

除了观测原子，人们甚至可以改变这些原子的分布，用针尖拨弄这些原子，让原子组成特别的形状和图案。2013 年 IBM（国际商业机器公司）的科学家就用原子拍了一部世界上最小的电影《男孩和他的原子》（*A Boy and His Atom*）——他们利用精确摆放的数千个原子制作了约 250 帧的定格动画。到了最近几年，甚至有一些更好玩的进展。2017 年，在英国工程和自然科学研究委员会举办的科学摄影大赛中，一张原子照片拔得头筹。在照片的正中有一个小亮点，那是一个带正电的锶原子在激光的照射下不断吸收并重新发射光子。在四周金属电极电场的作用下，锶原子几乎保持不动，所以普通相机长时间曝光就能拍到照片。当然，**这个亮点的大小并不是原子的大小，它只是单个原子发射光的光斑的大小。**

原子的“身份证”长啥样

既然世界万物由原子组成，那么原子都有哪些特征，又有哪些基本性质呢？

首先，原子有确定的大小。原子的大小大概是 1 埃（Å），也就是 10^{-10} m。需要说明的是，这里提到的原子大小指原子中电子轨道的大小，而不是原子核的大小。原子核的大小要比 10^{-10} m 小得多，大约为 10^{-15} m。

其次，原子有确定的质量，人们用原子量（相对原子质量）来代表。一般情况下可以用一个简单的规则计算原子量：因为原子的质量都集中在质子和中子上面，我们只要数一数原子里面有多少个质子和中子，那么它的原子量（相对原子质量）就是多大。原子量也被称为“相对原子质量”，既然名字里带着“相对”，自然存在比较的标准，这个标准就是一个碳-12 原子静止质量的 1/12。相应地，为了方便在微观和宏观间相互转换单位，在很长一段时间里，国际单位制将 12g 碳-12 所包含的原子数目规定为 1 mol，此时的原子数也被称为“阿伏加德罗常数”。在 2019 年国际单位制经过调整后，这一数值被定义为 $6.022\ 140\ 76 \times 10^{23}$。

除了原子有多“重”，想必你还会好奇原子有多少种。如果我们按原子中的质子数进行分类，那么有 100 多种，它们对应我们所熟知的 100 多种元素；而如果我们进一步按照原子中中子数的不同把相同质子数的原子进一步分类，那么原子有近千种，它们就是不同元素的同位素。

原子的另外一个很重要的性质，就是会发光，而且发出的是特定的光。比如，我们把一小粒食盐放在火上烧，就很容易看到黄色火焰。这是食盐中的钠离子引起的，钠元素的特征就是能够产生明亮的黄色光线。不同的元素会发出不同的光，这样我们不仅可以证实物体中存在这种原子，还可以明确指出它是哪种原子。就好比我们的指纹一样，可以用来精确鉴别。

前面我们已经简要地讨论了原子的内部结构，但无论是西瓜模型还是卢瑟福模型，都不尽如人意。原子发光的性质使人们对原子的基本构成有了更加深入的理解。这方面的先驱是玻尔。玻尔在思考“原子为什么会发光”“原子为什么会发出特定的光”的时候，提出了著名的玻尔原子模型。他认为原子之所以发光，是因为原子中的电子具有确定的轨道，电子在不同的轨道之间跃迁，就会发射出能量等于这两个轨道能量差的光。但是玻尔原子模型仍然比较粗略，并不太精确，甚至有很多问题。

20 世纪 20 年代，人们在量子力学的基础上，发展出现今我们所知的最精确的理论，这一模型让人们能确切了解电子的分布情况。

电子是按照轨道分布的，而且一个轨道上的电子有确定的数目，它们具有确定的能量，甚至还有一些特别的空间分布。

量子力学的出现为人们了解原子提供了巨大帮助，其中最重要的便是薛定谔方程。

$$ih\frac{\partial}{\partial t}\psi=\left(-\frac{h}{2m}\nabla^2+V\right)\psi$$

这个方程虽然看起来复杂，但其实就是量子版的牛顿第二定律，是可以计算求解的。因此，我们可以说，在建立起量子力学之后，人们就可以完全用数学的方式来理解原子的性质，并得到与实验观测一致的结论。这是当前人类对原子最重要的认识。1869 年，门捷列夫对实验规律进行总结，制造出了世界上第一张元素周期表，后来，科学家不断对其进行完善。现在，由于我们可以用纯粹数学的方法来理解所有原子的性质，可借用量子力学推算元素周期表中每一个元素的性质。

原子另外一方面的性质就是它的稳定性。质量小的原子非常稳定，但是随着原子质量的增加，原子的性质就会变得不太稳定。例如，铀元素的同位素铀-235 会在一段时间内分裂，放射出 α 射线，同时产生一些中子。倘若这些中子被别的原子核俘获，就会引发别的原子核继续分裂，产生更多的中子。因此，一个原子分裂，会导致别的原子分裂，进而导致更多的原子分裂，这就是链式反应，也就是核裂变的原理。除了核裂变，原子之间也可以组合成更重的元素。比如氘核和氚核，它们都是氢的同位素。如果这两个原子高速碰撞，就会产生一个氦原子核，同时产生一个中子。在两个原子的碰撞过程中，有一部分质量损失了，损失的质量转换成巨大的能量被释放出来。核裂变和核聚变都可以作为能量的来源，比如太阳中的能量大多来自核聚变。可惜的是，人类和平使用核聚变能量的目标尚未实现，可控核聚变技术想要取得突破，仍有待科学家的努力。

除了由电子、质子和中子组成的原子核，世界上其实还有一些“奇怪”的原子，例如组成**反物质**的原子。原子核周围有很多电子，电子是带负电的粒子，因此正如前面汤姆孙发现电子时那样，它们会在磁场里发生偏转。但是有一类电子不仅不带负电，反而带正电，这使得它们在磁场中产生相反方向的偏转，这种电子就是所谓的正电子。正电子最初来自英国科学家狄拉克的一个理论预言。他用量子力学来理解原子性质时，发现在用相对论处理薛定谔方程时必须存在和电子相对应的一个解——带正电的电子。他把这种电子叫作“正电子”，正电子后来也通过实验得到了证实。

如果一个正电子、一个反质子和反中子组成一个新的原子，那这个原子就是反物质的原子。和正常的原子相比，反物质的原子的外层是带正电的，而原子核是带负电的。这就像原子在照镜子一样，反物质原子存在于一个相反的世界里。如果它和正常的原子相遇湮灭，就能释放出巨大的能量。

除了这种由普通的电子和质子组成的原子，还可以有别的原子。比如电子除了被正电子替代，还可以被 μ 子替代。μ 子的性质和电子的性质非常相似，有点像表兄弟，两者带有同样的电荷，但是静止质量相差 206~207 倍。两者质量的差别使得 μ 子围绕质子运转形成新的原子之后，这一原子的大小会比正常的原子小很多。和其他粒子一样，μ 子也能和磁场发生相互作用，这个相互作用的强度被称为**“反常磁矩”**。对电子来说，利用量子场论得到的反常磁矩的计算值与实验结果完美符合，小数点后十位都能对得上。但对

μ 子而言，目前虽然差了一点，精度也已经可以达到小数点后九位。不过就算如此，2021 年，科学界还是迎来了一个重磅新闻，美国费米实验室公布的最新 μ 子试验和现有的数据存在较大偏差，而且可信度非常高。至于这将意味着什么，会不会再引领一场物理学理论的革新，我们拭目以待。

从原子到基本粒子

过去的几十年，人们获得了大量关于粒子的知识，探测这些粒子通常是通过云室。英国物理学家威尔逊（Charles Thomson Rees Wilson）最早尝试在一个盒子中充满水蒸气，当粒子通过这些水蒸气的时候，会使得路径上的水蒸气发生凝结，从而留下轨迹。我们根据这些轨迹就可以推出这些粒子的带电量、质量等基本的性质。借此，人们发现宇宙间存在许许多多的奇怪粒子。除了已经介绍过的 μ 子，还有各种强子和介子。

这些丰富多彩的粒子组成了一个巨大的家族。粗略来说，它们可以分为两大类，一类是**玻色子**，自旋为整数；另外一类是**费米子**，自旋为半整数。你可以把自旋理解为一种“特殊的旋转”，粒子在转这么多圈后回到初始状态。玻色子包括光子、W 粒子、Z 粒子等；而费米子包含强子和轻子。轻子是类似电子的粒子，它们的质量可能与电子不太一样，但是其他性质都非常相似，比如说都带一个负电荷；强子又分为重子和介子，介子一般是质量比重子略小的粒子。这些基本粒子有各式各样的确定的性质。比如不同的粒子会有不同的确定的质量。每种粒子都会具有特定的电荷、特定的自旋。想要了解这些粒子，我们必须进入**亚原子**的世界。

原子核由质子和中子组成。那么，一个质子是怎么组成的？

现在，人们认为一个质子和中子内部由三个小粒子组成，这三个小粒子被称为“夸克”。夸克之间通过一种相互作用的粒子——胶子联系在一起，共同构成质子这一整体。夸克和电子不同，它所携带的电荷是 +2/3 或 -1/3 的单位电荷，并不是整数。因此三个夸克组合在一起可能不带电，也可能带一个单位电荷。

夸克的性质非常特别，它可以有自己的**颜色和味道**。不过，这里面颜色和味道只是人们形象的说法，并非指真正的颜色和味道。比如，组成中子的三个夸克一定是红色、蓝色和绿色，这样的话它们组合在一起才成为“白色”，这指三个夸克有不同的**特性**，三个特性要组合在一起形成一个稳定的状态，我们称之为白色的状态，而不同的夸克的味道指不同的类型。比如上夸克、下夸克，还有顶夸克、底夸克等，质子里就是两个上夸克和一个下夸克。包含夸克、电子、光子、胶子等在内的众多基本粒子，组成了我们现在对构成世界的最基本单元的认识。

基本粒子中还有一个非常热门的希格斯粒子，也被称为“上帝粒子”，一度引起广泛关注。在宇宙诞生之初，能量非常高，所有的粒子在质量分布上都处于原点附近，也就是处于不带质量的状态。但是随着宇宙的冷却，这些粒子的能量也逐渐降低，它们和希格斯场相互作用，在质量分布谱上逐渐偏离了原点，产生了确定的质量。换句话说，这些基本粒子之所以有确定的质量，是因为和希格斯粒子有相互作用。希格斯粒子改变了它们存在的状态，产生了质量——这也是宇宙中质量的来源。从这个概念刚被提出到最终在 2012 年被确认存在，科学家苦苦追寻了 40 多年。

上面我们讨论的这些都是经过实验验证的确定存在的粒子，除了这些，还有一些人们现在还不能确认的粒子。

1. **引力子。**人们已经探测到引力波，是两个黑洞或是两个天体运动的时候产生的空间扭曲，我们能够直接探测这种扭曲，从而确认引力波的存在。但是根据量子力学理论，一切波都应该存在对应的粒子。那么和引力波对应的引力子存不存在，现在我们并不知道。引力子是不是真实的粒子，现在还没有答案。

2. **马约拉纳准粒子。**它有一个优雅的外号——天使粒子。马约拉纳准粒子指一个粒子既是正物质又是反物质，是正物质和反物质的天然组合，好比天使和魔鬼组合在一起。

3. **磁单极子。**我们知道电荷存在单独正电荷、负电荷。一个磁铁具有磁北极、磁南极，一个自然的问题便是：单个的磁北极、磁南极能不能存在？根据理论预言，原则上可以存在磁单极子。但是为什么在现实生活中我们探测不到它，这里的原因暂时不得而知。

4. **轴子。**它是一种特殊的光子，和普通的光子相互耦合。它的存在将和磁单极子一样，修正现有的麦克斯韦方程组。

除了前面介绍的粒子，还有一类是演生出来的粒子概念，我们称之为**“准粒子”**。关于演生的概念，我们前面已经详细介绍过了，这里不妨再借多米诺骨牌的例子理解一下。多米诺骨牌是一个个的小骨牌摆成一排，如果我们压倒开头的骨牌，它就会像波浪一样压倒后面的骨牌，从而产生波纹，这个波纹可以被看作粒子的运动。换言之，这个波浪本身就像一个粒子的行为，但实际上它并不是由某一个骨牌组成的，而是这些骨牌集体运动所产生的行为，我们称这一类粒子为“准粒子”。

最常见的准粒子存在于固体中。固体里面有原子存在，而原子会振动。如果这些原子按照特定的模式振动，就可以产生波。根据量子力学，波的行为可以用粒子来描述，固体里一般称之为“声子”，它是一种典型的准粒子。在超导体和拓扑材料组成的界面上，有一些粒子的行为既是正粒子又是反粒子，就组成了所谓的马约拉纳准粒子。此外，在某些固体里面存在一些特殊的磁单极子的准粒子——这种被称为“外尔手性粒子”。

关于原子、基本粒子，我们已经讨论了很多。在此基础之上，我们不禁想问，电子、夸克等基本粒子有没有结构？它们又是由什么组成的？在弦理论中，人们可以把所有基本粒子的性质和它们的状态统一理解。这些弦不同的激发产生了不同的粒子，形成了现在的物质世界。在此之外，也有观点认为，这些基本粒子同样是演生出来的，不过，这些仍然是处于假想状态的理论，未得到实验的验证。

一粒沙中见世界

前面提到的形形色色的、存在以及可能存在的粒子，就是构成这个世界的全部吗？其实不是的。刚才提到的这些粒子，充其量只能组成我们世界 5% 的成分，剩下还包括 27% 的暗物质，也就是现在还没法感知、没法探测的粒子。除了暗物质，还有一些可能不以物质确定状态存在的暗能量，它占了宇宙 68% 的成分。

一粒沙中见世界，在物质基本结构的探索中，我们惊奇地发现极大和极小居然又联系在了一起。电子非常小，非常稳定，时至今日，人们仍不了解它是否有更进一步的内部结构。如果想探测电子是由什么组成的，我们还是只能投石问路，只不过这块石头的能量要非常高，要用非常巨大的能量才能把电子打开，从而探知它的内部结构。这个巨大的能量的尺度甚至有可能接近宇宙大爆炸初期的水平。所以为了探测这种极小的物质，也许我们不得不了解宇宙、天体这些极大的物质。换句话说，为了了解整个宇宙的秘密，也许我们需要知道一个电子的内部到底由什么组成，到底是不是“弦”。

世界万物都是由原子组成的，这是这部分内容非常重要、非常核心的观点。我们如今已经知道了原子拥有确定的结构，甚至知道了基本粒子的存在。但这些所谓的准粒子和真实存在的粒子，到底哪个更“真实”，是一个有趣的问题。正如凡·高的《星空》所展示的那样，有没有可能这些星星实际上是由旋涡组成的，这些旋涡反而是更基础、更真实的存在?

这值得我们每一个人思考和探索。

表里如一——物质的外表与内在

苏轼有诗云:

梅花开尽百花开,过尽行人君不来。
不趁青梅尝煮酒,要看细雨熟黄梅。

梅子是生活中常见的一种亚热带水果,酸脆可口,苏轼在诗中呈现了梅子成熟过程中两种不同的颜色。不过,作为热爱钻研、搞科学的人,我们不妨深究一下:为什么梅子会随着时间呈现出青黄两种截然不同的颜色?这引发了我们的思考:物质的内在是如何影响外表的?

不如来看看大家生活中更容易观察到的另一个现象——苹果切开后,本来黄白色的果肉因为暴露在空气中,会随着放置时间逐渐变长而慢慢变成棕色。这个现象被称为酶促褐变。在苹果中,切开果肉的过程导致细胞被破坏,释放出了多酚氧化酶。多酚氧化酶在被氧化以后变为邻醌,随后醌类物质通过与其他蛋白或氨基酸聚合,或者自身聚合,形成肉眼可见的棕色。这种内在对外表的影响其实非常常见,以酶促褐变来说,平时炒菜做饭时用到的酱油、喝的咖啡、炒制的红茶，乃至放久了的香蕉上出现的黑色斑点，都是内在改变了外表的结果。

无处不在的“三兄弟”

比起从青梅到黄梅，从能吃的苹果到下不去口的苹果，这种生活中常见且在科学上具有普遍性的变化其实是物态变化。最常见的物质状态——固态、液态和气态就像三兄弟一样亲密无间，相互关联。有很多例子能体现这三种状态之间的变化，比如水的三相变化。如果对一小块冰加热，它会融化为水；如果对水继续加热，它就会变成水蒸气。虽然组成这块冰的物质的量是一定的，但冰、水和水蒸气的体积发生了显著变化。在“原子的故事”中，我们已经介绍了物质的基本构成单元，由此我们可以直观地想象出，由分子或原子组成的物质在这三态之间转变时，结构发生了非常大的变化。那么，如何从微观角度理解三种状态之间的演变呢？我们首先要好好了解一下固、液、气这三兄弟各自的特点，当然你也可以换成现在更流行的词语——“人设”。

固态的人设就像一个“老实本分的大哥”。一说起固态，我们马上会想到石头、玻璃、钻石等物体。它们通常拥有特定的形状，密度也比较大，断裂后难以拼接复原。这些特点恰好与其内在特征密切相关。绝大多数构成物质的基本单元是原子。如果将原子有序排列，固体中相邻原子间距很小（通常和原子尺寸“埃”具有相当的量级），这时候电子云便会出现交叠，形成杂化轨道。在轨道形状的限制下，相邻的原子之间只能以特定的角度分布，许许多多的原子像这样组合起来便会构成有特定形状的固体。**根据原子排列对称性之间的**

区别，人们通常将固体分为三类：非晶体、晶体和准晶。

对非晶体而言，原子之间长程无序，但具有短程有序。这里短程有序和长程无序的概念可能不是很好理解，不妨想象一下在一条川流不息的公路上运行着的汽车是什么样子的。我们看每辆车之间的距离其实就很多样，有的车跟得很紧，有的车跟得很松。一个迎亲的婚车车队经过，车与车之间的距离几乎相同，就是短程有序；但从整条公路上的车流来看，就长程无序了。最常见的非晶体就是由二氧化硅组成的玻璃。在二氧化硅的分子结构中，每一个硅原子旁边连着四个氧原子，它们构成一个硅氧四面体（见图 2-3），这体现了短程有序。但是硅氧四面体之间的氧原子是公有的，整体通过无序的连接方式形成一个非晶体，因此玻璃不具有长程有序。

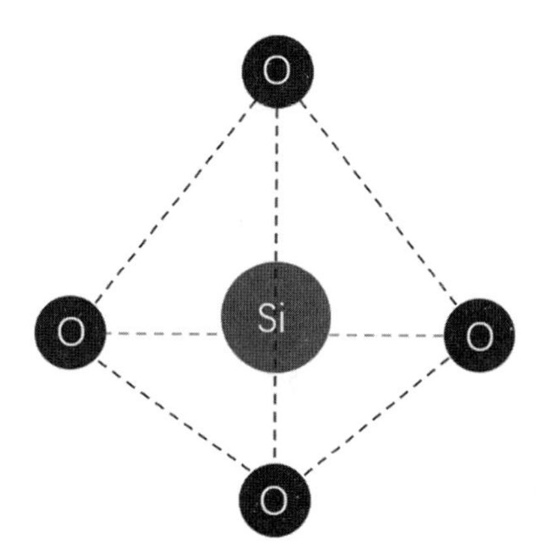

图 2-3　硅氧四面体结构图

晶体和非晶体之间的差别主要在于晶体内部具有周期点阵结构，而晶体的各种性质也与其内部点阵结构相关——这也是长程有序的来源。

现在大家一提到晶体，肯定想到各种亮晶晶的宝石：钻石、绿宝石、红宝石、水晶等。以前的人们也这样，把具有规则几何外形的天然矿物都叫作“晶体”。但后来大家发现，这种方法有点简单粗糙。就像我们评价某个人一样，通过仔细观察，可能会说这个人有内涵。人们关于晶体的认识就在于如何从表面发现其内涵。1669 年，丹麦学者斯蒂诺（Nicolaus Steno）第一个发现了晶体和其他物质最不一样的地方。他通过观察发现，**同一种晶体中两个特定晶面之间的夹角都是相等的。**这个定律也被称为“晶体学第一定律”或晶面角守恒定律，开创了晶体学研究的先河。在此之后，人们又发现了有理指数定律、晶体对称定律等，较圆满地解释了晶体外形和内部周期结构的关系。

在微观结构上，晶体中的原子排列具有平移对称性，只要在空间将最小结构单元（也被称为“晶胞”）沿着某些特定方向平移一定距离，就可以和原来的结构一致。除了平移对称性，晶体也有其他的空间对称性，比如一次、二次、三次、四次和六次旋转对称性——这时将晶体沿着旋转轴进行旋转（比如 90° 或 120° 等角度），得到的结构和原来的结构一致。正是因为单晶由原子一个个整齐排列，才会呈现出一定形状，两个特定晶面之间才能有固定的夹角。不过，单晶并非固体中最常见的晶体，还有一类被称为“多晶”的晶体。多晶由许多取向不同的单晶晶粒组合而成，在一定的范围内，原子排列是有序的，但分布在整个固体里的原子是无序的。我们的肉眼很难区别单晶和多晶，只能借助 X 射线等工具帮助分辨。

因为晶体中的最小结构单元存在周期性，所以尽管这个最小结构单元里面可以填不同的化学元素，但单元的空间结构其实是有限的。人们把晶体按照其结构分为 **7 大晶系**和 **14 种晶格类型**，在数学上利用群论的概念进一步将晶体结构分为 32 种点群和 230 种空间群。这 7 大晶系所拥有的对称性决定了自然界中很多漂亮的单晶外观。这些单晶有一定的形状，而且特定的晶面之间夹角固定。人们在真正知道原子怎么排布之前就发展出了几何晶体学，并利用几何晶体学来推测晶体内部的结构。

上述的晶体分类其实也并不是一成不变的，晶体和非晶体在一定的条件下也可以相互转换。晶体内部的周期性遭到破坏，也会发生玻璃化或非晶化的转变，反之也有晶化现象存在。

在很长一段时间里，人们认为晶体和非晶体已经是固体里关于周期性的所有分类了，但 1984 年，丹 · 舍特曼（Dan Shechtman）那篇题为《一种长程有序但是不具有平移对称性的金属相》的文章横空出世，在晶体和非晶体中发现了一个新的类别——准晶。准晶介于晶体和非晶体之间，它具有与晶体相似的长程有序的原子排列，但这种长程有序并非体现在平移对称性，而是它们具有五次旋转对称性，或八次、十次、十二次等更高次数的旋转对称性。1984 年，舍特曼在电子衍射实验中发现的是具有十重旋转对称性的铝锰合金，但它因为不具有平移对称性而不属于任何一类晶体，他也因为对准晶的发现在 2011 年获得了诺贝尔化学奖。准晶的概念实在是有些超出大家的想象，双料诺贝尔奖得主鲍林（Linus Carl Pauling）曾毫不留情地评价：

> 哪里有什么“准”晶，只有“准”科学家。
>
> （There are no quasicrystals, only quasi-scientists.）

灵活善变的老二和无拘无束的老三

夫兵形象水，水之形，避高而趋下；兵之形，避实而击虚。水因地而制流，兵因敌而制胜。故兵无常势，水无常形；能因敌变化而取胜者，谓之神。

——《孙子兵法·虚实篇》

水是一种典型的液体——“水无常形”指其没有固定的形状，“因地而制流”则描述水具有很好的流动性。那么，如何从物理的角度理解水（液体）的特点呢？

相较于固态而言，液态材料的原子、分子结构更加无序。在原子大小的距离上，相邻的原子会形成短程有序的结构，比如在水中，两个氢原子和一个氧原子形成水（H_2O）分子，氢原子和氧原子间有固定的夹角和距离。但在更大的尺度上，分子排列通常没有规律可言。这也意味着液态材料在宏观尺度上（毫米量级）不具有特定的形状。导致这种长程无序的最主要原因还是液体分子内部相互之间作用力太弱了，不能够紧密地“绑”在一起。这种松散的结构导致液体中界面特性特别明显——也就是大家最常听到的**表面张力和浸润特性**。

液体的表面张力源于液体和气体的交界面。因为气体中的分子相互作用力更弱，在这个交界面上的液体分子更自由，尤其是和液体内部四面八方都受到束缚的液体分子比起来。比如蒸发等现象都是因此存在。所以为了让系统更稳定，界面层的液体分子有向内收缩的趋势，降低自己的能量，从而导致宏观上出现表面张力，液体的表面积减小。

浸润特性则源于液体和固体的交界面。固液界面同样存在表面层，只不过因为固体内部分子作用力至少和液体内可以比拟，所以和表面张力只有液体唱主角相比，固液界面则更突出两者相互角力的结果。如果液体内部的原子相互作用力更强，也就是力气更大，就会发生不浸润的现象，导致液体聚成一团，表现出疏水特点；而如果固体内部原子的力量大一些，就会发生浸润现象。

我们有时看到小飞虫趴在水面上可以自由行动，自然界里也有很多具有超疏水的物体，比如水黾的脚、荷叶。如果我们可以控制在固液接触面，改变固液之间的接触面积，通过引入表面张力，显然会给材料在宏观上的浸润现象带来较大的影响，这也是仿生学超疏水材料设想的前提。科学家利用电子显微镜等手段探究这些材料的微观本质，发现它们有许多纳米和微米量级的层状结构。这种结构使得液体和固体界面内存了很多气体，从而缩小了固体和液体之间的接触面，产生超疏水现象，**而在海洋溢油等类似场景的应急处理中，超疏水材料也有奇效。**因为油的表面张力比水要小得多，所以超疏水的材料其实也可以超亲油，这就避免了在回收泄漏的石油时把水也回收了，提高了回收效率。

物质处于固态还是液态，和环境温度密切相关。在后续的能量篇中，我们会更具体地讨论什么是温度，不过这里我们先接受它们其实度量了物质内部原子、分子热运动的强度。当温度较低时，由于物质内部相互作用力足够强，热运动使得固体中的原子都只能在固定位置附近来回振动。但随着温度逐渐升高，原本紧密束缚在一起的分子、原子只能“共苦”，做不到“同甘”，各自有各自的奔赴，就变成了液态。当温度继续升高时，原子、分子奔赴的目标从“村头田野”变成了“星辰大海”，物质也就变成了无拘无束的老三——气态。

气态无处不在，我们赖以生存的氧气就是气态。气态材料的原子间距远大于液体，这就不难理解为什么同一种物质组成的液体在变成气体之后体积会急剧增加，比如水蒸发成为水蒸气。间距的增大意味着原子之间相互作用减小，甚至在一些情况下，原子之间的相互作用可以忽略，这使得气体成为物理学家研究原子集体运动的理想模型，人们相继提出了许许多多气体模型。不过，谈及人们对于气体的研究，不能不提玻意耳定律（Boyle's law）：

> 一定质量的气体在保持温度不变时，压强 p 和体积 V 成反比。

玻意耳定律在我们今天看来平平无奇，但其实它是**人类历史上第一个用方程描述两个变化的物理量之间具体关系的定律。**从此以后，科学定律的表达才变得丰富起来。在此之前，意大利科学家托里拆利（Evangelista Torricelli）已经完成了水银实验，证明了大气压的存在，而且大气只能承托 760 毫米的水银柱，而关于空气，或者说对于气体这种看不见摸不着的物质形态的性质，人们了解甚少。

玻意耳巧妙地设计了一个 J 形玻璃管，左侧均等地画上刻度并密封，另一端则灌注水银。当左侧气体为 10 格时，底部的水银正好齐平。随着右边水银的不断注入，他发现当两侧的水银液面高度差为 $29\frac{11}{16}$ 英寸[①]（压强差约等于 754 毫米汞柱）时，左侧气体的体积正好变为原来的一半。在将大气压原本的压强加上去以后，左侧密闭气体压强和体积呈现完美的反比关系。

我也可以用一种更形象的方式理解玻意耳定律，如果使用最简单的理想气体模型，忽略分子和分子、原子和原子之间的相互作用，气体中的粒子在做永不停息的无规则运动。在一定的温度下，每一个粒子都会拥有一定的能量，它撞击在壁上的时候，就会给壁一个

---

① 1 英寸合 2.54 厘米。——编者注

力，压强正是壁受到的这种力的统计效应。如果温度恒定，那么每一个小分子或小原子运动的能量是恒定的，打在壁上的力度也都差不多，所以当空间体积减小的时候，每单位体积内的原子或分子的数目就会增加，统计下来的结果是打在壁上的压力增加，压强增大，由此便可以得到恒温条件下的玻意耳定律。

透过外表，直击内在

前面既然提到了物质的结构和性能的关联，我们就不能不提到碳元素。碳是一种非常简单的元素，它在自然界中扮演着非常关键的角色。碳原子的成键方式非常丰富，在有机化学中，碳原子可以形成烯、炔、烃等。即使在单质中，它也有两种非常典型的成键方式，其中一种是 sp^3 杂化，另一种是 sp^2 杂化。在 sp^3 杂化下，一个碳原子拥有四个共价键，形成我们平常所看到的钻石，也就是金刚石结构。在金刚石结构中，碳原子之间的共价键非常稳定，所以钻石的熔点非常高，硬度也非常大，是非常有用的一种材料。钻石之所以如此珍贵，是因为它是地球上很难获得的一种物质。钻石一般在高温和高压的条件下才能获得，只有在一些极端的自然条件下，才存在天然钻石。

我们平常看到最多的碳结构是石墨。石墨中的碳原子是一种 sp^2 杂化，层内一个碳原子和另外三个碳原子相连接，形成一个六角的平面结构。石墨层和层之间的相互作用叫作“范德瓦耳斯力”，这种分子间的作用力非常弱。基本上稍微一使劲就可以被剥离下来，这也是铅笔芯用石墨制成的原因。当铅笔芯划过纸张的时候，铅笔上面的一些石墨就会被剥离下来，附着在纸上，留下印迹。当然，如果你使用点小手段得到了单层原子，你就得到**石墨烯**了。

石墨烯的流行也让科学家终于成功把视野转向了二维材料。经过漫长的尝试，曼彻斯特大学的安德烈·海姆（Andre Geim）和康斯坦丁·诺沃肖洛夫（Konstantin Novoselov）最终决定用胶带反复剥离的方法剥出单层的石墨烯，并成功进行了探测，从而获得了诺贝尔物理学奖。石墨烯现在是一个非常热门的研究课题，人们发现了它很多非常独特的物理和化学性质。现在，如果我们把层状的石墨烯卷起来，将首尾连接就能得到碳纳米管。日本科学家饭岛澄男最先在利用电弧放电制备碳纤维时发现了多壁碳纳米管，随后他又发现了单壁碳纳米管。但其实碳纳米管在自然界已经存在了很多年——**在电镜下观察烧柴时产生的炭灰，里面就有很多碳纳米管。**

同样的碳元素在不同条件下可以发生结构的转化，生活中还有一些关于结构变化的现象，但相对而言就没有这么直观了，比如形状记忆材料。将一个由形状记忆材料制成的回形针随意拉扯变形，之后将它放到温度适当的水中，它很快便能恢复原来的形状。这种神奇的性质涉及原子层次的结构变化——**马氏体相变**。这种相变过程经过两个相，物质的原子之间会产生位移，这个位移在畴结构上有一些区别，从而使合金可以“记住”它原来的形状。这种记忆合金常用于制造卫星上的太阳能电池板：人们在地面上将太阳能电池板折叠好，等到了外太空受热之后恢复形状，就可以重新展开开始工作。

当然，结构的变化对应着内部的原子排布发生变化。我们怎样才能知道固体中的原子在这个过程中经历了什么？这时候就要提到X射线的故事了。X射线又叫伦琴射线，它是德国科学家伦琴发现的。当时伦琴在做阴极射线管的实验，他把射线管包得非常紧，不让它露出来。但是他发现，不管把射线管包裹得多紧密，在旁边荧光屏上总是能够看到荧光。经过思考，他推测这里可能有一种未知的高能粒子，能够穿透包裹物打到荧光屏上，因为当时人们对这种射线的本质和属性还了解得很少，所以称它为X射线，表示未知的意思。随后，他全身心投入X射线的研究，由此拍出了那张非常出名的伦琴夫人的手的骨骼图像。不过这个活人居然能够看到自己骨头的场景，确实有些吓到夫人了，她直言:“我见到了我的死亡 。”

当时人们并不知道X射线是有辐射的，因为它是一种高能粒子，实际上对人体是有害的。X射线是一种高能光子，属于电磁波的一种。我们平常能看到的可见光波长大约为几百纳米，但X射线的波长要短很多，能量要大很多。

如今，在医院，除了直接用X光成像检查，还可以用CT。CT的全称为“计算机断层扫描”(computed tomography)，X光成像无法在纵向呈现。为了实现对物体内部的精确定位和检测，戈弗雷·亨斯菲尔德(Godfrey Hounsfield)和艾伦·麦克劳德·科马克(Allan Macleod Cormack)各自独立提出断层扫描的理论。这个理论的核心在于把待检测物体像切片面包一样连续切开，然后用一系列X射线穿过每一层，并在另一侧捕捉每束光线的强度——穿过密度较低材料的光线较强，穿过更为致密的材料的光线较弱。再利用数学领域的拉东变换等手段将收集到的数据还原为二维图像，就能得到物体的内部信息了。1971年，亨斯菲尔德亟须证明自己生产的设备确实是有用的，终于找到了一位不情愿的医生试用，虽然试用的过程不太理想——扫描花了30分钟，然后亨斯菲尔德带着磁带开车穿越城镇，在大型计算机上花两个半小时处理图像，最后再用相机拍下来带回去。不过，他最终确实成功地在无伤的前提下探测到了患者的脑瘤。

X射线这么能干，还能帮助我们“看见原子”。如果不用X射线而直接用放大镜或光学显微镜，能否直接看到原子呢？答案是否定的。光学显微镜存在分辨极限，波物质相互作用产生衍射需要满足条件：这个波的波长要和待测物体间隔距离相差不是很大。可见光波长大约为几百纳米，原子之间的间隔仅为其千分之一，这两者显然相差太远了，而 X 射线的波长正好和原子之间的距离十分接近，由此利用 X 射线可以和晶体的原子结构发生衍射现象。1912 年，德国物理学家劳厄（Max von Laue）提出一个重要的科学预见：晶体可以作为 X 射线的空间衍射光栅，即当一束 X 射线通过晶体时将发生衍射，衍射波叠加的结果使射线的强度在某些方向上加强，在其他方向上减弱。分析在照相底片上得到的衍射花样，便可确定晶体结构。这一预见随即为实验所验证。科学家由此得知，X 射线衍射可以作为一种晶体原子结构探测的手段。

这时候有两个重要角色出场了，他们对于晶体结构的确定起着非常关键的作用，那就是布拉格父子。他们经过大量实验，总结出一个对于原子结构测量非常重要的定律——布拉格定律（Bragg's law）。根据该定律，具有一定波长的电磁波，只有以特定角度入射，反射电磁波才会出现强度很大的衍射峰，而这个角度是由材料的晶面间距确定的，因此，如果已知入射波的波长和入射角，就可以算出晶体内的晶面间距。根据这些晶面间距，就可以推测晶体内的原子排布。布拉格定律用公式表示为：

$$2d\sin\theta = n\lambda$$

式中 d 为晶面间距，θ 为入射角，n 为整数，λ 为入射波长。直到今天，我们分析固体材料的基本手段和基本原理都在这里了，和以前唯一的区别在于现在的仪器在测量时更加精确，利用计算机能更快、更好地处理和比对结构数据。

现在实验室里常用的是 X 射线衍射仪和透射电镜。透射电镜的原理很简单，物质具有波粒二象性，体现粒子性的物质具有相应的德布罗意波。当我们令一个电子速度非常高的时候，它会体现出波动性。如果电子的德布罗意波的波长和原子之间的距离相近，它们之间就可以产生衍射。现在，上海的同步辐射光源、广东的中国散裂中子源等都是可以用来表征原子结构的手段，它们是中国的“超级的眼睛”。在分析这些原子结构、利用各种技术解决衍射问题时，背后的原理都是这个简单的布拉格衍射公式。

仍有太多奥秘等待探索

我们日常生活中接触最多的物质状态是固态、液态和气态，但这并不意味着它们就是整个宇宙中占比最大的三种状态。人类实际上是一种非常脆弱的生物，对环境的要求非常高。在整个宇宙中，我们生活的地球处于宜居带。它与恒星保持着合适的距离，在这个范围内，它还需要一定的气压、适当的温度来维持水的三相变化，这样人类才得以生存。适宜的环境保障了人类的生存，但也极大地限制了我们对这个世界的感知。

在整个宇宙中占主导的状态并不是固态、液态和气态，而是等离子态。等离子态是一种高能态，它是原子失去电子后形成的一种电离态。在整个宇宙中，很多星球的内部气压和温度都非常高，其中的物质都处于等离子态。举个例子，把水变成气态以后，如果继续加热到一定程度，那么水分子就会分离成氧原子和氢原子；我们继续给它加热，原子又会变成离子，这些离子组成的稳定状态就是一种等离子态。

对比等离子体和气体的定义不难发现，两者的组成有很大的区别：气体是由中性的原子或分子组成的，而等离子体却由带电粒子组成，由此很容易想到等离子体具有导电性。除此之外，我们知道带电的粒子进入磁场后会受到洛伦兹力的作用，所以等离子体在磁场的响应和中性分子也是截然不同的。等离子体的结构决定了它的性质与气体的性质明显不同。

那么，地球上有哪些与等离子态相关的现象呢？

极光便是等离子现象。来自太阳的高能粒子到达地球以后，在地磁场的作用下运动到南北两极。之后，高能粒子与大气层中的分子或原子碰撞而发光，从而产生的一种非常绚丽的自然景象，便是极光。既然我们能看到极光，就说明在碰撞过程中产生了光子。因为我们的视网膜本质上是一个非常单调的光学探测器，当我们看见物质并能辨别其颜色时，实质上人眼接收到的是特定波长的光子信号。物质的性质有许多，但人类的观测手段是有限的。我们接收到了极光现象产生的光子，从而看到了它，但倘若不借助仪器设备，便无法弄清：原来极光现象与不常见的等离子态相关。自然界充满了神奇的性质，人类正在发明各种工具来提升观测能力，不断地探索未知。

此外，如果你并不想去极地看极光，而是想方便地感知一下等离子态，可以在网上买一个等离子球来观察。等离子球的结构并不复杂，它的腔内充满了惰性气体（一般是氩气），底部有一个变压器，直流的低压电在经过变压器后变成交流高频高压电，而高压电的电压非常高，它可以将腔内的氩气电离，从而生成等离子体。给等离子球通上电后就可以观察到漂亮的辉光放电现象。如果用手靠近或触摸等离子球表面，可以清晰地看到接触点与中心产生了一条明亮的连接线。

为什么会产生这种亮线？因为人体是一个导体，当人手触碰等离子球表面时，会在等离子球的电极和地面之间形成一个电阻比较低的态，带电粒子会顺着这个线流动。想证实这个理论也很简单，用氯化钠单晶靠近等离子球就会发现没有这么大的变化，因为氯化钠单晶是绝缘体，周围环绕的空气也是绝缘体，它们不能与等离子球形成非常大的电势差。

物体降温到极低温时，也会产生一种十分神奇的物态——玻色-爱因斯坦凝聚态。在前文中，我们对它有所了解，这里不妨从物态变化的角度再来了解一下。

对于能够形成玻色-爱因斯坦凝聚态的原子而言，当它们处于气态时，这些原子有强烈的“个人主义”，不同的原子有不同的状态，因此很好分辨，一个叫张三，还有一个叫李四，剩下的那些是王五。但是随着环境温度的降低，这种气体原子的振动会越来越小，系统中的状态也越来越少。当温度降到足够低时，它们会表现出一个非常整体的行为，就像突然分不清这些人谁是谁，它们被凝聚到相同的量子态，这就是玻色-爱因斯坦凝聚态。

这里一定要注意，凝聚并不是指这些原子真的凝聚在了一起变成一团，而是指它们的状态“凝聚”在了一起。在玻色-爱因斯坦凝聚态中，所有的原子都是一些集体主义的原子。举一个例子，在操场上有许多人本来沿着各种方向运动，我们看到向东运动的是张三，向南运动的是李四，根据他们运动方向的不同便能区分这两个人，但是突然有人讲“大家一起向右走”，随后大家就整整齐齐地向右走，我们便无法通过运动方向分辨张三和李四。

在玻色-爱因斯坦凝聚态的背后，有许多科学家的故事，最著名的一个便是爱因斯坦与玻色的“伯乐识千里马”的故事。①

---

① 详见本书第 45~46 页。

玻色-爱因斯坦凝聚态理论提出后，很多科学家都想通过实验实现它。但这个物态的合成难度相当之大：其一，是低温的获得，如何降低至极低温是一个巨大的挑战；其二，是需要寻找到合适的系统，它既要是一个玻色系统，又要保证随着温度的降低，气体粒子之间不会通过形成化学键转变为固体或液体。常见的氮气降到77K时就会发生液化，显然不符合条件。于是人们先后用氢气和氦气进行了一系列尝试，但都没有得到非常理想的结果：尽管人们在实验中观察到了一些超流现象，但它也不是非常典型的玻色-爱因斯坦凝聚态。

一直到1995年，美国科学家康奈尔、维曼研究组和德国科学家克特勒（Wolfgang Katterle）研究组分别利用**激光冷却**以及在磁阱中进一步**蒸发冷却**的手段，成功使系统温度达到了纳开尔文（$1nK=10^{-9}K$）级别，观察到铷原子和钠原子产生的玻色-爱因斯坦凝聚态。在这种状态下，几乎全部的原子都凝聚成了量子状态，他们三个人也因此获得了2001年诺贝尔物理学奖。

在了解了这么多种类的物质状态后，我们知道物质的外表和内在确实紧密地联系在一起。其实科学发展到现在，大家发现物质的“内涵”都体现在表面了：从晶体的对称性分类到用X射线探测周期性结构。大量粒子奔涌的液体和气体，更是把关于它们所有的性质抽象表示为压强、体积、温度等宏观量。

奥林匹克格言是“更快、更高、更强——更团结”，科学探索的方向也在向着各种极端条件迈进。相信随着人类所能触及的自然界的边界不断扩大，还会有更多、更有意思的物质的内在与外表等着大家去发现。

生命中的物理

每当春天来临，流感总是迫不及待地登场。这一疾病困扰了人类数千年，在过去医疗卫生条件不足的时代，它不知带走了多少人的生命。直到近代，随着科学技术的飞速发展，借助**扫描电子显微镜**和**透射电子显微镜**，我们才终于得见这一“顽疾”的幕后黑手，原来竟是直径不足 150 纳米的小小病毒。而现在，我们不仅看清了流感病毒的庐山真面目，而且可以看清它是如何入侵人体并致人患病的，最重要的是，我们可以根据流感病毒的遗传物质定制专门的疫苗或药物来预防和治疗。随着实验手段的丰富，这一侵扰人类许久的病魔逐渐不再能威胁人类的健康。

在人体中有多种多样的蛋白质，其中一种叫“血管紧张素转换酶 2”。病毒的突起蛋白与血管紧张素结合后，就像一把钥匙开了一道锁，病毒打开了人体细胞的防御系统，从而诱发一系列不良反应。如果时间倒退百年，科学家无法像现在这样在短时间内利用高性能仪器看清病毒的形貌，也很难知道病毒入侵人体的机制，更难配出对应此蛋白质与病毒的药物来控制病情。物理学的发展为生物学家提供了强有力的实验手段，而生物学与物理学的交叉领域也正在茁壮成长。

在这一篇前面的内容里，我们分别介绍了人们理解世界所制定的规则——单位制、物质的构成、原子以及物质外表与内在之间的联系。我们介绍了很多内容，但不免令人感觉研究对象有些冰冷，因为它们没有生命。在这一章，我们把目光聚焦到世界舞台中一类特殊的物质——生命体。在生物学蓬勃发展的背后，同样隐藏着物理学家的努力与贡献。

这部分内容将从孟德尔到摩尔根的经典生物学开始讲起，介绍物理学家薛定谔及其思想，再说说生物学家如何通过先进的物理学技术提出 DNA（脱氧核糖核酸）分子结构的猜想并进行实验验证，最后介绍科学家如何对蛋白质结构进行精细解析。

遗传基因——从孟德尔到摩尔根

在了解物理学在生物学中的应用之前，我们首先要对生物学有一定的认识，其中最重要的便是遗传学。在漫长的进化岁月中，人类除了学会使用工具，还学会了驯养动物和培育植物。为了寻找更加优质的品种，人们进行了各种各样的尝试，比如将果树进行嫁接，挑选动物进行杂交实验等，这些实验都涉及一个最重要的问题——遗传。

19 世纪初，西方植物学家为了提高作物产量进行了一系列杂交实验的探索。当时，人们对各种性状的遗传规律充满了好奇，虽然对遗传与变异有了一些初步的认识，但还不甚了解。这时候就要请出我们的重要人物了，他就是“现代遗传学之父”——孟德尔。

孟德尔出生于奥地利西里西亚地区的海因岑多夫。受家庭熏陶，孟德尔从小对园艺和农学有着浓厚的兴趣。为了谋生，他做了修道士，但他并没放弃自己的爱好，而是在修道院里安安静静地做起了豌豆杂交实验。豌豆是一种优良的实验植物，自花传粉，雄蕊上的花粉只会传授给同一朵花上的雌蕊。这使得它们在自然状态下获得的后代都是纯种，这恰好降低了实验初始选择母本样品的难度。此外，一棵豌豆苗成熟之后可以获得数十颗子代豌豆，庞大的数量为实验数据的统计和分析提供便利。

从 1854 年夏天开始，孟德尔用 34 个豌豆株系进行了一系列实验（见表 2-1）。他选出 22 种豌豆株系，挑选出 7 种特殊的性状（每种性状都有明显的显性与隐性对比，且没有中间状态），进行了 7 组具有单个变化因子的一系列杂交实验。这些性状包括豌豆苗的高茎与矮茎、圆豌豆与皱豌豆、黄色豌豆与绿色豌豆等。通过反复实验，孟德尔陆续确定了豌豆的 7 种显性性状。孟德尔如何确认什么是显性性状，什么是隐性性状？只要挑选一颗高茎豌豆和矮茎豌豆进行杂交即可。如果它们杂交后第一代的都是高茎，说明高茎是显性性状。将获得的第一代高茎豌豆进行自花传粉，得到的第二代豌豆则会出现高茎和矮茎的分离。通过将统计方法引入生物学研究，对不同性状豌豆之间的杂交方式与杂交结果进行统计学分析，孟德尔提出了著名的 3:1 分离比例。

表 2-1　豌豆杂交实验性状对比表

性状	植株数（个）		比例
	显性	隐性	显性：隐性
茎长：高对矮	787	277	2.84 ： 1
花位：顶位对侧位	651	207	3.14 ： 1
豆荚形状：膨胀对收缩	882	299	2.95 ： 1
豆荚颜色：绿对黄	428	152	2.82 ： 1
种子形状：圆对皱	5474	1850	2.96 ： 1
子叶颜色：黄对绿	6022	2001	3.01 ： 1
种皮颜色：灰对白	705	224	3.15 ： 1

注：列成表格的数字来自孟德尔 7 个主要实验系列的 F2 代结果。在每个所研究的性状中，列在前面的特征为显性［内容来自科学出版社出版的谢平著《生命的起源》(2014)，原始数据引自 Iltis（1932）］

后来，孟德尔的分离定律和自由组合定律由三位植物学家——荷兰的德弗里斯（Hugo Marie de Vries）、德国的科伦斯（Carl Erich Correns）和奥地利-匈牙利籍的切马克（Erich Tschermak）通过各自的工作分别予以证实，总结出三定律，为遗传学奠定了基础。当时，孟德尔把影响生物性状的因子称为“遗传因子”。1909 年，丹麦遗传学家约翰逊引进了**基因**（gene）的概念，而这个概念也被沿用至今。

当时有很多关注遗传学的科学家，达尔文就是其中之一。1859 年，达尔文的名作《物种起源》问世，9 年之后，他提出了一种名为**“泛生论”**（Pangenesis）的遗传假说。这一理论认为，生物体的每一部分细胞具有特定的自身繁殖的因子，这些能传递特性的因子通过身体循环系统汇聚在生殖细胞中，进而传递给下一代。不过这一假说遭到了很多批判，而且显然达尔文没有注意到孟德尔已于 1866 年发表的关于豌豆的经典论文。德国动物学家魏斯曼（August

Weismann）于1883年发表了《作为遗传理论基础的种质连续性》一文，提出了著名的**种质学说**（Germ plasm theory）。这一学说认为，生物体分为种质和体质两部分，其中体质是各种生命活动发生的场所，而种质则负责传递保持物种特性的遗传因子。当然，种质学说远远无法解释所有的遗传现象。

其实在孟德尔之前，科学家就观察到了精子、卵子以及细胞核，不过当时他们并未将其和遗传现象联系起来。当然我们现在早已熟知，这些物质正是遗传的关键。1875年，德国动物学家赫特维希（Oscar Hertwig）通过显微制片染色技术对海胆卵受精过程进行了观察，他发现受精后不久，受精卵中出现了两个细胞核，一个是卵子原来的核，位于细胞中间，另一个来自精子的细胞核则紧靠在细胞表面之下。1879年，德国生物学家弗莱明（Walther Flemming）发现细胞核中的丝状和粒状物质可以被碱性染料染色进行观察。这些物质平时分散在细胞核中，当细胞分裂时，这些染色物体便浓缩，形成一定数目和一定形状的条状物；待分裂完成，条状物又变回松散状。1888年，这种物质正式被命名为"染色体"。一直到1902年，美国学者萨顿（Walter Sutton）才清楚地提出染色体携带着细胞的遗传单位。他通过观察细胞的减数分裂，发现染色体是成对存在的，由此推测不同对的染色体随机分组可以解释成对基因的独立分离。

在这之后，又有一位科学家为基因遗传做出了伟大贡献，他便是发现了基因和染色体之间关系的摩尔根（Thomas Hunt Morgen），现代实验生物学奠基人。1928年，摩尔根通过选择果蝇杂交，证实了染色体是遗传基因的载体。在生活中，我们可能很讨厌果蝇，但它是一种优秀的杂交实验研究对象。果蝇的性状比豌豆还要多，并且繁殖快，便于观察，是研究遗传性状的较好选择。

摩尔根选择的是果蝇红眼与白眼这一对性状，而白眼果蝇的背后还有一段有趣的故事。

在自然环境中，果蝇通常为红眼。但是摩尔根在培养果蝇时，偶然间获得了一只变异为白眼的果蝇，这让他欣喜若狂。白眼果蝇从何而来？一说可能是摩尔根的确在他的果蝇原种中成功地诱发了突变。1911 年，他在《科学》(*Science*) 杂志上撰文说，他曾在这只果蝇出生的当月用镭射线处理过一部分果蝇的成虫、蛹、幼虫和卵。同时，1911 年 3 月，他在致友人的信中写道："我去年夏天曾告诉你，我的蝇翅突变体全部可以追溯到镭处理的果蝇，眼突变体中至少有两个也是这样。"[①]

平时，摩尔根对这只白眼果蝇视若至宝。甚至他的家史中还记载了这段故事，当时摩尔根的第三个孩子出生时，他的妻子见摩尔根赶到医院后第一句话问的却是："白眼可好？"不过，随着时间的推移，生下的孩子平安无事，但白眼果蝇虚弱无比。第一只白眼果蝇逐渐变得虚弱，摩尔根更是对它精心照料，晚上把这只果蝇带回家去，装在瓶子里，睡觉时放在身旁，白天又带回实验室。终于，这只白眼果蝇在临死前抖擞精神，与一只红眼果蝇交配，留下了它的白眼基因，并繁衍出一个大家系。[②]

之后，摩尔根就开始进行红眼果蝇与白眼果蝇之间的杂交实验。10 天以后，产生了 1240 个后代，几乎全是红眼，也就是说红眼对比白眼而言是显性性状。再等 10 天，这些白眼果蝇的后代互相交

---

① 白眼果蝇突变体也有可能是从别人那儿继承过来的。弗兰克 · E. 卢茨曾宣称是他将白眼果蝇送给了摩尔根，不过摩尔根对这种说法予以否认，见 Ian Shine 和 Sylvia Wrobel 所著，*Thomas Hunt Morgan: Pioneer of Genetics*。国内译本见商务印书馆出版的由王一民与王仲民翻译的《遗传学的先驱摩尔根评传》(1993)。

② 他自己记载的第一只白眼果蝇生于 5 月，但他的家史说它是在摩尔根的第三个孩子出生前不久突然生的。照此说法，时间应当是 1910 年 1 月 5 日前几天。不过，摩尔根对于家史中的这段记述从未给予更正。

配，又产生了新的一代，实验结果符合孟德尔定律，分离出 3470 个红眼，782 个白眼，大约有 1/4 的后代继承并表现出这一隐性性状。摩尔根赶紧把这个结果写成论文，一扫过去的疑云。不过等到他仔细分析结果时，却发现有些不太对。虽然 1/4 的后代继承了白眼基因，但摩尔根发现雄蝇中有一半为红眼，一半为白眼，而雌蝇全是红眼，没有一个继承白眼。这让摩尔根猜测：**决定眼睛颜色的基因与决定性别的基因是结合在一起的**。由此摩尔根也写出了对人类产生巨大影响的《基因论》（*The Theory of the Gene*）。

破解生命的奥秘

现在，在高中生物课上，我们就能完成植物根尖分生组织细胞的有丝分裂，染色体的平均长度达到微米量级，在光学显微镜下可以观察到染色体。染色体是基因的载体，对人类而言，正常细胞核里有 23 对染色体。历史上，德国生物化学家科塞尔（Albrecht Kossel）证明存在两种核酸，就是现在所称的 DNA 和 RNA（**核糖核酸**），将微米长度的染色体解开，慢慢拉直能够得到 DNA。生命的遗传与变异是生物学范畴，但染色体、DNA 的结构便属于物理学范畴了。可惜的是，摩尔根时代的人们并不知道 DNA 的结构，只知道它是一种遗传物质的载体。想要破译生命密码，人们必须寻找确凿的实验证据，这时，物理学的手段便显得至关重要了。

在谈到物理时，我们要请出一位物理学大师、量子物理的灵魂人物——薛定谔。作为量子力学的奠基者，薛定谔提出的波动力学方程可谓是物理学史上的神来之笔，不过为公众所熟知的则是他在量子力学领域提出的著名思想实验——“薛定谔的猫”。然而，你可能想象不到，除了对量子力学的贡献，薛定谔也是物理学与生物学交叉研究的创始人之一。

生命是什么？这不仅是生物学家追寻的问题，同时也是困扰着薛定谔这样的物理学家的谜团。在获得诺贝尔物理学奖后，薛定谔把兴趣转移到了生物物理上，他敏锐地提出将遗传物质设定为信息分子的想法，并且认为遗传是遗传信息的复制。1943 年，薛定谔三次到都柏林的三一学院演讲，引起了巨大轰动，人们都在好奇一位物理学家如何看待生命这样的问题。他在都柏林的讲座报告被编纂成了一本书——《生命是什么》，激励了众多青年物理学家投身生物物理学领域。

沃森（James Dewey Watson）和克里克（Francis Crick）提出 DNA 双螺旋模型时，给薛定谔写了一封信，信中写道：

> 亲爱的薛定谔教授，沃森曾和我（克里克）一起讨论为何进入分子生物学这一领域。我们发现我们两个人不约而同地都受到您那本小册子《生命是什么》的影响。

那么，薛定谔这样的物理学大家是怎样看待生命的？他的这本书到底有怎样的魅力？在这本书中，薛定谔从热力学和量子力学的观点出发，尝试用物理学对生命系统的维持、生命体的物质结构和遗传与变异等问题进行解释。

首先，我们来看一下薛定谔怎样用物理学对生命系统的维持进行解释。大自然中的物质应当如何存在？物体表面电势相等、物质之间均匀混合，我们很难想象一个处于热力学平衡状态下的系统有任何“生命”的特征。后面我们会介绍热力学，这里不妨提前讲一下。热力学第二定律告诉我们，一个孤立系统总是倾向于熵增，即无序度增加。生命物质显然也无法逃避迄今为止建立的物理定律，同样适用于熵这一概念。这样便会出现一个问题：生命体为什么能够维持有序度的稳定呢？薛定谔认为，有机生命体的熵是不断增加的，但生命体能够维持有序度的稳定而不会出现熵持续增加以致死亡的原因是：生命体通过吃、喝，不断新陈代谢，不断和外界发生物质交换。从环境中摄入的食物中包含着**“负熵”**，生命以“负熵”为食，从而使得有机体的熵保持稳定。

其次，薛定谔提出遗传的物质基础是**“非周期性晶体”**。这一观点的合理性在哪里呢？答案是物质所能携带的信息量。生命体是极其复杂的，不同组织、不同细胞的构造与功用皆不相同，而这些区别都需要在遗传过程中传递给子代，那么遗传物质所能携带的信息量是巨大的，这种信息量的复杂程度与物质的空间结构特征相对应。实际上，周期性结构中简单的重复性信息的对应相当有限。因此，非周期性的有机大分子更可能是遗传的物质基础。用薛定谔的原话来说：

> 两者之间结构上的差别，就好比是一张重复同一花纹的糊墙纸；另一幅则是堪称杰作的刺绣，比如说，一条拉斐尔花毯……

薛定谔对生物学的思考激发了众多青年物理学者的研究兴趣，他们开始尝试用物理学的理论去探索生物学的未知领域，这为两门学科的联系与发展起到了积极作用。

讲完物理学思想对生物学发展的影响，我们再来看看物理学实验手段有怎样的贡献。

前面提到，人们在 1879 年就已经能在光学显微镜下看到染色体，但是无法更加深入地观察。我们在前面（“表里如一——物质的外表与内在”）已经介绍过，光的波长决定了光学显微镜的分辨率。比如用可见光作为光学显微镜的光源时，显微镜分辨率只有0.3 微米左右。如果想要突破光学衍射极限提高显微镜的分辨率，必须借助 X 射线或电子。

1895 年，伦琴发现了 X 射线。当时的科学家对于 X 射线的本质是什么莫衷一是，不过德国物理学家索末菲（Arhold Johannes Wilhelm Sommerfeld）却坚信未知射线是一种电磁波，而且通过物理模型估算出它的波长大概为 10^{-10} 米。索末菲的计算引起了当时在他手下工作的劳厄的兴趣。此时恰逢埃瓦尔德（Paul Peter Ewald）在研究中遇到难题前来讨论。埃瓦尔德想解决的问题是如何解释晶体中的双折射现象，[①] 他提出的理论要求晶体内部与光相互作用的最小单元要排成周期性点阵结构。但是按照估算，这个点阵结构却比可见光的波长小得多，也许只有 1/500 甚至 1/1000。埃瓦尔德因此苦恼，劳厄却不断追问，并由此产生了一个天才的想法——这不正好和 X 射线波长一样吗？为什么不试试用 X 射线照射晶体？这样晶体中的周期性点阵结构就可以被当作三维光栅，从而可以通过衍射观察到晶体内部结构了。

不过故事的发展并没有那么顺利，劳厄都物色好了进行实验的最佳人选弗里德里希——当时索末菲的助手，处理 X 射线经验最丰富的物理学家，但来自索末菲的反对无异于当头一棒。索末菲带领的研究所每年春假时都有一个传统，大家组团去郊游滑雪。虽然是度假郊游，但物理学家凑在一起闲聊的时候，话题难免就聊回到物理上。劳厄设想的实验方案当然也被拿出来讨论，不过被自然而然

① 当光照射到各向异性晶体（单轴晶体，如方解石、石英、红宝石等）时，发生两个不同方向的折射的现象。

地无视了。大家反对的理由有很多，其中最主要的一个理由来自晶格内的无规则热运动很可能导致周期性晶格对应的衍射斑消失。这个理由没能让劳厄放弃，但让索末菲望而却步了。当时弗里德里希手头要做的实验列表已经被排得满满当当，索末菲理所当然地拒绝了劳厄"插队"的想法。

当时，人们对 X 射线的研究还比较初步，针对劳厄的提案后来还有诸多反对意见，劳厄都对自己有点"大胆"的实验方案最终的实验现象感到极不确定。不过当时的弗里德里希刚刚 28 岁，满怀年轻人的热情，他显然被劳厄引人入胜的想法打动了。就算研究所的老师不允许，他也准备在空闲时间里偷偷做实验验证劳厄的想法。不过，劳厄在 12 年后回忆起这段时光，提到因为现实的原因，弗里德里希一度想推迟实验。这搞得劳厄实在有些不耐烦，开始频频向弗里德里希表示自己已经有了另一个人选，当时同在慕尼黑的伦琴的博士生克尼平马上也准备用 X 射线照射金属进行实验了。这一招很有效，劳厄后来引用德国著名作家席勒（Johann Christoph Friedrich von Schiller）的剧作《华伦斯坦》（*Wallenstein*）三部曲中的台词直言：

> 如果华伦斯坦（实验）无论如何都要被杀死（执行），那么麦克唐纳（弗里德里希）宁愿自己动手，也不愿看到佩斯塔卢茨上尉（克尼平）获利。

虽然最后还是出了些许波折，但在劳厄、弗里德里希和克尼平的通力合作下，实验还是顺利通关了。他们用 X 射线照射硫酸铜晶体，将底片放置在晶体的后方，在长达数小时的曝光之后，终于惊喜地在底片上观察到透射斑点附近的粗大椭圆形斑点。他们的卓越成就马上传到了索末菲的耳朵里，索末菲直接允许他们调用研究所的所有资源。不到两周的时间，他们就搭建了一套全新的晶体衍射成像分析仪。当年的这套设备现藏于位于慕尼黑的德意志博物馆（目前世界上最大的科技博物馆之一）。

有了 X 射线衍射，原则上人们就可以解析生物大分子结构了。除了利用 X 射线提高分辨率，人们还借助电子来观测微观尺度。那个时候是量子力学爆发的时代，20 世纪初，德布罗意根据“光是一种波但具有粒子性”进行反推，提出微观粒子也可以呈现波的形式，并写出了著名的德布罗意公式：

$$\lambda=h/p$$

λ 代表波长，h 是普朗克常数，p 是粒子动量。这个公式里，波长代表波动性质，动量代表粒子性质，德布罗意就这样把波动性和粒子性用一个简单的公式联系起来了。伦琴发现 X 射线时，人们都知道电子是一种粒子，但并不知道电子有没有波动性。那么我们假设它像 X 射线一样，能够通过双缝发生衍射，得到衍射条纹便能证明它具有波动性。1927 年，英国的汤姆孙（George Paget Thomson）[①] 还有美国的戴维森（Clinton Joseph Davisson）和革末（Lester Halbert Germer）分别独立地用电子替代 X 射线来照射金属，得到了电子的衍射图案。这个实验微观粒子具有波动性，汤姆孙和戴维森也当之无愧地获得了 1937 年诺贝尔物理学奖。

既然电子的波长那么短，人们如果用电子束来替代光束，便可以制造一个分辨率更高的显微镜。1931 年，德国物理学家恩斯特·鲁

① 一般也简称为 G.P. 汤姆孙，其父亲为电子的发现者约瑟夫 · 汤姆孙。

斯卡（Ernst Ruska）和马克斯·克诺尔（Max Knoll）化想法为实践，制造出了世界上第一台全金属镜体电子显微镜。如果画出电子显微镜里电子行进的路线，你会发现电子走的路线跟光学显微镜中光线的路线一模一样，唯一不同的是我们这时不能使用玻璃，而应该用磁场来让电子进行偏折和聚焦，[①] 在电子显微镜中，**磁透镜替代了光学显微镜里的玻璃透镜**。虽然这个想法很美好，但实际操作下来，鲁斯卡发现他发明的这台电子显微镜效果一般。尽管使用了两级线圈放大，但历史上第一张电子显微的照片放大倍数只有14.4 倍，说出去都不好意思。尽管电子显微成像具备更高分辨率的可能，不过当时很多人视之为白日梦。尽管鲁斯卡出师不利，他却并没有因此泄气。在接下来的两年里，他一直在改进电子显微镜，到了 1933 年底，他已经把放大倍率提高到了 12 000 倍。

如今，电子显微镜作为一种成熟的分辨仪器，被广泛应用在各种研究当中，常用的是**透射电子显微镜**和**扫描电子显微镜**。如果观察对象比较薄，电子束能够穿透样品，那么将电子束穿过样品之后的散射电子收集起来进行分析，便构造出了透射电子显微镜，它通常适用于厚度约为百纳米的样品。如果将聚焦后的电子束打在样品表面，则会把样品表层原子的核外电子轰击出来，这些电子被称为“二次电子”，探测器搜集这些二次电子之后便能得到电子束聚焦点样品的形貌。如果利用磁场对电子束聚焦位置进行调控，让焦点在样品上一行行地扫描，便能在显示器上看到样品的全貌，这便是扫描电子显微镜的原理。

回到前文，鲁斯卡后来的人生路线也和电子显微镜紧紧绑在了一起。后来，在西门子公司的帮助下，鲁斯卡成功制造了两台放大

---

① 严格来说，让电子发生偏折和聚焦，电场和磁场都可以起到相同的作用。在历史上，鲁斯卡在设计电子显微镜时错误地估计了静电透镜对电子束聚焦的效果，所以采用了磁场方案。

倍数可以达到 30 000 倍的电子显微镜。你可能想不到，电子显微镜在使用之初便帮助人类与疾病斗争。正所谓“打虎亲兄弟，上阵父子兵”，这两台仪器他们一台自用，另一台留给了恩斯特·鲁斯卡的弟弟赫尔穆特·鲁斯卡（Helmut Ruska）以及其他合作者，用以开展医学方向的研究。赫尔穆特·鲁斯卡用这台电子显微镜解决了当时生物学家最感兴趣但一直头疼的问题，即观察病毒的具体形态——当时他们完成了对噬菌体的成像。

有了可靠的观测手段，科学家就迫不及待地开始解析 DNA 和蛋白质的结构。前面已经提过 DNA 是遗传密码的载体，具有重要的生物价值，但人们一直不知道它的内部结构。在英国卡文迪什实验室，沃森和克里克的导师佩鲁茨（Max Ferdinand Perutz）领导的实验组，其研究方向是用 X 射线衍射研究生物分子。这一当时看来极为新颖的方向吸引了沃森和克里克。他们受到 X 射线衍射图**“照片 51 号”**[①]（Photo 51）的启发，提出了 DNA 的双螺旋结构模型，引起了巨大的轰动。但这张衍射图其实最早是由罗莎琳德·富兰克林（Rosalind Franklin）和她的学生葛斯林（Raymond Gosling）在实验中得到的。但是当时她准备离开伦敦大学国王学院前往伦敦大学伯贝克学院，葛斯林的新导师威尔金斯（Maurice Wilkins）自然也获得了查看“照片 51 号”的权限。后来，威尔金斯未经富兰克林允许，偷偷把这张关键的实验数据照片给沃森看。受此启发，他们不久之后就在《自然》（*Nature*）杂志上发表了关于 DNA 结构的文章，沃森、克里克和威尔金斯也因此获得了诺贝尔奖。

---

① 如此称谓是因为这是富兰克林和她的学生葛斯林拍摄的第 51 张 B 型 DNA 的 X 射线衍射照片，同时也是拍得最好的一张。

回看历史，富兰克林是一朵早谢但不该凋谢的玫瑰。当时的DNA研究领域竞争激烈，但她始终一步一个脚印，因此积攒了丰富的经验。美国的鲍林（Linus Pauling）曾提出三螺旋结构，富兰克林曾写信告诉鲍林，他的模型是不对的。包括沃森和克里克在此之前也曾提出过一个错误的模型，她同样直接指出。尽管富兰克林曾给予他们如此大的帮助，但在他们发表的论文里，富兰克林的名字只出现在了文章末尾致谢中微不足道的地方。在沃森的回忆录《双螺旋》（*The Double Helix*）中，她还被刻意贬低：

> 威尔金斯的“助手”，性格古怪，歇斯底里，却没发现自己手中的数据有多么重要，是不折不扣的暗黑派女研究者。

希望后人在学习关于DNA结构的学术成就时，不要忘记富兰克林的贡献。在科学研究体系里评价一个人是否够格，不仅要看这个人做出了什么学术贡献，还要看这个人学术道德如何。

生物领域的春天

前面我们提到薛定谔著有《生命是什么》一书，书中提到了如何对遗传物质进行编码。而在了解沃森和克里克发现的DNA双螺旋模型后，物理学家、科普作家、提出宇宙大爆炸模型的伽莫夫深受启发，开始思考如何用DNA编码。这时他已知DNA中存在四种碱基：腺嘌呤（A）、鸟嘌呤（G）、胞嘧啶（C）、胸腺嘧啶（T），而常见氨基酸大约有20种。这时我们只需要使用简单的数学知识——**排列组合**，就能推理出DNA是如何编码的。

1. 如果使用一种碱基编码氨基酸，那么最多得到 4 种不同编码（$4^1=4$），分别是 A、G、C、T，只能对应 4 种氨基酸；

2. 如果用上两个碱基编码氨基酸，因为 $4^2=16$，对应 A-G、A-C、A-T 等 16 种组合，但还不能够编码 20 个氨基酸；

3. 所以最少需要用三个碱基对氨基酸进行编码，总的可能性为 $4^3=64$，足以覆盖所有氨基酸。

用这样的数学知识，伽莫夫提出了**三联密码子**的概念。这个简单的“密码本”理论虽然很完美，但还有一个重大缺陷：遗传物质平时都是在细胞核里，没有办法到核外去，而蛋白质是在核外的胞浆中合成的。这意味着肯定有一种特别的传递物质，**能把信息从核内的 DNA 传递到核外的胞浆里。**1961 年，弗朗索瓦·雅各布（François Jacob）和雅克·莫诺（Jacques Monod）提出了 **mRNA**（messenger RNA，信使核糖核酸）的概念。顾名思义，mRNA 作为“信使”，能将 DNA 中的信息从细胞核中传递出来，而且 mRNA 上的序列应该与 DNA 的序列相对应，由此决定了蛋白质合成的序列。

在这之前，克里克就思考过细胞中的遗传信息如何传递，并提出了影响深远的**中心法则**。中心法则指的是遗传信息从 DNA 传给 RNA，再从 RNA 传递给蛋白质，通过两步完成遗传信息的**转录**和**翻译**；而遗传信息可以在 DNA 中通过自我复制传给 DNA，就完成了遗传信息的**复制**。几乎所有的细胞结构生物学都遵循了这个法则。当然自然界里还有一些意外，比如一些病毒的遗传物质是 RNA，RNA 可以把信息逆转录给 DNA，也可以进行 RNA 的自我复制，这个过程是对中心法则的补充。

我们再来了解一下 RNA 合成过程的一些细节。在解旋酶的作用下，DNA 双螺旋结构解开，细胞以其中一条链为模板，以核苷三磷酸（NTP）为底物，通过 RNA 聚合酶转录 DNA 链合成 mRNA。在此过程中，mRNA 上每个碱基与 DNA 单链一个一个地配对聚合。在 mRNA 合成后再释放出来，细胞就得到了一段完整的带有 DNA 遗传信息的 mRNA，可以转移到细胞质里。当然，合成蛋白质的过程中光有遗传信息的 RNA 还不够，还需要 **tRNA**（transfer RNA，转运核糖核酸）。它在核糖体上共同参与蛋白质和多肽的合成。在蛋白质的合成过程中，核糖体和 mRNA 组合成像拉链一样的结构，先从 mRNA 上的密码子读取信息，然后 tRNA 就把胞浆里面对应的氨基酸搬运上去。第一个氨基酸固定下来后，该点位释放出来的 tRNA 又回到这个溶液中继续搬运对应的氨基酸，第二个氨基酸与第一个连接到一起，第三个、第四个……如此重复，组成了一条多肽链。

现在，我们已经了解了遗传物质传递的整个过程，人们面对的下一个挑战便是蛋白质结构的解析。在探索 DNA 结构的过程中，人们并不需要去分辨原子尺度的分子结构，只需要确认 DNA 是双螺旋结构就足够了。但是想要确定蛋白质的结构，这就不够了，人们需要知道原子的确切位置。

这时候，佩鲁茨出马了，他的目的是寻找能够做 X 射线衍射的蛋白质晶体。他首先想到的是红细胞，因为红细胞在血液中大量存在，而在红细胞破裂后，可以得到**血红蛋白**这种负责携带氧气的蛋白质。提纯得到血红蛋白晶体后，佩鲁茨用 X 射线最终确定了血红蛋白结构。在了解了蛋白质结构之后，科学家就可以解释氧气与蛋白质结合以及在血液中的运输机制了：血液中的氧气进入红细胞，但并不是跟血红蛋白的氨基酸结合，而是跟蛋白质里面的配合物亚铁离子结合，然后运输到别的地方去。

除了血红蛋白这类可以在水溶液中获得的蛋白质，很多关键的蛋白质分子都是位于细胞膜上的，比如冠状病毒突起蛋白的受体蛋白就长在细胞膜上。这类蛋白质的水溶性特别差，具有较强的疏水性，在水溶液中获得蛋白质晶体几乎是不可能的事情。但是它们的结构又非常重要，在解析出膜蛋白的结构之后，很多与细胞和生物相关的问题就会迎刃而解。峰回路转，德国物理学家、化学家哈特穆特·米歇尔（Hartmut Michel）坚持不懈，在研究光合细菌时成功合成了**膜蛋白**晶体。经过多年的努力，他们把光合细菌的光合反应中心从膜质上成功分离出来，最后生长出了蛋白质晶体，得到了世界上第一个膜蛋白晶体结构。这说明不溶于水的蛋白质晶体也可以被人工培养出来，实验的成功给当时的科学家带来了莫大的鼓励。他的研究成果于 1986 年发表，1988 年，他获得了诺贝尔化学奖，由此拉开了膜蛋白三维结构生物学的序幕。

尽管有了可能性，但是获得膜蛋白晶体依然困难重重。如何更好地获得膜蛋白晶体呢？科学家开始思考，能否绕过生长蛋白质晶体这一难题去解析蛋白质的结构。最理想的方法，就是不需要晶体，直接通过探测单个蛋白质颗粒的方式解析得到其分子结构。在物理学中，X 射线衍射技术是解析晶体结构最常用的方法。从这个思路出发，物理学家设想改进 X 射线衍射法来分析蛋白质结构。通常，解析晶体结构时所使用的 X 射线是连续入射的，而现在可以把 X 射线做成飞秒（10^{-15} 秒）脉冲，让 X 射线打在一个蛋白质分子上。飞秒脉冲和普通射线最大的区别就像往你身上丢沙包和子弹，由于脉冲非常短，发生衍射的时候，蛋白质分子并不会因为受到外来射线的照射而剧烈变化，这样仅用单个蛋白质分子便可实现 X 射线衍射，进而确定蛋白质的结构。

除了 X 射线衍射，还有一种技术在生物学领域发挥着重要作用，它就是**冷冻电镜**。人们先用液氮对蛋白质进行冷却，再用电子显微镜进行观察。前文我们提到，人们在 20 世纪 30 年代发明了电子显微镜，但在很长时间内，它只能被用于观测静态的无机结构，比如陶瓷、玻璃等样品。为什么电子显微镜不能被应用于生物领域，以观测蛋白质等结构呢？这与电子显微镜的成像原理有关。在使用电子显微镜进行观测时，探测器收集分析电子的运动路径决定了观测的形貌。为了尽可能提高放大数倍以后的成像稳定性，电子只能在真空环境中才能保证稳定飞行，而生物中像蛋白质这类有机大分子通常需要在溶液中才能保持结构的稳定和活性，而溶液通常无法稳定存在于真空环境中。所以尽管手握利器，但这个领域始终进展缓慢。转机出现在 20 世纪 80 年代，瑞士科学家雅克·杜巴谢（Jacques Dubochet）发明了一种能够将液态水迅速固化成玻璃态的技术，从而保证生物分子结构维持原样，这为电子显微镜在生物学领域的运用奠定了重要基础。

冷冻电镜的观测原理并不复杂，通过电子测量与数据处理，最终能够得到样品的三维图像。

1. 首先，将样品快速冷冻固化，使得含水样品中的水分子处于玻璃态。

2. 随后在低温下将样品送入电子显微镜进行观察。在使用电镜测量时，需要选用合适能量的电子，因为电子能量过高会对样品结构造成破坏，比如破坏分子之间的氢键。

3. 通过对样品进行不同方向的照射并收集散射电子数据，这样便得到了三维样品沿不同方向的二维投影。

那么，怎样通过收集到的二维投影构建样品的原始三维形貌呢？这就需要引入一个新知识——**中心截面定理**。这个定理可表述实空间内三维物体的二维投影的傅里叶变换结果等同于经过该三维物体三维傅里叶变换结果中心与该二维投影平行的截面。这个定理意味着尽管拍照的时候我们只能拍到二维的情形，但只要从不同角度多拍几张，就能还原原来的三维情形了。根据中心截面定理，我们可以将不同方向的二维投影做傅里叶变换，再将它们叠加之后进行傅里叶逆变换，这样便得到了样品的三维图像。如今，冷冻电镜的分辨率已经接近 0.1 纳米，可以与 X 射线的分辨率相比拟，它最大的优势是不再需要去长单晶，解决了目前生命科学领域的很多问题。2017 年诺贝尔化学奖授予了冷冻电镜技术的发明者。相比于 X 射线衍射方法解析生物分子结构，冷冻电镜技术是生物领域一个迟到的春天。

除了运用 X 射线衍射和冷冻电镜这两种物理方法对蛋白质结构进行解析研究，计算机科学在蛋白质结构预测方面的应用也为生命科学提供了一个新的发展方向。从 1994 年开始，每两年都会举办一届全球蛋白质结构预测竞赛（Critical Assessment of protein Structure Prediction，CASP），竞赛吸引了生物物理学、计算机科学的许多专家参与蛋白质三维结构预测这一生命科学问题的研究。引人瞩目的是，人工智能程序 AlphaFold 2 在 2020 年举办的第 14 届 CASP 中对蛋白质的预测精度达到了 95%，与真实结构只相差零点几纳米。

不同学科的交叉为彼此提供了新的研究思路，生物领域的春天远不止于此。在分子层面上，人类对生命奥秘的探究也才有 100 多年的历史，物理学抑或计算机科学在生命科学领域都有许多用武之地。目前还有很多没有被解决的问题，期待未来的你能够给“生命是什么”带来全新的答案。

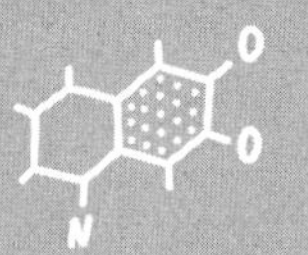

PHYSICS

3

运动篇

牛顿：你在叫我吗

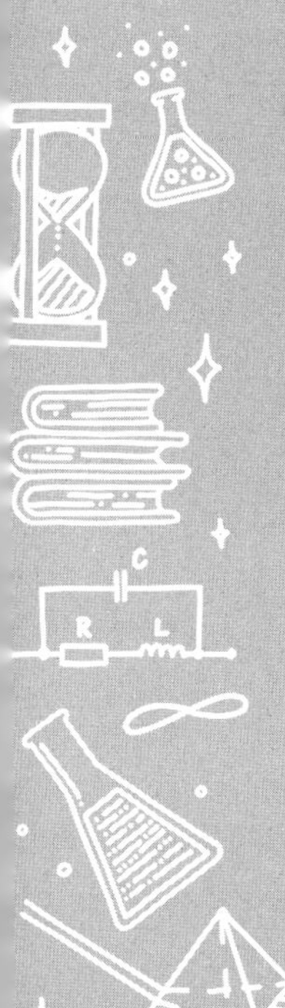

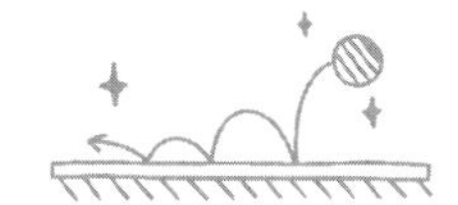

从小到大，我们一直处在运动之中。嬉笑玩闹，这是在空间维度的运动；成长衰老，这是在时间维度的运动。

人们对于物体运动的观察从古希腊的亚里士多德时代就开始了。不过，那时候总结的规律如今只能摆在教科书里作为反面教材。倒不是亚里士多德观察不仔细或者总结得不到位，而是在自然界纷繁芜杂的现象中找到最核心的那一个，实在不是一件容易的事情。一直到伽利略无意之中观察到教堂里的吊灯居然在被风吹动后呈现周期性摆动，人们对于何为运动、物体运动有何规律的研究才走上了正轨。从最直观的作用来说，有了摆以后，科学家至少可以实现精确计时了。令人不可思议的是，一直到 20 世纪 30 年代，高精度摆钟仍然作为时间的标准，每年产生约 1 秒的误差。

古希腊哲学家赫拉克利特对人和运动有着独特的思考，他认为，“人不能两次踏入同一条河流”“万物皆流，无物常驻”。这是看待运动更宏观的视角，由此引出的流体力学、流变学同样是研究面非常广阔的课题。

变化一直在，如何把握其中的不变才是核心和关键。

从惠更斯不满足于普通的钟摆，尝试制作真正的等时摆，到后来发展出动量守恒，直到现代爱因斯坦揭示出光速不变所带来的一系列不可思议的相对论现象，对于确定性的追求使我们在探索的路上越走越远。这份深入不仅体现在思考上，也体现在实践上。为了探测运动中的相对论效应，人类制作出历史上最圆的四个球并将其改造成陀螺仪送上太空，其中两个球的记录甚至保留到了今天。

我们面前的世界是变动的总和。想要更好地理解世界，我们人类自身对运动、对变化的研究无论如何都将继续下去。

坐地日行八万里，巡天遥看一千河

运动，是一件复杂的事情。

毛泽东主席的《七律二首 · 送瘟神》中，有一句大家非常熟悉——“坐地日行八万里，巡天遥看一千河”。这首诗非常形象地描述了由于地球的自转，身处赤道的人们虽然坐着不动，但在不知不觉中已经走过了八万里的神奇现象。关于运动，不同的人有不同的看法。“非风动，非幡动，仁者心动”，生活于唐代的禅宗六祖慧能也曾试着给出他的回答。

何为运动？来自水桶实验的思辨

牛顿关于什么是运动，怎么描述运动这个问题也十分上心。在著名的《自然哲学的数学原理》一书中，他在开头写下了一些基础概念，诸如在质量和动量的定义后，他特地写下了什么是绝对运动、什么是相对运动，并且洋洋洒洒写下长篇附注阐明他对运动的思考，其中著名的水桶实验也成为困扰物理学家超过百年的问题。

我们经常会听到一种说法，静止是相对的，运动才是绝对的。那么，什么是静止，什么是运动呢？我们可以借水桶实验一观。牛顿在书中说，用一根长绳提住一个桶，并不断旋转把绳拧成麻花状，再向桶中注满水。如果你握住绳子，不让麻花状的绳子松开，那么桶和桶中的水处于相对静止的状态，桶内的水面也是平的（我们称此时为状态 1）。这时你突然放开手，绳子开始带动装满水的桶旋转，最终处于稳定状态时，桶和水一样保持转动。这时，桶和水之间又是相对静止的，但水面却呈中心低、桶边高的凹形（我们称此时为状态 2）。

这个实验并不复杂，我们在生活中就可以做。但这里面的问题很深刻，状态 1 和状态 2 同样是桶和水保持相对静止，为何桶内的水面呈现出两种截然不同的状态？聪明人一眼就能看出这里面的关键，在状态 2，虽然桶和水处于相对静止的无转动状态，但它们整体一起转动，状态 1 则是整体保持静止。于是，牛顿进一步发问：这是不是意味着转动分为两种，一种是真正的保持水面水平的无转动，另一种是相对的无转动？由此，牛顿得到水桶实验的一个自洽的解释：只有当桶中水相对于**绝对空间**无转动时，水面才是平的，否则是凹的。不过，绝对空间到底是什么样子的，谁也没有见过。

关于绝对空间的讨论此后一直在延续。想要判断一个物体是静止还是运动，首先需要选取一个**参考系**，然后判断物体相对于参考系的位置是否发生改变。如果物体的位置相对于参考系的位置没有发生改变，那么物体是静止的；但如果物体的位置相对于参考系的位置发生了改变，则物体是运动的。例如，我们看空中加油的战斗机，如果我们选取空中加油机作为参考系，那么战斗机是静止的；如果我们选取地面作为参考系，那么战斗机是高速运动的。在生活中也有很多这样的例子，例如，我们乘坐高铁时，如果我们选择车厢作为参考系，那么我们是静止的；如果我们选择地面作为参考系，那么我们是随着车厢高速运动的。

在后续对于水桶实验的批判中，最值得注意的是马赫。秉承“所有运动都是相对的”这个思想，马赫提出牛顿关于绝对空间的假设是无法检验和证伪的，所谓水桶转动与否，应该看其相对于整个星空背景是否转动。当水相对于星空背景有转动时，水面是凹的，否则水面就是平的。这个想法也强烈启发了爱因斯坦最终建立狭义相对论和广义相对论，不过这就是后话了。

马赫的解释看似仅把绝对空间替换为星空背景，但两者的核心区别在于牛顿关于绝对空间的想法是不可验证的，而马赫的解释却是可以验证的。我们把水桶替换为陀螺，在转动惯性的作用下，陀螺在不受外界作用时将保持原有旋转方向一直旋转下去，而根据广义相对论，在一个转动的大质量天体周围，陀螺将受到参考系拖曳作用的影响，转动方向将会发生微小的变化。这个效应也被称为**“冷泽–提尔苓效应”**，该效应可以理解为对于一个远处的观察者而言，与物体转动速度方向相同的光将比与物体转动速度方向相反的光走得更快。

所有关于广义相对论效应的验证都进行得十分艰难，困难无外乎这些效应一个比一个微弱。为了检验参考系拖曳效应的正确性，科学家花费数十年筹备项目，最终发射了**引力探测器 B**（Gravity Probe B，GP-B）卫星，而该项目的最终总成本高达 7.5 亿美元。为了尽可能有效地收集数据，引力探测器 B 卫星上一共装备了 4 个精心设计、具备前所未有的超高精度的陀螺仪，这 4 个陀螺仪比当时所有的最好的导航陀螺仪还稳定 100 万倍。这个实验最终测量得到在地球引力的作用下，陀螺仪因为参考系拖曳效应转动方

向改变量为 -37.2 ± 7.2 毫角秒每年，理论值为 -39.2 毫角秒每年（在角度单位中，1 度 =3600 角秒 =3 600 000 毫角秒）。

陀螺仪想要准，一方面陀螺的轴要足够稳定，不能转着转着自己就偏了，这就对陀螺仪的精度提出了要求；另一方面陀螺仪转动时要尽可能减少阻力，防止其因为阻力导致转动方向发生偏转。最终，科学家选中的陀螺仪的形状是个球——不过是有史以来最接近球形的球，至今，这 4 个陀螺仪中的球还有两个保持着该项纪录。陀螺仪通体由熔融石英制成。为了让大家对这 4 个陀螺仪的制造难度有更准确的理解，我们用现实的参照物比拟，这些乒乓球大小的石英表面起伏要在 40 个原子以内，如果将陀螺仪放大到地球大小，那么地球上最高的山峰和最深的沟壑之间只允许有 2.4 米的高度差。为了让陀螺仪尽可能稳定地旋转，球体表面镀了一层极薄的金属铌。整个装置被放置于由液氦冷却的 -271℃极端低温环境中。此时，金属铌会进入超导态，而整个陀螺仪也将在磁场中悬浮起来，在氦气气流的带动下开始稳定旋转，用超导量子干涉仪测量因旋转产生的磁场，由此监测任何陀螺仪转动方向的微小变化。

关于水桶实验故事的最后，我们不妨来聊些更有趣的话题。在科幻电影《盗梦空间》中，主角柯布在梦境和现实中穿梭，借助陀螺判定自己所处的世界是否真实。科学家借助陀螺仪稳定旋转的特性测量参考系拖曳效应，而在影视作品里，陀螺的这一特性则被赋予了更多的象征意味。

什么是静止？什么是运动？在引力探测器 B 计划之后，科学家仍在积极策划和筹备更精确验证参考系拖曳效应的实验项目。关于水桶实验的探索，还远未结束。

也许你已经被陀螺、水桶实验、相对运动等概念绕晕了。前面我们也一直在强调定量化描述的重要性，我们不妨回到最初的起点——运动，重新梳理一下人们到底应该如何描述运动。

描述运动的基本概念有：质点、参考系、位移、路程、速度、速率、加速度、线速度、角速度、周期、向心加速度等。这些概念太过常见（本书也不是教科书），望文就可生义。唯一需要的，也是在课堂上老师经常会说的——注意区分矢量和标量：比如位移是矢量，描述物体位置的变化，具有方向性；而路程则是物体运动轨迹的长度，是标量，只有大小。

为了避免概念的堆砌，我们用一个例子来说明这些基本概念以及各个概念之间的联系，希望这个例子能帮助大家理解描述运动为什么需要这些基本概念。

比如，假设一个人站在物理所 M 楼的三层阳台上，当我们仅描述人所在位置的时候，我们并不关心他的形态特征，可以把人作为一个质点——这时候科学的描述是，这个质点在物理所 M 楼的三层阳台上。那么问题来了，我们是以人的脚作为质点，还是以其他部位作为质点？当你提出这个问题的时候，你就不应该把人当作质点了。有人说物理学是一门精确的学科，各种公式和定律环环相扣。但其实物理学更是一门非常依赖近似的学科，在各种公式和推导背后，是对核心物理现象的抓大放小、合理抽象，如此才能有的放矢。质点这个概念正是合理近似的典范。这种理想化模型是人们根据科学研究的特定目的、抓住主要因素忽略次要因素，在一定条件下进行的合理假设。类似的还有点电荷、匀强磁场、匀强电场、理想气体、点光源等。

当我们关心人在几层楼的时候，质点是人体相当合理的近似；但当我们关心人体形态特征的时候，比如说我们想描述这个人是站着、坐着，还是趴着晒太阳，质点就不能满足我们对人体状态描述的需求了。我们需要将人体细分成更多的部分，比如脚、小腿、大腿、躯干、左右手和头……通过它们相互之间的关系确定姿态。关于如何正确描述人体姿态，大家不妨看看体操比赛直播里解说员如何介绍运动员的动作。在女子跳马项目中，著名的“程菲跳”具体动作是踺子后手翻转体 180° 接直体前空翻转体 540° ；在男子吊环项目中，从支撑开始慢落下成悬垂直臂压上成十字 2 秒则被命名为“李小双十字”。

好，这个人在阳台上热身完毕，他要开始做运动了，他的运动计划是要绕着阳台跑 10 圈。注意，这句简单的“绕着阳台跑 10 圈”，其实包含着很多基本概念。

1. 绕着阳台和绕着操场是明显不一样的，这里的阳台或操场就是参考系的概念，需要明确到底相对谁在运动。

2. 这里的 10 圈则包含了两个要点：一是总的路程是 10 圈的阳台周长；二是他运动的轨迹是一个圈。什么是圈呢？起点和终点重合，运行轨迹是一个闭环，最终停下的位置就是他的出发点，即最后停下时的位移是 0。值得注意的是停下时，路程是 10 圈，但位移是 0，大部分时候，位移的绝对值是小于等于路程的（这是平直空间才有的性质）。

3. 绕着阳台跑和绕着阳台走也是不一样的，跑明显比走快，单位时间内跑过的路程大于单位时间内走过的路程——两者的瞬时速率不一样，或者说瞬时速度亦可。

4. 在起跑阶段和停下阶段，有明显的速率变化，对应加速和减速的过程，这里面重要的概念就是加速度了。加速度的正负不能决定物体做加速运动还是减速运动，只能说明加速度的方向与规定的正方向相同或相反，而且加速度由物体的质量和所受的合外力决定，与速度和速度变化量无关。

5. 跑一圈的时间可以认为是周期，他总共跑了 10 个周期；转弯的过程则不可避免地涉及线速度、角速度和向心加速度的概念。

不知道大家有没有做过这样的实验，用以测试人的反应速度：

1. “考官”用两个手指捏住直尺顶端，直尺长度建议 20~30 厘米。

2. 你用一只手的手指在直尺下部（0 刻度高度处）做好握住直尺的准备，手指可以就放在尺子周围，但手的任何部位都不要碰到尺子，下落中途也不得擦碰到，否则本次无效。

3. “考官”可以在任意时刻松手，你需要时刻注意直尺的运动情况，当看到直尺开始下落时，你立即捏住直尺。

4. 测出直尺降落的高度，即你捏住的刻度值。

5. 根据自由落体运动知识，可以算出你的反应时间。

这里我们接触到的是相对简单的直线运动，自由落体运动是典型的初速度为零的匀变速直线运动。只要我们知道初始时刻，直尺顶端的高度 A 和被测试人抓住直尺时顶端的高度 B，那么我们就知道直尺下落的高度是 $A-B$。然后利用自由落体公式，就可以计算出被测试人的反应时间：

$$T=\sqrt{\frac{2(A-B)}{g}}$$

虽然自由落体运动随处可见，但人们关于自由落体运动的认识却经历了很长的时间。自由落体运动指的是物体只受重力作用而从静止状态开始降落的运动。不同地区的重力加速度略有差异，约为 $9.8m/s^2$。

对于自由落体运动，公元前 4 世纪，古希腊著名的哲学家亚里士多德曾认为，重的物体比轻的物体下落快，这似乎很符合我们的直觉。在《世说新语》中有这样一段文字：

> 俄而雪骤，公欣然曰："白雪纷纷何所似？"兄子胡儿曰："撒盐空中差可拟。"兄女曰："未若柳絮因风起。"

盐块更重，抛撒在空中直接下落，柳絮轻飘飘，在空中下落慢得多。

到 1638 年，伽利略在《关于两门新科学的对话》中对亚里士多德的观点提出了疑问。他认为，**重的物体和轻的物体，应该下落得一样快**，还用实验证明他的观点（详见"在头脑里也能做实验吗"）。

伽利略为什么要研究运动？所有的研究其实都和当时的时代背景密切相关，伽利略的时代是一个讲究"船坚炮利"的时代，当时的火器技术仍然十分粗糙。为了更准确地计算炮弹的射程，伽利略发明了比例规，并著有《几何和军事用之比例规的操作法》。这两样东西也让伽利略赚了一笔小钱，不过他在弹道学上的研究并没有止步于此。

伽利略进一步思考了弹道学中的一个基本问题——理想弹道的最大射程角，在不考虑空气阻力的情况下，在同一水平面，当弹体出射速率一定时，什么角度射出才能使得射程最大。今天，我们已经知道此时炮弹的运动曲线为斜抛运动，运动轨迹是一条抛物线，而从运动的合成与分解的角度分析，斜抛运动可以被分解为沿着水平方向的匀速直线运动和沿着竖直方向的抛体运动。水平与垂直两个方向的运动具有独立性，互不干涉，但是通过平行四边形法则又可以合成为实际的运动轨迹。伽利略当时的思路和我们基本一致，在把炮弹飞行分解为水平方向的匀速直线运动和沿着竖直方向的抛体运动以后，他就完整地解释了弹道的抛物线性质。在《关于两门新科学的对话》一书中，他借书中人物之口说道：

> 如果运动在水平方向保持匀速，而自由落体也保持自己的特点——与时间的平方成比例地加速，并且这两种运动和速度能够叠加，而又互不干扰和妨碍，那么我不得不承认，这种论断是新颖、巧妙和令人信服的。
>
> 大炮和迫击炮轰击时，最大射程（即炮弹发射的最远距离），是在仰角45°时获得的……但是要理解为什么会发生这种情况，这比从别人那里得到证据甚至反复实验得到的证据重要得多……

不过，真的要理解抛物线，尤其是考虑空气阻力以后的弹道情况，还要等到牛顿等后来者进一步讨论。在实际的战斗中，也有巧妙利用抛物线的特点，借助山地地形实现火力规避的例子，这个战术被称为“反斜面战术”——反斜面指背向敌方的方向。

在我国的明朝时期，曾经接受过徐光启和利玛窦教导的孙元化也从几何等角度研究过弹道学。他最重要的著作是《西法神机》。在书中，孙元化以红夷大炮为例，论述了在实践意义上仰角和射程之间的具体联系，同样论述了“最大射程角”的概念。不过，这些技术成果当时并没有转化为更多科学上的思考，如昙花一现般消失在历史的长河里。

伽利略研究了自由落体运动和抛体运动，但更为复杂的曲线运动让他有些无能为力。想要真的描述运动，离不开微积分。微积分大家其实并不陌生，牛顿和莱布尼茨各自独立地发展了这一学科。微积分的发展和应用极大地扩展了人们的研究范围。从运动学上来讲，它帮助人们理解运动的变化率（速度）和总运动（位移）之间到底是何关系，而涉及变动的学科又怎能只有运动，在现在大学的课程里，教授微积分的《高等数学》也是理工科学生的一门必修课。

力，刑之所以奋也

前面我们讨论了何为运动。但运动又因何而生，这个问题同样值得思考。我国古代就有对运动因何而生的思考。《墨经》写道："力，刑之所以奋也。"（"刑"通"形状"的"形"。）

我们先来看看"力"这个汉字（见图 3-1）。在西周金文中，"力"的写法不禁让人联想到犁田的工具，古人知道犁田要用力——这是劳动人民对于力最早的一个模糊的概念。这里的"奋"字尤为关键。仍然回到西周金文中，"奋"则像一只小鸟在田间振翅欲飞。可以看到，古人已经在思考力可能是物体运动的关键因素。当然现在人们已经知道"力改变运动"和"力维持运动"是两种截然不同的观点。如果说，这只小鸟是从落在地上变成展翅欲飞，那么它是改变状态；如果鸟是在空中，要维持它的姿态，那是维持运动——这是截然不同的含义。从这个角度，我们可以揣测《墨经》里说的是什么意思——力是什么？它使物体改变运动状态。

图 3–1　金文中的“力”和“奋”

在西方，亚里士多德观察到：推动重物时，需要使用更大的破坏性力（violent force）；而推动轻物体时，需要用的破坏性力则小一点。他将力和速度联系起来，认为破坏性力从一个物体发射到另外一个物体，促使物体不断运动。

古希腊时期，亚里士多德及其门下弟子建立了逍遥学派（亦作“漫步学派”），推崇形而上学和主观推断。尽管逍遥学派在历史上存在的时间并不长，但深深影响了很多研究自然科学的人，而伽利略希望将数学论证与具体实验相结合，反对没有具体实验的信口开河，他是最早提倡数学和实验方法相结合的科学家。

伽利略著名的论述日心说的著作《关于托勒密和哥白尼两大世界体系的对话》用对话的形式组织全文，参与对话的是支持他的两个朋友沙格列陀和萨尔维阿蒂，以及亚里士多德观点的支持者辛普利邱。辛普利邱为了反对地球一直处于运动状态，提出如果地球转动，由于塔随地球转动，石子就不会落在塔底；就像在船只停泊时从桅杆上释放一颗石子，会落到桅杆脚下，而当船运动时，它就不会掉在那里。伽利略则借萨尔维阿蒂之口直斥那些离开观察实验，只靠抽象推理，把需要证明的命题当作正确前提的经院哲学家。

> 萨尔维阿蒂：“很好。请问你曾亲自做过船上的这种实验没有？”
> 辛普利邱：“我从来没有做过，但我完全相信……”

萨尔维阿蒂：“**……你没有做过实验就肯定了它，并且对权威的教条深信不疑……**任何人只要做一次，就会发现实验的结果同书上写的恰恰相反；也就是说，结果表明，无论船是静止的还是以任何速度行驶的，石子总是落在船上的同一地点。同样的情形也适用于地球，正如在船上一样，石子总是垂直地落到塔底下，因此你推论不出地球是运动的还是静止的。”

然而，伽利略也有其局限性。相比地心说，日心说的理论优势更加明显，运动的地球让描述其他天体的运动简单起来。[①] 原本，伽利略提出惯性定律是为了解决日心说中地球为何能永不停息地运动的问题。这个观点在现在看来显然并不正确——圆周运动并不是运动状态保持不变，其速度大小虽然不变，但方向一直在发生变化。直到1687年牛顿出版了巨著《自然哲学的数学原理》（以下简称为《原理》），完整的惯性定律才得以表达并真正在后世流传。

书中还阐释了运动最基本的规律、经典力学的基石，即牛顿三大定律，它们分别是力的定性表达、力的定量表达以及力是相互作用的，在《原理》中表述如下：

1. 每个物体都保持其静止或匀速直线运动的状态，除非有外力作用于它，迫使它改变原有状态。

2. 物体运动变化和其所受外力成正比，且物体运动将沿着外力的直线方向发生变化。

3. 两个物体间的相互作用总是相等的，而且方向相反。

---

① 伽利略并不排斥思辨，比如他在《关于托勒密和哥白尼两大世界体系的对话》中就曾引用奥卡姆剃刀的观点“如果可以用较少的事情来实现，那么更多的事情是无用的”，以说明日心说的理论更为简洁，因此更为正确。

牛顿第一定律即**惯性定律**，首先，牛顿第一定律明确指出力不是维持运动的原因，而是改变物体运动状态的原因。其次，一切物体都有惯性，惯性指的是物体总保持静止或匀速直线运动状态。惯性只与物体的质量有关，一切物体都有惯性。由于现实中不受力的物体是不存在的，只要物体所受的合外力为 0，其运动效果跟不受力的效果是相同的，物体会保持静止或匀速直线运动状态。

牛顿第二定律表示为：

$$F=ma$$

指的是物体的加速度大小跟它所受的作用力成正比，跟物体的质量成反比，加速度的方向跟作用力的方向相同。

牛顿第三定律则建立起了相互作用的物体之间，作用力与反作用力的关系。

《原理》一书是牛顿关于力学方面研究的汇总，他用最传统的《几何原本》般的写作方式，将自己对于运动的认知和分析过程总结为一个个定理和命题，并将它们编排在一起。这本书在历史上具有非常重要的地位，你现在所能见到的牛顿三大定律、万有引力定律乃至在高中课本中学到的运动的合成与分解、力的合成与分解等在这本书中都有涉及。

不过遗憾的是，《原理》一书并不好理解。在牛顿生活的年代，大家推崇几何化的证明，所以在《原理》中，你几乎见不到现在人们熟悉的微积分公式，也很难见到各种方程。牛顿使用在现代人看来非常令人费解的几何学方法推导与证明微积分结论和物理定律。比如在万有引力章节中，他大量使用圆锥曲线的技巧以及诸如通径等概念证明满足椭圆轨道形式的力的公式，以及开普勒的行星运动三定律。假如有读者在数学和物理基础不扎实的时候就阅读《原理》，只怕会云里雾里，不知所云。

为了纪念牛顿的巨大贡献，在国际单位制中，力的基本单位是牛顿（虽然大家在日常生活中几乎不会用到），1 N=1 kg × 1 m/s^2。那么，1 N 究竟有多大？宏观上可以用鸡蛋来举例，两枚鸡蛋大约是 100 g，在我国首都北京，重力加速度大约为 9.801 m/s^2，可以发现两枚鸡蛋的重力恰好是 1 N。

生活中无处不在的力

力来源于相互作用。虽然自然界中各种作用非常多，但将它们逐一抽出、分门别类，其实大自然中一共只存在四种基本相互作用，分别是引力相互作用、电磁力相互作用、强相互作用和弱相互作用。

其中，万有引力定律由牛顿在《原理》中提出。它指的是两物体之间由于物体具有质量而产生的相互吸引力。引力的方向在它们的连线上，引力大小和两个物体质量的乘积成正比，与它们之间距离的平方成反比。

$$F=\frac{Gm_1m_2}{r^2}$$

万有引力定律第一次把地面上物体的运动规律和天体的运动规律统一起来，为天文观测提供了一套切实可行的计算方法。在历史上，哈雷彗星、海王星、冥王星的发现都源于万有引力定律，它对后续物理和天文等学科的发展产生了深远的影响。

万有引力定律的发现也为宇宙航行提供了实际的指导。比如根据万有引力定律，我们可以计算得到不同的宇宙速度，**第一宇宙速度为 7.9 km/s，**是从地球表面向宇宙空间发射人造地球卫星、行星际飞行器和恒星飞船所必须具备的最低速度。如果发射的速度小于第一宇宙速度，那么物体最终将落回地球表面。**第二宇宙速度为 11.2 km/s**，又叫逃逸速度，指的是物体不再做任何加速也能逃离引力中心吸引的速度。如果物体的初始速度介于第一宇宙速度和第二宇宙速度之间，它绕地球的运动轨迹将不是圆，而是椭圆，初始速度越大，椭圆就越扁。**第三宇宙速度为 16.7 km/s**，指的是物体脱离太阳引力，飞出太阳系的最小初始速度。这里我们需要强调一下，不同天体各自的宇宙速度均不相同。不可否认，运动学的知识对人类的航天发展起到了关键作用。

通过一个看似简单的宏观问题，我们往往能看到力的微观解答。冰融化成水的过程中都有哪些力？冰块排开水形成的浮力使其漂浮在水面上。当这些冰完全融化之后，水面会怎么变？答案是不变，因为排出去的水和融化后的冰重量正好相同，并且冰融化成水之后，是同一种物质。那么，我们紧接着要思考的问题就是冰融化成水之后，体积为什么会缩小？这里涉及电磁相互作用力——氢键。当冰融化成水时，水分子间原本规则的、充满空隙的氢键网络被不停地打断，所以体积会缩小。但是当环境温度超过 4 ℃时，膨胀就又会起主导作用，所以水在 4 ℃的时候密度最大。或许你在一些科普视频中见过超导磁悬浮的例子，超导体在低温下可以克服自身重力，在磁铁上方或下方保持悬浮的状态，同时还可以几乎无阻尼地高速运动。这一宏观量子效应里面的受力分析更为复杂，这一现象背后的微观原理为：穿过超导体的磁通是量子化的。

下面我们再举一个把四大相互作用串联起来的有趣例子，有助于加深大家对相互作用的理解。我们都知道恒星是高温等离子体球，内部的热核聚变和引力相抗衡使它不至于坍缩，这里涉及引力相互作用和强相互作用。但是当恒星走向死亡时，部分恒星会演化变成白矮星，坍缩过程中遇到的第一层障碍就是电子的简并压。电子简并压是一种电磁相互作用力，这个过程涉及量子统计，因为电子需要满足费米子的统计规律。就好比我们压桌子的时候，桌子不会被立刻压弯，这是因为组成桌子的分子、原子之间存在电磁相互作用，维持了结构的相对稳定。为了破坏桌子的结构，首先需要破坏的就是电磁相互作用，即电子简并压。

在破坏了电子简并压之后，部分白矮星中的电子和质子通过反β衰变成为中子和中微子，最终星球变成中子星。这时就涉及中子简并压的概念，万有引力不足以克服中子之间的相互作用力。不过也有科学家提出借助某些对内核压力瞬间增大的物理过程，中子星可以打破中子简并压实现夸克星，这里涉及的就是强相互作用，而中子内部的夸克如果要实现夸克**味**[①]变，则只能通过弱相互作用来实现。弱相互作用的作用距离非常短，它的一般强度比电磁及强核力弱好几个数量级。

关于运动，我们思考何为运动，也思考运动从何而来；我们既有关于水桶实验的思辨，也有牛顿三大定律的具体内容。在探索自然现象的过程中，切忌迷信权威，要多思考、多动手，在实验过程中修正主观认识。过去我们借运动撬开物理世界的大门，现在我们则用归纳和总结得到的运动规律，让我们以更省力、更高效的方式学习、生活和工作。

---

① 在粒子物理学中的味（flavor）和我们平时品尝美食的味道的味是两个概念，前者指描述基本粒子的一种量子数。

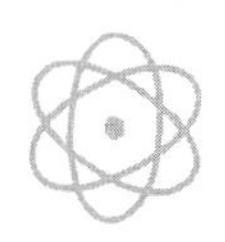

我，无处不在——生活中的波动现象

在物理学中，波是一类非常特别的周期性运动的产物。不管是热学、力学、光学、电磁学，从原子、分子，再到宇宙学，波无处不在。

想象一下，我们在三亚度假，沐浴在温暖的阳光下，照在我们身上的是光波；我们看到海浪涌上来、退下去，是水波；我们听到优美的音乐，是声波；远处围观排球的观众按照顺序依次起立再坐下，这也是波；有时候还要刷刷手机，发个朋友圈，对外联络靠的微波同样是波。

由此可见，波和我们的生活息息相关。没有了波，我们的生活将失去很多色彩。

比萨大教堂的吊灯

波的起源是周期性振动，而最简单的振动是简谐振动。第一个记载简谐振动实验的人是伽利略。在著名的比萨斜塔旁，有着同样著名的比萨大教堂。在教堂里有一个非常长的吊灯，它的摆动周期非常长。伽利略的学生维维亚尼撰写的传记中记录道，伽利略用自己的脉搏当作参照时钟，观察到吊灯随风摆动每个来回所需时间总是一样的。根据这个现象，伽利略在后面做了大量的实验，并在他的两本对话书《关于托勒密和哥白尼两大世界体系的对话》和《关于两门新科学的对话》里面做了详细的记载。

他将观察到的现象总结为以下几点：

1. 单摆总是回到一个稍低的位置再向上运动（这实际上对应的是能量守恒原理）。

2. 它总是倾向于回到与原来一样的高度，但是由于能量损失，最高点总会比原来稍微低些。

3. **摆动的状态与单摆球的种类、质量无关。**无论这个球是铅球、木球，还是铁球，摆动周期不变。

4. 摆动的状态和振幅也无关，无论起摆角度是1°、2°，还是5°，摆动周期不变。

5. 唯一和周期有关的就是摆绳的长度，摆动周期的平方和摆绳长度成正比。

结合这些观察结果，伽利略和他的学生根据单摆等时性原理设计出了摆钟。不过，真正将摆钟制造出来的则是荷兰科学家惠更斯。由于单摆周期仅和摆长相关，因此摆钟的调节也十分方便——如果摆钟摆得快，可以将它的重心稍微往下调整；如果周期变长，时间走得慢，则可以将它的重心稍微提高。这种摆钟现在可能在博物馆才能看得到，但是在几十年前比较常见。在惠更斯之后将近300年，摆钟是人类拥有的最高精度的计时工具。

我们如果从数学上研究摆钟摆动的角度和时间的关系，不难看出其实就是正弦函数。单摆做完一个完整的摆动回到原位，所用的时间就是它的周期，而它一秒内摆动的次数就是频率，频率的单位是赫兹。在我们身边，简谐振动其实是非常普遍的现象，比如弹簧振子、吉他和钢琴等乐器发声，小到分子之间的振动都可以近似为简谐振动。这是因为物体稳定，总是处于平衡态时，当它稍微偏离平衡位置，将系统拉回平衡状态的回复力总是和它偏离的距离成正比，而这也正是简谐振动的条件。

提到振动，当然少不了共振。孩子们都非常喜欢坐秋千，在推秋千的时候，把秋千推得越来越高的过程就用到了共振原理。共振的关键在于，外力的频率要和振动物体本身摆动的振动频率一样。这个原理非常容易理解，当推力方向与秋千运动的方向一致时，它就会越推越高；而当推力方向与秋千运动的方向相反时，反方向用力就会使之降低高度或停止。因为秋千运动的频率取决于秋千绳子的长度，所以当力的频率与它完全吻合时，秋千就会越来越高，把所有的能量都集中在秋千上，这就是共振的基本原理。当力的频率和它本身的振动频率不一样时，虽然秋千也会跟着力走，但实际上秋千是和作用力在一直“较劲”，有时秋千想往前荡，作用力非要往后拉，它虽然也往前荡起来了，但是实际上秋千本身的能量也发生了损耗。强扭的瓜不甜，这样能量很难在秋千的摆动中积累起来，这就是共振和非共振的区别。

任何一种物理现象都有其有利的一面，也有其不利的一面，共振同样如此。作为一种产生高精度振荡频率的电子器件，人们利用石英晶体制作的谐振器在电子设备中被广泛使用。而发生于 2009 年国际空间站上的共振现象，把大家吓出一身冷汗——由于火箭发动机控制系统参数设置出现问题，共振现象使得重达 300 吨的国际空间站剧烈摇晃了大约 2 分钟。

也许你觉得共振现象稀松平常，但对外界周期性驱动系统的研究，到现在仍然是科学家研究的热点。前面我们介绍了摆钟，单摆在悬挂点的下方稳定摆动，假如我们把单摆中的那根线换成连杆，并把摆挪到钟表上方，此时还能稳定吗？显然不能了，摆的重量将会带着连杆向下运动，哪有摆能做到倒立的？但实际上，如果让连杆一端以一定频率上下运动，单摆就能实现稳定倒立？这个装置也被称为**“卡皮查摆”**（Kapitza's pendulum），在 20 世纪 50 年代才得到理论解释。而在最近的研究中，也有利用周期性驱动将液体悬浮起来的例子，甚至可以做到让船倒悬在液体中。

波的性质

前面我们简要介绍了波和振动之间的关系，接下来我们继续对波的性质进行剖析。根据它行进与否，可以将其分为**行波**或**驻波**。

一个物体振动时会产生波，波往外传播看起来像是物质也往外传播了。但其实不然，物质并没有传播，它只是在原地上下振动。这是什么原理？大家如果在体育场看过人浪，可以观察到在一定节奏下，所有的人依次站起来而后又坐下去，看起来就像一个波在体育场中传播。但所有的人并不是在左右移动，他们只是上下运动，而看起来的效果却是波在往前传播。从一个波峰到另外一个波峰之间的距离，就是波长；而观察一个固定位置一秒振动多少次，得到的次数就是波的频率，用频率乘以波长就得到了这个波的行进速度。在生活中，大家经常看到的水波就是行波。

另外一种波是驻波。驻波的特点是其两端被固定了，所以波没有办法传播出去，只能上下振动。虽然都是上下振动，但驻波和行波的不同之处在于行波的每个点都可以完整经历从波峰到波谷的变化过程，而驻波波峰和波谷的位置在每个点是固定的。波每点振动的幅度被称为“振幅”，驻波上不同点之间的振幅也不尽相同。由于驻波要求两端振幅为零，因此用以描述波的正弦函数只能取一些固定的数值，使得其波长与两端距离具有整数倍的关系。

驻波中有一些点不振动，我们称这些不振动的点为“波节”；还有一部分点振幅最大，我们称它为“波腹”。大家有没有玩过一种叫鱼洗的玩具？摩擦鱼洗的时候可以观察到非常大的水波溅起来，并且水波的位置是固定的，这实际上就是一种驻波。更常见的就是吉他之类的弦乐器，在弹奏时，我们需要将手指按在指板上的不同位置并拨动琴弦。通过改变弦的有效振动长度，使弦的两端处于不同波长对应的波节处，振动频率也会发生变化，乐器也因此产生不同的音调。

行波在传输过程中有一个很著名的效应——多普勒效应。声波是多普勒效应一个典型的例子，当一个波源向人耳靠近的时候，频率会升高；而远离的时候，频率会降低。当警车呼啸而过，由远及近时，警笛声变大，同时变得短促；而警车由近及远时，警笛声变小，但声音变悠长。发现这个现象的人就是奥地利数学家、物理学家多普勒。

波的速度由介质和波本身共同决定，而不由波源速度决定。我们思考这样一个问题，假设一个声源发出的波长一定，如果声源逐渐向你靠近，会发生什么呢？声源处先发出一个波峰，波峰往前移动，这时候声源也在往前移动；当它发出下一个波峰的时候，两个波峰之间的距离相应地缩短，频率因此会提高。相反，如果声源逐渐远离你，波峰之间的距离自然会被拉长，频率会因此降低，这就是多普勒效应的原理。

多普勒效应最极端的例子可能是超声速飞机加速时发生的音障现象。在飞机的速度低于声速的情况下还是发生简单的多普勒效应；但是飞机速度等于声速的话，情况就不一样了。想象一下波的速度和波源的速度一样，也就是飞机速度达到声速时，那么波峰永远在声源的前面，这时候的情形有点像冲浪。不同之处在于，冲浪是波峰推着你往前走，这里是声波推着飞机往前走，产生的新波峰永远会叠加到前面的波峰上，而波峰随着时间的积累越来越高，最后达到一个非常大的值。这个时候，飞机想要再提升速度穿越这个波峰，受到的阻力会非常大，而当飞机的速度超过声速时，这种效应便消失了，飞机受到的阻力反而比它在接近声速的时候要小，这就是音障的原理，一个多普勒效应的极端例子。

在后续的量子篇里，我们将会讨论一种特殊的物质——光到底是波还是粒子。而要区分波和粒子，我们就不得不提到波的两个重要特性——**衍射和干涉**。

什么是衍射？当一列波穿过一个孔，在孔径远远大于波长的情况下，虽然孔的两边被挡住了，但小孔中间的波还可以沿直线传播。就像我们现在对着纸戳一个洞放在太阳下，能在地上看到影子一样。当孔径比波长小时，研究者发现波也可以穿过小孔，同时传播到后面那些原本应该是“影子”的地方。这意味着波可以不沿直线传播。

衍射现象可以很好地用**惠更斯原理**来解释：当波阵面向前行进时，每一个点都可以看作后面的点的波源，向外发出球面波，这就是次波源，后续任何时刻的波阵面就是所有次级球面波叠加的包络面。所以当波到达小孔时，如果孔径远比波长小，那么从小孔出发继续传播的波可以被认为是一个新的点波源，它发出的圆形波可以扩散传递到挡板后被挡住的区域，而这也就是衍射。

波的干涉现象又是什么？在两列相干的波相互传播的过程中，

如果波峰对上波峰，波谷对上波谷，会产生波的干涉增强，因为此处波的振幅被拉大了，变为原来的两倍；而当波峰对上波谷，波谷对上波峰，此时两两互相“抵消”，此处波的振幅变为零，这就是波的相干相消。一般情况下，两个波同时在空间中传播，不可能做到全空间完全的相消或相增，除非这两个波源在同一个位置。

利用惠更斯原理，我们可以看到衍射和干涉其实并没有什么不同，衍射也不过是一些点波源互相干涉产生的结果而已，唯一的区别是通常我们聊到干涉时，波源是离散的点，衍射的这些波源是连续的点。不过惠更斯原理并没有解答这些波源的强度以及相互之间是如何叠加的，这一问题最终由菲涅耳（Augustin-Jean Fresnel）给出答案。

在干涉实验中，想要成功制得干涉图样，最为重要的条件是两个波源频率相同，相位差固定，宛如连体婴儿一般。在物理学上，我们把这种性质称为**“相干”**。我们都知道光是一种振荡极其迅速的波，每秒数百万亿次。一直到19世纪初，人们才在实验中观察光的干涉，而获得两个相干光源的方法就是在一张不透光的纸板上划两条间距很近的缝——用现代手法来做，就是把两个刮胡子用的刀片叠在一起在纸上划一下，这一实验正是杨氏双缝干涉实验。

在波的干涉和衍射实验中，高中教科书往往只会教你最简单的计算公式，等到真的做实验，你才知道，在这里其实有两个非常重要的参数：**一个是波长和两孔距离的比值**（这个比值在高中时强调最多），**另一个则是波长和狭缝宽度的比值**（这个比值在高中时极少提到）。在杨氏双缝干涉实验中，光线穿过两道狭缝发生相干叠加，由此在屏幕上形成明暗相间的条纹，条纹的间距与**波长和两孔距离的比值**成正比。也就是说，狭缝间距越小，条纹间距越大，干涉效应越明显。但当双缝中每个狭缝的宽度不能忽略不计时，衍射效应开始发挥作用。此时我们可以看到双缝干涉形成的明暗相间的条纹中亮条纹的亮度不再均一，反而呈现出了衍射的分布，而这也影响了我们对双缝干涉条纹的观测。

在成像中，衍射或多或少也会对此过程产生制约。道理很简单，我们假设有一个缝非常大，在中间加入一个物体，这个物体将会对波的前进产生影响，那么我们会得到什么结论呢？设 d 为物体长度，λ 为波的波长。

1. 当 $d=0$ 时，阻碍不存在，波正常向前行进；

2. 当 $d<\lambda$ 时，对波形也没有太多影响；

3. 当 $d\approx\lambda$ 时，由于波绕行物体会出现衍射效应，因此在物体两边会很明显地显示出阴影。

这说明，运用波探测存在极限分辨率，我们通过波只容易看到比波长更大的物体。

运用这个知识，我们可以解释蝙蝠、海豚、鲸等动物为什么用超声波而不是次声波来探知物体。因为超声波频率非常高，大概为 10^5 Hz，对蝙蝠而言，因为空气中声速大概是 300 m/s，算出来蝙蝠发出的超声波波长大概是 3 mm。换言之，蝙蝠的超声波可以探测大约 3 mm 大小的物体。对在水中活动的海豚、鲸而言，水中的声速是空气中声速的 4 倍左右，所以声波的分辨率会比蝙蝠稍差一些，但也足够用了。

如果它们用的是次声波，次声波频率大概为几赫兹，对应的波长大概是 30 m，它们将只能感受到大于 30 m 的物体，蝙蝠将很容易撞伤。医学领域常用的 B 超也是利用了声波反射成像原理，使用的超声波频率大概是 10^6 Hz，假设声波在人体内传播的速度是 1000 m/s，那么分辨率大概就是 1 mm，这个分辨率足够检测胎儿的生长发育情况了。

谁家玉笛暗飞声，散入春风满洛城

声音是一种在生活中与我们息息相关的波动现象。

我们经常听见“闻声识人”这种说法。在这里，闻是听的意思。传统中医的常见诊断方法有“望闻问切”，这里的闻同样是听，不过听的主要是病人的声息。从物理的角度来讲，“闻声识人”就是听到声音就可以判断来的人是谁。比如大家正在教室里嬉戏打闹，突然听到一个熟悉的声音，马上就安静下来了，为什么呢？因为从声音就能判断出班主任来了。

每个人的声音都有其特质，就像指纹一样，声音也是有声纹的。我们的声纹其实是包含了一个人发出的声音中所有频率的信息，而每一个频率又有它相应的响度，将所有的频率、响度综合起来就构成了一个人的声纹。更严谨地说，每个人的声音都有其特征频谱。人声其实是由声带带动，鼻腔、胸腔和口腔等腔体综合共鸣起来发出的声音，每个人的身体结构不一样，发出的声音、产生的声纹也都不一样。唐代李白曾经写过一首《春夜洛城闻笛》，其中有一句“谁家玉笛暗飞声，散入春风满洛城”，每种乐器的发音方式和原理各不相同，人能够直接听出乐器音色的不同，这其实也是一种特别的声纹识别。

我们对指纹比较熟悉，现在我们可以使用指纹解锁手机、电脑或是一些密码锁等，声纹也同样有识别作用。在给银行打电话时，原则上银行可以通过我们的声纹鉴别身份。但是声纹和指纹相比也有其弱势，随着人年龄的变化或者是身体状态的变化，声纹同样会发生一些变化，这是声纹实现应用的一个小缺陷。

既然说到了声音识别的话题，很多人都体验过我们向别人发送语音消息后，自己再听一遍会觉得这个声音和自己听到的区别很大。这是因为我们说话的时候，声音通过空气传播出去，一方面声音会重新传进我们的耳朵里，但另一方面声音也会通过身体中的骨骼、肌肉直接传给耳朵。由于在固体、液体、气体当中，声音的传播速度不同，也就是到达我们耳朵的声音有先后顺序，音色也不一样，我们自己感受到的声音是这三部分叠加而成的。自己之外的听众只感受到通过空气传播出去的声音，就导致我们说话的时候，自己听到的和别人听到的声音是不一样的。

在我们上述关于声音的讨论中反复提到了一个词——空气。在说话的时候，空气起着至关重要的作用，只不过因为我们每一分每一秒都处在大气环境中，反而很容易忽略。假如没有空气，而是换成另外一种气体，说话的时候会发生哪些改变呢？我们可以吸一小口氦气再说话，此时说话的音调明显会变高，成年人的声音会变得和小孩一样，而在重新吸入空气后，说话声音又会逐渐恢复正常。[①]音调变高说明声带振动的频率变高了，这意味着空气不仅帮助我们发声，同时也把声音传播出去。所谓“散入春风满洛城”，可能要改成“散入空气满洛城”才更科学，不过那样就不浪漫了。

在空气中传播的声波，实际上就是空气出现周期性振荡，只不过无法凭肉眼观察到。因为它的振荡方向和声波的传播方向一致，所以说声波是一种纵波。

在科幻电影中有很多情节都是和物理相关的。在《流浪地球》

---

① 该实验具有危险性，请勿模仿。

中有一个片段，“领航员国际空间站”中的两位航天员刘培强和马卡洛夫为了去往主控室主动进入外太空。为了烘托出紧张的气氛，电影在这里有很多声音：配乐、对话的声音、碰撞的声音，还有一些碎片从身边快速飞过的声音。大家来思考一下，这两位航天员在太空中能够对话吗？**不同波传输依赖的媒介并不相同，虽然声音的传输需要介质，但电磁波的传输并不需要介质。**在太空中能听到碎片擦肩而过的声音吗？答案显然是否定的，因为太空中没有空气，就算是一个物体再快速地通过，也不会有声波传到我们的耳朵里，所以这两个声音其实是为了观看效果加上去的。当然我们可以要求导演还原现实，把这些声音都去掉——这虽然更科学，但紧张的氛围没有了。

日常中的声音可以分为乐音和噪声。乐音比较容易理解，比如在上学的路上或者是安静的时候，我们都可以听一听音乐，让自己愉悦和舒适，这些声音都可以被称为“乐音”。乐音有自己的**音调、响度和音色**这三个最基本的特征。当然音乐有时候也会变成噪声，比如大家要睡觉的时候，如果有人在放音乐，你就会觉得很烦躁，那么这个时候的音乐成了噪声。李白在晚上听到了“谁家玉笛暗飞声”，如果正有人要睡觉，此时的笛声就算再好听，也同样是噪声。

在某些特殊场所，如大礼堂、音乐厅或者是电影院等，对声音的要求比个人对声音的要求要高得多。人民大会堂万人大礼堂要求无论人站在哪个角落，都能清晰地听到主席台上演讲者的话，主持设计其声学系统的是著名声学家马大猷院士。将上述要求翻译为科学严谨的参数，主要有以下三点：

1. **合适的混响时间。**混响时间是声音从60分贝降到0分贝所用的时间。当有人在主席台上讲话，声音除了直接传播到听众的耳朵里，也可以经由墙壁和地面多次反射进入耳朵。如果一句话在讲完以后持续几秒，甚至十几秒钟才消失，这样的声学设计是不合格的。这时我们听到的声音是嗡嗡的，不够清晰，比较理想的混响时间是1~2秒。

2. **声场均匀度要高。**礼堂有时候用来开会，有时候用来演出，开会时需要做到主席台上人们的发言必须非常清晰准确地传达到每一个听众耳朵里，而开音乐会时也同样要求有非常立体均匀的声音，不能出现有的地方听众听到声音过大，而有的地方听众几乎听不见。

3. **噪声要低，**要很好地隔绝外界的噪声。

这三点要求是设计者必须考虑的。科学家经过测试模拟，最后给出了一些解决方案。为了避免出现明显的回声、多重回声、声聚焦和共振等声缺陷，在两侧墙壁和后侧墙壁需要放置吸音结构。这些吸音结构由多层板组成基本框架，之间放上矿渣棉等具有疏松多孔结构的材料，可以起到非常好的吸音效果。声音传播到墙上以后大部分会被吸收，反射回来的声音会被很大程度地削弱，这样就可以保证它的混响时间，也避免回音。地面铺上地毯同样能起到吸音的作用，而为了能够让声音非常准确及时地传达到每一位听众那里，很多座位上都安装了分散式扬声器，多角度的扬声器也可以保证整个大厅里面声音非常均匀并且有立体感。

为什么雪后的环境总是格外安静？其实也是因为蓬松的雪有吸音的效果。刚下完的雪是多孔的结构，与矿渣棉相似，声波传播到蓬松的雪里会被反射吸收，使大家觉得格外安静。等过了一段时间，人们活动的范围增大，路上的汽车变多，宠物们也都出来玩耍，这个时候雪融化、被压实了，它的蓬松吸音功能就没有了。我们周围的环境也就恢复了以往的喧嚣。

目前也有一些消声实验室专门打造安静的环境，科学家在这里可以无干扰地进行声学实验。现在，绝大多数消声实验室在实践中设计一种全频带（20~20 000 Hz）100% 吸声的空间是不可能的。工程上需要针对目标截止频率进行设计，消声只能消除频率在截止频率以上的声音。一般而言，我们需要选用合适的材料吸收高频声波，借助几何形状设计吸收低频声波，截止频率越低，尖劈的长度就要越大。

对于个人来讲，去除噪声也有很多方式，市场上商家推出了各种各样的产品，很多人已经使用过降噪耳机。从原理上讲，降噪无外乎两种途径：一种是**被动降噪**，另一种是**主动降噪**。被动降噪其实非常简单，就是要求耳机的设计和皮肤贴合严密，或者是用耳塞把人耳和外界隔绝开，隔绝噪声；而主动降噪需要人为干预噪声，将它消除。如何消除噪声呢？原理基本是这样的：用麦克风或其他传感器获取噪声信号，用电子设备发射一个和噪声幅度相同、相位相反的反噪声，两者叠加在一起，噪声就被抑制了。

理论上这个原理可以用于任何频率的声波，但实际上由于电子设备处理需要时间，这个延迟的时间乘以声速，导致发出的反噪声与噪声之间在空间上存在偏差。所以噪声和反噪声最终传播到耳膜时相互错位，导致降噪效果不甚理想。我们可以举一个更具体的例子，假设延迟时间为 0.1 ms，对应两路声音空间上错位约 3 cm。对于 100 Hz 的噪声来说，其波长约为 3 m，3 cm 的信号错位根本不影响其叠加相消，所以降噪效果很好。但对于 5000 Hz 的噪声来说，其波长约为 6 cm，两路声音的错位导致其从原来的叠加相消变成了叠加相长，反而起到了增噪的作用，使得噪声变得更大了。**当然，这并不意味着降噪耳机就制作不出来了。现代人完全可以选择全都要，耳机设计时采用被动降噪和主动降噪相结合的方式，用被动降噪消去中高频噪声**（1000~20 000 Hz）**，再用主动降噪消去低频噪声**（100~1000 Hz）**。两者互相取长补短。**

听不见的声音

现在网上有很多关于声音的测试，有的测试把理论上人耳能听到的频率范围（20~20 000 Hz）都播放一遍，然后问你能坚持到什么时候，由此确定人耳的听觉范围。虽然这种测试并不严谨，它受限于设备可能无法真实准确输出高频声音，但你会发现确实有的时候声音特别大，然后随着频率的升高，声音慢慢变小。但其实在整个过程中，机器输出的音量并没有变。

科学家曾根据人群听觉特征绘制了等响曲线，人耳其实对3000~4000 Hz 波长的声波最为敏感。为了让人耳感受到相同的响度，这个频段所需的音量（声音声强级）最小。原因是什么呢？因为一般认为人耳鼓膜距离外耳道口约有 2.5~3 cm，这个长度的通道正好让 3000~4000 Hz 频段的声音引起共振。对于这种管状通道，如果要求声波形成共振，它的波长应该是距离的 4 倍，也就是说人的耳道对应的共振声波波长约为 10 cm。在空气中，声速是 340 m/s，粗略估算值下得到的共振频率约为3400 Hz。所以我们对 3000~4000 Hz 的声波比较敏感，这就是共振引起的。

科学家根据人耳所能听到的声音频率范围，把声音划分成次声、可闻声和超声。人耳能够听到的声音频率是 20~20 000 Hz，次声频率小于 20 Hz，而超声的频率大于 20 000 Hz。前面我们已经讨论了可闻声，这里我们继续讨论次声。次声的频率小于 20 Hz，它的波长较长，可以很容易地绕过障碍物传播到远处。虽然人耳听不到次声，但次声在生活当中很常见，汽车、火车通过的时候就会产生次声。次声还与地震、雷暴、火山喷发等很多自然现象有关系。比如 2022 年 1 月，汤加火山喷发时，我国设在云南丽江和四川西昌等地的次声台阵就检测到了爆发波形，而这些台阵其实远在汤加火山 10 000 km 以外。

在《嫌疑人 X 的献身》里，犯罪嫌疑人在自己的车上用定向次声波发生器向对面的车发出了很强的次声波，使对面的人头晕目眩、神志不清，进而失去对车的控制。现实中真的有次声武器吗？次声武器真的有这么强的效果吗？因为次声波频率小于 20 Hz，而实验发现，人的头部固有频率为 8~12 Hz，内脏器官的固有频率为 4~8 Hz，就有人据此设想：只要朝敌人发射次声波，就可以杀人于无形。不过，事实远没有这么简单，想用次声对人体造成致命损伤，要求次声至少为 150 分贝。更大的问题在于因为次声波波长很长，特别容易发生衍射现象，一不小心就是伤敌一千自损两千。所以小说桥段目前还无法变成现实，次声武器仍旧遥不可及，想要将次声武器制成实用的装备，至少还需要解决定向聚焦和小型化的问题。

了解完次声，我们接着来认识超声。超声指频率大于 20 000 Hz 的声波。因为它的频率很高，所以波长较短，能量非常集中，传输距离也很远。前面我们介绍过蝙蝠、海豚、鲸等动物为什么用超声波而不是次声波来探察物体。在日常生活当中，我们也经常听到和超声波相关的一些应用，比如常见的超声波加湿器通过内部频率为 1.7 MHz 的雾化片高频振荡。这种高频振荡产生的超声波可以将水打碎成微米级大小的小水滴，进而通过风扇把这些小水滴吹到空气中形成水雾，就能起到加湿的作用。除此之外，实验室里的科研人员也经常用到超声波清洗、超声波焊接等技术。

另一个和超声相关的应用是声悬浮。声悬浮也被称为“声镊”，[①] 具有和电磁悬浮类似的功能，可以让一些微小物体无接触地悬浮起来。在超声波声源的对面放置一个反射面，当把它们之间的距离调节至超声波半波长的整数倍时，就可以形成驻波。假如我们把一个非常小的颗粒放在驻波当中，在声场的作用下，周围的空气发生周期性振荡，它就会停留在波节的地方不动。当然如果我们考虑重力的影响，事实上这些颗粒的平衡位置在波节偏下一点。利用这个原理，我们就可以无接触操控这些微小颗粒。[②]

因为声悬浮过程中不存在容器，所以其在生物医学领域中的流式细胞术、细胞分离、细胞捕获和单细胞参考等领域应用广泛。

无处不在

在前面的内容中，我们主要讨论了周期现象和声波，但实际上

---

① 严格来说，只有基于单束声波实现微小颗粒控制的技术才能被称为声镊。不过从最终效果来看，利用驻波和单束波实现声悬浮并没有太大区别，目前大家也没有刻意甄别两者概念的区别，所以文中就没有针对这点加以区分。

② 完整理解声悬浮的概念需要求解主播中的声场辐射力，其中声辐射力正比于声学对比因子，虽然在常见声悬浮状况下，该因子为正值，颗粒聚集于驻波的波节处。但在液体中，如果求解声悬浮现象，该因子有可能为负，此时颗粒的平衡位置为驻波的波腹处，而不是波节处。

波的种类非常丰富，比如电磁波、引力波等。

在高中课本里，我们学到了变化的磁场会产生变化的电场，变化的电场也会产生变化的磁场。麦克斯韦利用这个关系写出了漂亮的麦克斯韦方程组，并在这个方程组里预测了电磁波的存在。著名的物理学家、频率单位的命名者——赫兹验证了电磁波的存在。关于电磁波的相关内容，我们将会在后面的篇章中详述，不过赫兹本人并不认为这个发现有什么用处，直到后人利用电磁波发明了无线电通信技术，从此打开了一个新世界的大门。

著名的“泰坦尼克号”上就安装了无线电的电报装置。其实在“泰坦尼克号”的航行中，撞上冰山之前就已经收到了各个船只用电报发来的冰山警告，但“泰坦尼克号”的船长无视这些危险，继续高速前进。直到船撞上冰山之后，情况危急，电报员才赶紧用电报向外界发出求救信号。超过 100 千米外的“喀尔巴阡号”在沉船后约 5 小时内抵达，挽救了 700 多人的生命。可以想象，如果没有电报，也许这些生命都会在汪洋大海中消失。在这之后，通信技术高速发展，层出不穷。虽然其中有的是有线通信，有的是无线通信，但本质上都用到了波。从电报、电话、老式的手机到现在的各种无线通信装置和智能手机，赫兹也没想到电磁波居然可以把大家如此紧密地联系在一起。

前面我们介绍过杨氏双缝干涉实验，干涉具体有什么用？因为干涉依赖于两束光在空间中的错位，而光的波长又很短，所以在实验中，我们可以通过探测干涉条纹的移动探测一些微小变化。在这里举一个非常著名的例子——迈克耳孙干涉仪（见图 3-2），这也是历史上检测光速不变的实验仪器。它的基本原理是：光从光源出发，到达分光片后被分成两束光，两束光都经过镜子反射回分光片上，这两束光继续传播，会在屏幕上发生干涉。

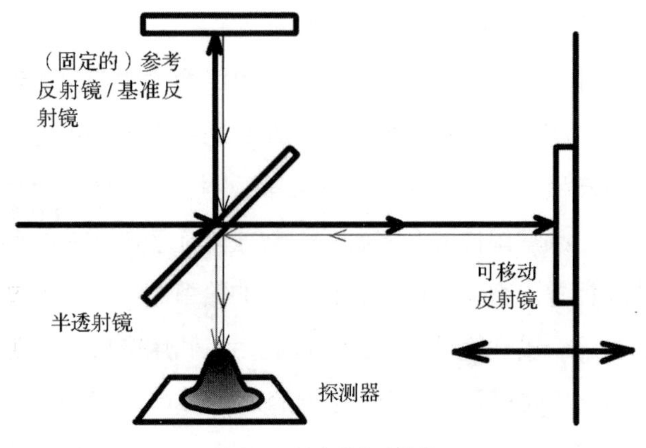

图 3-2 迈克耳孙干涉仪

当这两个臂的距离发生相对变化，那么衍射条纹也会随之改变，由此可以精确测量各种微小长度和距离。

你能想到的最小的需要测量的长度是什么？人类最近测量的最小的长度来自时空的涟漪——就是著名的引力波。爱因斯坦通过广义相对论预言：如果两个质量非常大的物体绕着质心旋转，就会产生时空的涟漪。这种波会以光速向四周扩散，引起时空发生周期性的变大和缩小。实验物理学家花了 100 年寻找引力波的实验证据，直到 2015 年，人们才利用激光干涉引力波天文台（LIGO）探测到了首个引力波信号 GW150914。前面我们介绍了迈克耳孙干涉仪，LIGO 其实就是一个特大号干涉仪，它用两个 4 千米长的臂来检测引力波。当引力波通过两臂所在空间时，引力波会引起两个臂长短发生约 10^{-21} 米的变化，这个大小大概是一个质子直径的万分之一。想要测到引力波信号，就必须这么精确。

可能大家对这个大小没有什么概念，换一个例子，《三体》小说中三体星系距离地球约 4.2 光年，用光速从地球旅行至三体星系需要 4 年多的时间。测到引力波信号的精度，差不多相当于科学家测量三体星系至地球的距离误差小于头发丝的直径。这是一个非常精准的实验，LIGO 的两臂太长，在建造的时候甚至需要考虑地球是圆的，所以要根据地球曲律，修正大约 1 米。实验时为了尽可能有效地提高精度，现在你看到的 4 千米长的两臂，光线其实在里面来回反射了 300 次，最终等效的干涉仪臂长约为 1200 千米。所以，这也是一个非常漂亮的用波来探测另一束波的实验。

其实在建造 LIGO 的过程中还用到了量子力学。在后续的量子篇中，我们将介绍光的波粒二象性和不确定性原理，这个效应导致人类制造的所有干涉仪中的探测器精度都受到散粒噪声的影响。探测引力波时，这种量子效应必须考虑进来。为了进一步提高精度，科学家使用被称为"压缩态"(squeezed state) 的光而不是普通的激光进行干涉实验。

波动的现象是如此丰富，就算再多用十倍的篇幅也说不完，希望我们能够带大家初窥其门径。最后，借用寡姐（斯嘉丽·约翰逊）在电影《超体》中最后的那句话来作为总结：

> 我无处不在。

波也是如此。

万物皆流，无物常驻——流体力学

风乍起，吹皱一池春水。

——《谒金门·风乍起》

人类赖以生存的环境就是由流体构成的，我们“浸泡”在由氮气和氧气为主要成分的气体中，我们的生活离不开水。我们的身体里就存在很多流体：我们的身体内时时刻刻运输养分的血液、各种黏膜和腺体分泌的帮我们更好地生存的液体……

其实流体力学在工程领域的应用也十分广泛。古时人类交通手段不发达，常说依山傍水，借助水路开展交通运输比陆路运输更有效率。甚至在今天，海运仍然约占全球贸易总量的 90%。无论是飞机，还是轮船，人们想要发展，就离不开流体力学。在常见的自然灾害中，台风、洪灾、海啸等都涉及流体力学。所谓“知彼知己，百战不殆”，只有深入了解流体力学，我们才能知道如何利用它，使它变成对我们人类有利的工具。

古希腊哲学家赫拉克利特曾经对人和运动有着独特的思考，他认为“人不能两次踏入同一条河流”，提出“万物皆流，无物常驻”。当然我们这里不讨论这个观点的哲学意义，仅从流体力学的角度来看，这句话确实体现了流动的精髓。

抽刀断水水更流

要深入了解流体力学，首先得知道什么是流体。流体，顾名思义是流动的物体。流体力学是连续介质力学的分支，它一般研究包含气体、液体和等离子体在内的相关力学行为。当然，这个定义稍显宽泛，对于流体更科学的定义是不能承受**剪切应力**的状态。流体在我们的生活中极为常见，厨房中的水、牛奶，日常我们呼吸的氧气，都是流体。你在空气中挥手，是无法将空气分开的。古诗词中“抽刀断水水更流”其实恰恰反映了这个特征。

我们可以试着归纳总结一下流体有哪些特征：可流动、易变形、黏滞和表面张力。流体这些宏观特征本质上都是因为组成流体内部的分子处于相对比较自由的状态，相互之间的作用力较小。也正因相互作用力小，分子之间才不会形成稳定的网格结构，而固体不是流体的主要原因，也是因为内部的相互作用力把结构稳稳地保持住了。

关于流体力学的研究至少可以追溯到古希腊时代，阿基米德提出的浮力定理正式宣告了人们开始理解和掌握流体力学的规律。这个方向也被称为“流体静力学”，研究流体在静止的平衡状态下的压力、密度、温度分布以及流体对器壁和物体的作用力。随着牛顿建立经典力学，人们把这些定律也用到了流体上，其中最著名的便是伯努利（Daniel Bernoulli）提出的伯努利方程。此时人们的视野开始扩展到流体动力学。随着科学家的研究越来越深入，关于流体的黏度以及其中的湍流现象认识也越来越多，而随着大气科学、船舶制造、航空工程乃至航天工程等领域的蓬勃发展，物理学家却依然只能针对几种特殊情况才能给出严谨的理论解释，这显然远远不足以满足各式各样的生产需求，计算流体力学也由此诞生。

提到流体力学，我们第一个想到的物理量无外乎**压强**。压强的定义是在单位面积所受力的大小。在生活中，我们常常提到压强：平时去西藏旅游，会有人反复提醒你高原大气稀薄，大气压强更小；住高楼的用户用水有困难，抱怨水压不足等。正如前面所言，流体的宏观特征都来自其微观机制，压强也不例外。虽然空气看不见也摸不着，但实际组成空气的分子无时无刻不处在无规则的热运动中。假如用一个平面把空气一分为二，因为空气分子的运动并无方向选择性，由此有一半的粒子运动将会冲向平面。这种持续不断的撞击产生了均匀而又稳定的力，这个力正是大气压强。

历史上关于大气压强的认识可能要追溯到意大利科学家托里拆利，他是伽利略的学生之一。1643 年，托里拆利完成了他著名的水银实验，证明了大气压的存在。无独有偶，历史上盖里克（Otto von Guericke）也意识到了空气压强的存在，他于 1650 年发明了历史上第一个空气泵，并于 1654 年设计并进行了马德堡半球实验。他先将两个铜制半球密合对在一起，利用真空泵将球体内部的大气抽取出来，然后驱马向两侧拉，直观地向大家展示了大气压力的存在。

当时人们对流体的压强已经有了粗略的认识，比如将两个装有水的桶的底部用带有阀门的管道联通，一旦打开阀门，无论两个桶形状如何，最终平衡时，两侧液体的高度总是一致的。当时的人们还观察到了诸多关于压强的现象——比如在潜水时明显感觉潜入越深，所受到的压力越大。将这些现象和托里拆利水银气压计结合并最终整理汇总的科学家是帕斯卡（Blaise Pascal）。

帕斯卡的想法很简单，既然液体的压强和高度相关，那空气的压强是否也和我们所处的高度相关？如果能够证实这个想法，那就如托里拆利所说，“我们生活在空气海的海底”。当时帕斯卡一家人生活在法国多姆山下，而多姆山的海拔有 1465 m。他推断，假如地球的大气层存在一定厚度，那么山脚下的大气压一定比山顶的大气压大。因为帕斯卡一生体弱多病，实在无力爬上如此高的山亲自做实验验证，于是他对自己的姐夫展开了长达数月的劝说和催促。最终，1649 年，姐夫答应了他的请求，替他上山去做实验，而这个实验也成功了。测量表明，多姆山山脚下的大气压使得水银柱上升约 0.66 m，而山顶上的大气压只能使水银柱上升 0.58 m。后来，帕斯卡也曾拖着病躯爬上高达 50 m 的教堂钟楼顶部，亲自确认了海拔的上升确实会使气压降低。

帕斯卡在他的两本关于流体静力学的著作中详细记录和描述了压强，并指出流体压强的大小其实和流体的重量无关，只和流体的高度有关。为了纪念帕斯卡的贡献，现在国际单位制中压强的单位就是帕斯卡（Pa），1 Pa=1 N/m^2。不过这个单位其实非常小，当我们把两张 A4 纸叠放在桌面上时，纸张对桌面的压强就约为 1 Pa，海平面附近的大气压约为 101 325 Pa。

在日常生活中，压强的概念无处不在，我们的身边随处可见增大压强或减小压强的例子。例如我们平时使用的图钉，工厂制作时都会尽量把图钉钉子那头做得很尖，以方便按压。因为在按压力度大小不变的情况下，按压的面积减小对应着接触面压强的显著增加。做饭时用到的菜刀也是同样的道理，如果你使用的是金属刀，还需要时不时地磨刀，让刀刃保持锋利。除了增大压强，有时候也需要减小压强。不知道大家有没有看过一些野外求生的节目，当人们陷入沼泽、流沙中，或者冬天掉进了结冰的湖里，要做的第一件事就是尽可能和地面 / 冰面增大接触面积，从而减小压强，防止人进一步下陷、冰面进一步开裂。坦克的履带也是同样的道理。

有些反直观的是，压强和力并不能画等号。我们可以做一个简单的估算，计算一下身材苗条的芭蕾舞女演员和体形庞大的大象对地面产生的压强相差多少。假设芭蕾舞女演员的体重为 50 kg，双脚落地时舞鞋和地面的接触面积为 10 cm^2，那么她对地面产生的压强约为 5×10^4 Pa。假设大象的体重为 5 t，而大象的脚比较大，并且有四只脚同时和地面接触，我们不妨设总接触面积为 100 cm^2，那么大象对地面产生的压强约为 2.5×10^4 Pa。尽管我们选择的数字和实际情况略微有出入，仍可以看出大象踩在地上的压强可能还没有芭蕾舞女演员的压强大。

我们前面描述了地表附近，地球气压随着海拔的升高而逐渐降低。但其实在地球上，因为各种天气活动的影响，气压一直在动态变化。受重力影响，近地表处的大气比较稠密，而越到高空，大气就越稀薄，直至宇宙的高真空环境。目前，人类实验室中使用的超高真空环境的真空度约为 10^{-12} Torr，[①] 不过这个真空度和宇宙中最空旷的星际空间相比略显逊色。与外太空相比，地球的内部就进入了高温高压的环境，也伴随着很多独特的自然现象。

前面我已经提到流体静力学和浮力定理，其实浮力定理的微观来源正是物体放入液体后，周围液体对物体四面八方产生的压强的总和。侧面的压强产生的力的效果相互抵消，但上表面和下表面的压强大小并不同，由此导致的压力差正是浮力的来源。因为人体密度和水十分接近，所以人类可以很轻松地游泳。浮力的大小还与液

---

① 托（Torr），一种真空度单位，1 Torr 相当于 1 mm 水银柱产生的压强。

体的密度成正比，死海的密度就比人体更大，人便可以非常轻易地浮在死海海面上。

伯努利方程和皮托管

为了给真实世界中的流体建立合适的数学模型，我们需要抽象一些再做假设。比如在流体力学中，两个比较常用的假设有**质量守恒和连续介质假设**。考虑质量守恒是因为流体在流动的过程中，既没有质量创生，也没有质量消失，只是从一个地方移动到了另一个地方。关于连续介质假设，我们知道流体的最小组成单元肯定是原子、分子等。但从宏观角度出发，我们实际上可以在流体中的每一点定义密度、温度、压强等属性——在宏观性质和微观构成中找到平衡的点。

如果用数学公式表达质量守恒方程，可以写作：

$$\partial_t \rho + \nabla \cdot (\rho \mathrm{v}) = 0$$

这个公式最直接的含义正是在一个闭合曲面内，流入流体的总质量等于流出流体的总质量。这个公式在现实生活中有没有什么意义呢？过堂风，有地方也叫穿堂风，就是和日常生活非常相关的例子。以前夏天没有空调，大家晚上总会搬把小椅子到小巷子或弄堂里乘凉，此时尽管风并不大，但在弄堂里能感受到非常舒服的自然风。这是因为弄堂的横截面积和宽阔的街道相比要小得多，基于连续性方程的原理，为了在单位时间内流过定量的空气，风的速度会加快，自然人们也就能感受到更强的风。

前面我们介绍了浮力和流体的静压强，流体运动以后是什么样的状态？当时的人无法回答。这个问题最终由丹尼尔·伯努利在他的《流体力学》(*Hydrodynamica*)一书中给出了答案，这个定律目前也有一个非常有名的名字——伯努利方程。提起伯努利，大家都不陌生，它在各种课本和教科书上反复出现，比如伯努利分布、伯努利多项式、伯努利数等。但这些成果并不是来自同一人，其实整个伯努利家族在科学史上都非常有名，而丹尼尔·伯努利正是伯努利家族中的一位科学家。实际上，任何领域的发展都依赖先进的数学工具。彼时，最先进的数学工具正是微积分。当时伯努利家族中雅各布·伯努利(Jacob Bernoulli)和他的弟弟约翰·伯努利(Johann Bernoulli)都是莱布尼茨的好朋友。近水楼台先得月，他们迅速掌握了莱布尼茨的微积分理论并将其发扬光大，应用在了各个领域。在微积分发明权的争夺上，他们一边和牛顿吵架，一边用微积分解决各种疑难问题，辩驳对方。著名的数学家欧拉(Leonhard Paul Euler)也是约翰·伯努利的学生。

流体中的伯努利方程其实和能量守恒定律密切相关。我们都知道，当流体压力下降时，体积会膨胀对外做功，由于机械能守恒，这部分能量其实转换成了流体的动能。反之也成立，当流体的速度增加时，流体自身的能量也会减少。这就是伯努利定理。

利用伯努利定理，人们在 18 世纪初发明了一种可以用来测量流体运动速度的设备——皮托管(pitot，也叫空速管)，并在 19 世纪中叶改进成现在的样子。后来人们把皮托管安装到飞机上，便可以测量飞机飞行时与空气的相对速度了。

虽然如今 GPS 等定位系统如此发达，但 GPS 系统仅能帮助飞机获得相对地面的移动速度，却无法获得飞机相对空气的移动速度，而后者与飞机的升力大小密切相关。所以一旦皮托管失效，后果将不堪设想。皮托管如此重要，尽管平时人们维护时再三注意，历史上还是出现了多起因皮托管失效而导致的事故。比如法国航空447号班机空难，后来调查显示，机上皮托管因为结冰而失效，导致飞机无法获得相对空气的移动速度，最终导致机长在整个飞行过程中对飞机的飞行速度和飞行状态误判，最后机毁人亡，酿成空难。

流体力学发展史就是从简单到复杂

到这里，虽然我们并没有聊太多具体的流体力学知识，但相信大家对流体力学的思考方式已经有了一定的了解。流体力学的发展史，就是一段不断引入变量、添砖加瓦，从简单到复杂的发展史。

早在春秋时期，我们的先人就建立了对流体力学模糊的认识和应用。《韩非子》一书中记录：“墨子为木鸢，三年而成，蜚一日而败。”墨子花费三年时间用木头做了一只“鸟”，当然这并不是鸟，用我们现在的叫法其实应该是风筝。结果当时的风筝飞了一天就坏了。风筝其实就是我们的先人利用流体力学的一个例子。

古希腊时期，阿基米德在洗澡时发现浮力定理；三国时期，曹冲同样利用浮力完成了对大象体重的称量，这都是和流体力学相关的发展。等到欧洲进入文艺复兴时期，多才的艺术家达·芬奇也对流体力学非常感兴趣。在他流传下来的画作中，有对于湍流的探索，也有简易飞机模型的设计。人们总是对飞上天空充满了渴望，不过可惜这些模型最后都没有成功变为现实。在历史上很长的时间里，人们对于流体力学的探索朦胧而美好。

前面我们已经提到，任何领域的发展都依赖先进的数学工具，流体力学也不例外。微积分发明后，人们开始运用它披荆斩棘。天才科学家丹尼尔·伯努利建立了伯努利方程，由此我们开始对流体力学进行定量化描述，而欧拉发表于 1757 年的《流体运动的一般原理》（*Principes généraux du mouvement des fluides*）把人们对流体力学的认识向前推进了一步，他将不可压缩流体的质量守恒以及动量守恒用一组**偏微分方程**写下来。这个方程组后来进一步发展成为**纳维－斯托克斯方程**（Navier-Stokes equation），在这个基础上，流体力学被真的当作力学的一个分支建立起来。

将人们对于流体力学的认识再向前推进一步的，则是大名鼎鼎的牛顿。牛顿在其著名的《自然哲学的数学原理》一书中描述了他对流体力学的研究，无论是物体在流体中的运动阻力对其的影响，还是流体的各种性质，他都尽量给出完备的分析。其中，在流体力学中最重要的当数**牛顿黏性定律**——在流体中的剪切应力和剪切速率（和运动方向垂直的速度变化率）成正比，比例系数为流体的黏度。用公式可以表述为：

$$\tau = \mu \frac{\mathrm{d}u}{\mathrm{d}y}$$

其中 τ 为剪切应力，μ 为黏度。

可能大家还是很难理解这个公式，其实，它的内涵很简单：我们把液体想象成一层一层的，不同层之间的运动速度并不相同，这是因为液体层与层之间存在摩擦阻力，这个摩擦阻力正是黏度。想象蜂蜜从罐子中倒出，因为蜂蜜的黏度很大，也就意味着蜂蜜内部的摩擦很大。于是和罐子最相邻的液体层因为摩擦力的作用几乎固定在罐子上，液体层与层之间也因为摩擦的作用而运动缓慢，这就导致人们很难把蜂蜜倒出来。关于黏度，最著名的实验当数**沥青滴**

漏实验（Pitch drop experiment）。

这个始于 1927 年的实验获得了 2005 年“搞笑诺贝尔物理学奖”，至今仍在进行，是目前世界上持续时间最长的实验之一。虽然现在沥青被广泛用于路面铺设和建筑防水防腐，但实际上它属于高黏度有机液体，其黏度大约为水的 2300 亿倍。为了在实验中测量沥青在室温环境中的流动速度，1927 年，科学家把一些沥青装进封口的漏斗，到 1930 年，沥青慢慢沉淀下来，漏斗的封口被剪开，沥青开始缓慢流动。实际实验的过程真的把一代又一代科学家熬白了头，该实验中的第一滴沥青液于 9 年后滴下。时至今日，该实验一共只滴出了 9 滴沥青。

研究液体的黏度可以帮助我们理解很多问题，这里介绍和黏度相关的流体力学中的公式——**泊肃叶定律**（Poiseuille law）。泊肃叶假设液体不可压缩且符合牛顿黏度定律，运动状态为稳定的层流，那么在通过一段圆柱形管道后，液体两端压强差和管道的长度、液体的流量成正比，而和管道半径的 4 次方成反比。

泊肃叶定律应用条件：不可压缩的牛顿黏性流体在水平圆管中做稳定的层流。

设一段流体管中，半径为 R，这段管长度为 L，管中液体黏性系数为 η，流入截面的压强为 p_1，流出截面的压强为 p_2，此时流阻：

$$R_f=\frac{8\eta L}{\pi R^4}$$

流速：

在管轴（$r=0$）处流速有最大值 $v_{max}=\frac{(p_1-p_2)R^2}{4\eta L}$

v 随 R 的变化关系曲线为抛物线，流量：

$$Q=\frac{\pi R^4}{8\eta L}(p_1-p_2)$$

压强降落：

$$\triangle p=QR_f$$

夏天，大家用水量比较大，一些供水条件不是很好的地方因为水压不足，打开水龙头甚至不会出水。这其实是因为流量增大以后，管道内损耗的水压变多了。泊肃叶定律在人体内也有很多应用场景，我们都知道人体的血液经由大动脉从心脏泵出后流入各个支流，最终到达毛细血管，因为血液在流动时所受阻力和管道半径的 4 次方成反比，只要管道的半径缩小一半，阻力将会增加到原来的 16 倍。因此从心脏流出的血液在大动脉运行时几乎畅行无阻，几乎所有的阻力都来自毛细血管。而毛细血管内的血流速度也因此特别慢，正好有利于血液和组织器官充分交换各种物质。值得一提的是，泊肃叶是一位法国医师，他研究流体力学的最初目的就是为了明确心脏和血流间的关系。

牛顿帮我们认识了黏度，但理想很丰满，现实很骨感。在流体力学不断发展的过程中，我们发现符合牛顿黏性定律的流体少之又少，绝大多数流体的剪切应力与剪切速率之间的关系特别复杂，这些流体被统称为**“非牛顿流体”**。现在这个概念颇有点网红的味道，网上关于非牛顿流体的视频素材和制作教程层出不穷。比如用玉米淀粉和水混合，就可以获得非常直观的非牛顿流体。当我们用筷子慢慢搅拌它时，它呈现黏度较小的状态，此时搅动起来非常容易；

而一旦我们握拳打击它时，此时的剪切速率比刚才大得多，黏度也会大很多，呈现出“吃软不吃硬”的特性。

上述非牛顿流体被称为“胀塑性流体”，流体黏度随剪切速率的增大而增大。还有一类流体和这一特性相反，流体黏度随剪切速率的增大而减小，这种类型的流体被称为“假塑性流体”。虽然这类流体大家讨论较少，但在生活中却很常见，像厨房中的蚝油、吃火锅时的麻酱，其实都是典型的假塑性流体。它们最大的特征是“吃硬不吃软”，想要将蚝油从瓶子里顺利倒出，往往需要甩甩瓶子或者拍拍瓶底，提高剪切速率。还有一类特殊的流体被称为“宾汉流体”。宾汉流体存在最小屈服应力，只有当剪切应力达到屈服应力以上的时候才能表现出流动性。牙膏就是十分典型的宾汉流体。假如你喜欢烘焙，做蛋糕时需要用到的奶油和充分搅拌得恰到好处的蛋白霜其实都是典型的宾汉流体。奶油在静止时呈现出固体的特征，在裱花时被用力挤压又呈现出很好的流动性。

想必大家都用过透明胶，不知道大家有没有思考过：为什么慢速拉开透明胶带时会出现一道道白色条纹，而在快速拉开时胶带却几乎透明？产生这种现象的原因其实也和非牛顿流体相关。透明胶的一面覆盖着胶黏剂，透明胶可以粘东西都依赖它。慢速拉开时，剪切速率较小，胶黏剂的黏度较小，此时表面就容易变得很不平整，在显微镜下甚至能看到拉丝现象。由此产生的微小气泡在宏观视角看来就成了白色条纹。而在快速拉开时，胶黏剂的黏度大得多，此时它就能保持基本平整的状态，胶带看起来就是几乎透明的。

上面介绍的这些非牛顿流体黏度不会随时间变化，还有更复杂的时变性非牛顿流体。这类流体的黏度不仅与剪切速率有关，还与作用时间有关。因篇幅有限，在这里我们就不展开讨论了。

随着人们对黏度的研究不断深入，关于流体力学基本方程的认识也亟待提高。各个时期有几位代表性人物，分别建立了流体力学中的重要方程。首先要提到的就是法国物理学家和工程师纳维，他建立了流体平衡和运动的基本方程，而英国科学家斯托克斯则建立了黏性流体运动的基本方程。将这两个方程合并起来，就构成了著名的**纳维-斯托克斯方程**。由于纳维-斯托克斯方程为非线性偏微分方程，解的存在性与光滑性的问题极难回答，这个难题也被列为“千禧年大奖难题”之一，人们悬赏百万美元寻找能证明或者给出反例的人。

在对流体的研究中，另一个角度同样迎来了突破。人们一直羡慕鸟能够在天空中自由自在地翱翔，但生理构造决定了人不可能和鸟一样，只能借助外物才能征服天空。在很长一段时间里，人们对于如何获得升力这个问题一直没有答案，甚至认为根本不可能飞起来。

最终随着**马格努斯效应**（Magnus effect）的发现，科学家完成了在飞行这件事情上的突破。在网络上有一个关于马格努斯效应的非常火的视频，演示者从大坝的顶端将一个篮球旋转着扔下，可以看到篮球并没有垂直下落，而是划出了一条弧线，向远离大坝的方向飞去。这是因为在篮球沿某个方向运动且旋转时，在和自转轴和运动方向都垂直的方向上产生了横向运动的力。

另一个和马格努斯效应相关的现象可能更常见，那就是足球场上的香蕉球。1997 年 6 月 3 日，在法国杯四国足球邀请赛上，巴西球员罗伯特·卡洛斯超长助跑，远距离打入一粒精彩任意球，足球划过一条弧线准确入网，防守球员和守门员都没反应过来。早在 1671 年，牛顿在观看剑桥学院的网球比赛时也注意到网球的飘球现象。他在一封信中写道：

我经常看到用球拍斜击网球时使其走一条曲线。球拍的斜击让球既旋转又前进，这种复合运动造成球两侧附近的空气受到较强的压缩和打击，于是空气做出相应的反弹。

这种香蕉球的原理其实可以用我们前面讲过的伯努利定理解释。运动员踢出的香蕉球在飞行过程中处于高速旋转的状态，在转动过程中带动足球周围的空气一起旋转，由此导致足球上表面和下表面的空气流速并不相同。这个速度差最终导致大气压力差，空气对足球产生横向作用力，使得球的飞行轨迹划出一条弧线，变成难以捉摸的香蕉球。如果你想在生活中亲身体验这种效应，也可以用纸杯自制马格努斯飞行器，网上有非常多的教程。马格努斯效应也有一定的实用价值，现实中也有利用马格努斯效应推进的转子船（rotor ship）。

尽管马格努斯效应可以解释转动的物体升力的来源，但无法解释诸如飞机的机翼等物体是如何产生升力的，跨越这一步的是英国工程师兰彻斯特（Frederick William Lanchester）、德国数学家库塔（Martin Kutta）和俄国物理学家茹可夫斯基（Nikolai Joukowski）。他们将马格努斯效应的产生原因进一步抽象出来，揭示了其中环流和涡量的重要性。飞机机翼尽管并没有转动带动周围空气产生环流，但前凸的设计能够让上下表面出现速度差，从而产生环流，进而产生正比于环量的升力——这个关系也被称为库塔-茹可夫斯基定理（Kutta-Joukowski theorem）。

现代流体力学

到了现代，说起流体力学的发展就不得不提到普朗特（Ludwig

Prandtl），他是近代力学奠基人之一，同时也是“现代流体力学之父”。他提出的边界层理论将理论和实验结合起来，奠定了现代流体力学的基础；他发明的风洞实验技术使得人们可以更有效地对流体力学现象进行观察；他同时也在有限翼展机翼的升力理论上做出了重大贡献，创建了升力线理论。中国流体力学专家、中国空气动力学专业的开创者陆士嘉，正是师从普朗特。

普朗特的另一位大家所熟知的学生，就是著名科学家冯·卡门（Theodore von Kármán），他是钱学森的导师。著名的卡门涡街（Kármán vortex street）现象就是冯·卡门在普朗特的指导下发现的。当时普朗特正在研究边界层现象，另一位正在攻读博士学位的卡尔·希门茨在实验过程中发现流体在经过圆柱体以后会发生剧烈振动，而不是预期的平稳流动。后来，冯·卡门从理论上解释了这一现象的来源——流体在经过物体时会在物体的背后产生一个又一个涡流，其中涡流双向排列并且旋转方向并不相同。

卡门涡街现象非常常见，如果建筑设计不当，一旦流体的卡门涡街摆动频率和建筑的共振频率接近，将会导致建筑倒塌。故事发生在美国华盛顿的塔科马（Tacoma）海峡上，美国政府想在这里架设一座桥。不过，工人们在建造这座大桥时就发现似乎有些不太对劲，在建设的过程中一旦有风吹过，大桥桥面上就会产生非常明显的起伏，甚至平常开车或者行人行走时都能有直观感受。于是，这座桥也拥有了“舞动的格蒂”（Galloping Gertie）这一名字。

尽管美国华盛顿州桥梁收费管理局注意到了这一现象，并安排专家研究控制结构振动的对策，但无奈为时已晚。收到解决方案 5 天后，这座大桥在风的吹动下竟发生了 9 米以上的起伏，并且留下了多段珍贵的影像资料。桥梁因此倒塌，唯一值得庆幸的是当时桥上车流量不大，倒塌事故并没有造成人员伤亡。后来调查发现，尽管当天风并不大，但在桥梁两侧钢板的阻挡下，会在另一个方向形成卡门涡街。随着涡街不断运动，桥面也会顺着涡街舞动。当桥面舞动的频率和本身的频率一致时，舞动的幅度就会不断增强。这个案例不但被写进流体力学的教科书里，还出现在建筑学的教科书中。在现代建筑设计和建造的过程中，工程师必须考虑卡门涡街效应，还可以制作模型进行风洞实验。

因为流体力学方程求解十分复杂，现代流体力学和信息技术便紧密结合起来，计算机越来越多地被运用到了流体力学的研究和应用中。大家平时肯定用不到专业的计算软件，这里介绍一个非常有意思的流体力学小工具——全球天气可视化模拟网站（https://earth.nullschool.net）。在网站上可以实时观察到我们所在地区的气流如何流动，对流体力学有更直观的认识。

现代流体力学的发展远不止于此，有的科学家借用流体力学模拟黑洞中的霍金辐射；也有科学家将流体力学的概念进一步推广，建立包含非牛顿流体和塑性力学在内的**流变学**——研究在外力的作用下物体如何变形和流动。流体力学在大气、造船、航空等领域的应用至今仍在蓬勃发展。

“万物皆流”，流体力学虽然古老，但对人类来说，至今仍充满挑战，吸引着大家不断探索。

在不变中把握变化——相对论

提起相对论，大家总是津津乐道。无论是各种关于光速的讨论，还是光怪陆离的光锥，甚至难以理解的巧妙假设、难解悖论，这些都是大家讨论相对论时一定会提到的话题。关于相对论有一个非常生动的比喻：当你在舒适的沙发上玩两小时手机，你会感觉只过去了几分钟；而夏天你不得不烤火时，几分钟就像两小时那么长。

物理学的思想是一条非常悠长深邃的河流，在历史长河中，许多人都为同一个伟大的物理思想做出自己的贡献。讲到相对论，大家都能想到一位关键人物——阿尔伯特·爱因斯坦。他是德国人，但是在瑞士接受高等教育，早期也在瑞士工作。但其实相对论的思想源远流长，从意大利人伽利略的时代到爱因斯坦创立狭义相对论，两人生活的时代相隔300多年。相对论不是爱因斯坦一个人的成就，也不是爱因斯坦唯一的成就。

不管你是否学物理，是否有扎实的基础，相对论对我们每一个人来说，可能都是比较难的课题。因此在学习相对论时，要把握关键思想——变换不变性，也就是平常所说的“从不变中去把握变化”，不要因为一时学不懂就不学了。因为我们不能指望一上来就学得懂、学得会，但是要坚持“听说过”“尝试学过”，最好心里有一种痒痒的感觉，愿意花时间去学下去，将来有一天，一定是能够学会的。

如何建立物理理论？从相对论的基本思想讲起

在学习相对论之前，首先问一个问题：物理学到底是干什么的呢？我们可以说物理学是为了认识这个宇宙，找出宇宙中一切过程的规律，并且在认识宇宙的基础上，根据总结的物理学规律进行创造。那么如何认识宇宙、如何描述宇宙中发生的各种事件就至关重要了，关于这部分的具体内容，我们在物质篇“准确描述是一件很困难的事”一文中已经详细聊过。如果将宇宙看成一个大舞台，那么描述这个“大舞台”所用的参数就是三个空间参数再加上一个时间参数，即（x, y, z, t）——就是我们平时习惯了的上下、左右、前后和时间。

这个表述看起来很简单，但随着学习的深入，对相对论的了解越来越多，你渐渐就会发现理解 t 代表的时间不是一件容易的事。在狭义相对论里，我们通常会把时间项写成 ict 的形式，这里的 i 对应虚数，c 是光速。这个时候，时间就不是一个简单的问题了。关于时间的问题，可以等学了足够多的物理学知识时再去深入思考。现在对于时间的理解，你只要知道时间就是手表或手机所记录的时间就好。

物理学的核心是总结规律，提出理论。但对于相对论这门距离我们日常所见非常遥远的学问，光是想想就并不容易。想要理解相对论的基础思想，必须知道物理学理论是如何构建的。

第一种方法是**构建法**——先通过观察宇宙，了解事实，找出各个事件之间的关联，然后提取出里面的理论。这个方法在研究力学、电磁学现象时应用广泛，为人们所熟知。比如单摆的振动实验，伽利略观察风中摇摆的吊灯时发现，摆动周期和底下摆锤的质量无关，摆绳的长度越长，摆动周期越长，最后总结出了单摆摆动周期的平方和摆绳长度成正比这样的规律。

另一种构造物理学理论的方法是原理性的——从简单的原理出发推导物理的理论应具有的形式。比如关于冷热的科学——热力学，[①] 就是一门原理性的学科。人们在研究中总结出了热力学第一定律和热力学第二定律。在此基础之上，德国人鲁道夫·克劳修斯（Rudolf Clausius）将热力学第二定律进一步写成微分形式，总结出了熵的概念。其实上面两条定律可以统一理解为：凡是不以干活为目的的传热过程都是浪费。热力学就是在这个基础上建立起来的。

与热力学类似，相对论也是一门原理性的学科。**相对论原理**就是其最初的出发点。将相对论原理的内容表达出来也很简单——物理学的规律和描述这个规律的物理学家所处的运动状态无关，与物理学家的位置、运动速度、加速度，甚至和吃饭、睡觉都无关。这个原理提出了一个非常重要的要求，物理学家写出来的物理规律表达式和所使用的参考系无关，需要放之四海而皆准。原理很简单，但这看似非常简单的要求，对数学的要求其实非常高。比如我们手捧着苹果站在匀速向前运动的滑板上，然后释放苹果。那么站在滑板上的人看到苹果竖直下落，它的运动轨迹是一条直线；而站在地面上的人看到苹果的运动轨迹是一条抛物线。两个人站在不同的观察点上，处于不同的状态，观察到的苹果的运动轨迹大不相同。但

① 关于热力学的具体内容，我们将在后文进行更详细的介绍。

我们已经学习过牛顿运动定律，这两个人由他们的观察总结出来的力学规律却是相同的：苹果在自由下落的过程中只受到重力作用，运动加速度等于重力加速度。

这种物理规律与观察点以及观察者不同的速度差别无关的思想，最早在 17 世纪初由伽利略描述。只不过当时伽利略的视野中只有力学实验，这种相对性原理也被称为**“伽利略相对性原理”**。其实，我们的祖先在思考的过程中也总结出了这样的规律。在北京西山的大觉寺内有两块匾额，分别写着“无去来处”和“动静等观”，这两个词就非常明晰地反映了相对性思想。当然最重要的是，作为物理学家，我们需要把这样的物理思想用公式表达出来。

相对论的另一个思想是关于参考系的。在描述相对运动时，参考系显得很重要，比如知道水流相对于岸的速度和船相对于水流的速度，我们就能求解船相对于岸的速度；知道火车相对于大地的速度 v_1，人在车厢里面相对车厢走路的速度 v_2，那么就能求解人相对于大地的速度 $v = v_1 + v_2$。这里面“相对”这个词很重要：**当谈论速度的概念时，我们不可避免地总是会提起参照物，是相对于某个物体的速度。**就像大家也经常会拿“别人家的孩子”来做比较一样，“相对”的概念无处不在。而且一直以来，这种相对运动的思想好像都是对的，直到有一天出现了新的问题。

这个问题和电磁现象相关。1860—1864 年，英国物理学家麦克斯韦把描述电磁现象的**麦克斯韦方程组**改写成了波动方程的形式，最终得到的电磁学波动方程和力学中表示琴弦振动的方程长得一模一样。我们都知道琴弦振动后能发出声波，那么电磁过程如果也产生“波动”，会向外发射波吗？这就是关于电磁波的猜想。到了 1887 年，德国人赫兹就用电感电容组成的线路，证明了电磁波的存在。既然实验验证了存在电磁波，那么麦克斯韦电磁学波动方程就是正确的。

每一种波都有速度，那么电磁波的速度在哪里？根据电磁学的波动方程，在真空或近似真空的空气中，电磁波的波速等于 $1/\sqrt{\varepsilon_0\mu_0}$，其中 μ_0 和 ε_0 分别为真空磁导率和真空介电常数。计算发现，电磁波的波速竟然和当时测到的光速差不多。难道光就是一种电磁波吗？在之前介绍的杨氏双缝干涉实验中，我们已经确定光确实是一种电磁波。但是新的问题又产生了，由波动方程计算得到的光速是相对于谁的速度呢？当人们谈到船的速度、火车的速度时，始终离不开明确的参照物（比如地面），但光速本身是从两个物理学常数中计算出来的，根本就没有涉及任何参照物。这就有大麻烦了。

这个问题引导科学家认识到一个非常不容易想通的结论：光的速度是没有参照物的。无论参照物是什么，光速都是同样的值。这是相对论中特别值得注意的概念——**不是光速不变，而是光速没有参照物**。光速给科学家带来的挑战并不只有这一个，另一个同样非常重要的挑战就是怎么用数学描述这种现象。

假设我们有一个蜡烛一类的点光源向外发光，当观察者相对蜡烛静止时，这时观察到的点光源发出的光是均匀四散开的球面波。但是当观察者相对蜡烛处于匀速运动的状态时，再观察点光源向外发出的光是什么形状的？因为光速为定值，不依赖于参考系，所以在观察者看来，此时点光源发出的光依旧是均匀四散开的球面波。但如何从数学的角度说服其他科学家，上述两个看起来都有些“诡异”的现象，其实在运动的参考系和静止的参考系下对应了同样的物理规律？

我们回到由三个空间维度和时间维度构成的四维时空（x, y, z, t）中。在与点光源（不妨假设位于坐标系的原点）相对静止的观察者看来，在时间 t 后这些波到达的区域构成球面。球面上任意一点

（x, y, z）满足方程：

$$x^2+y^2+z^2-c^2 t^2=0$$

而在与点光源发生相对运动（速度大小为 v）的观察者看来，上述现象对应着经过时间 t' 后这些波到达的区域同样构成球面，此时球面上任意一点（x'，y'，z'）满足方程：

$$x'^2+y'^2+z'^2-c'^2 t'^2=0$$

经过一番推导，荷兰人洛伦兹在 1904 年提出了如下联系两个四维时空的变换表达式，这个数学表达式同时也是学习狭义相对论必须记住的一个表达式——**洛伦兹变换**。

$$x'=r(x-vt)$$

$$y'=y$$

$$z'=z\ ,\ r=\frac{1}{\sqrt{1-v^2/c^2}}$$

$$t'=r(t-\frac{v}{c^2}x)$$

由此我们就掌握了考虑电磁现象以后的相对性原理应该如何用数学表述。回顾上述狭义相对论的建立过程，我们可以发现有两个概念十分关键：

1. 光速没有参考系，它是一个常数；

2. 在不同运动状态、不同速度下，观察者看到的事件，在时间和空间坐标之间的变化满足洛伦兹变换。

前面我们讨论了“相对”的概念，在参考系变换以后速度应该如何计算。现在我们不妨也来看看利用洛伦兹变换如何处理速度。首先观察者 A 相对地面以速度 v_1 运动，另外一个观察者 B 相对观察者 A 以速度 v_2 运动，那么观察者 B 相对地面的速度不再是 v_1+v_2，而是

$$v=\frac{v_1+v_2}{1+v_1v_2/c^2}$$

根据这个公式，我们也能自然得到结论，只要 v_1、v_2 小于光速，那么两者叠加后的速度也一定小于光速。

有关时间和变换的问题

时间不好理解，也不好测量，但偏偏在四维时空中，时间又非常重要。为了能更深入地理解相对论的背景，我们不妨思考一下钟表的同步问题。

在 19 世纪时，钟表业刚兴起不久，大部分人依赖的时间并不相同，有人听着教堂的准点钟声，有人看着家里的摆钟。如何统一时间则是摆在他们面前很大的难题。后来人们发明了手表，手表能帮助丈量时间。只要抬起手看一眼手表，就能轻松知道时间，现在是几点几分几秒，不过，刚买来手表时，大家往往需要对着钟表或整点报时校正一下。随着科技的发展，现如今大家更多是通过手机看时间，手机上的时间一般不需要校正，不同手机上的时间是一样

的。这是因为手机接收同一个标准，显示相同的时间。

在狭义相对论中，观察者想要对事件进行测量，同样需要面临时钟校准的问题，而此时他们能够依赖的工具只有光。

用光怎么校准时间？假如我们要用光给两块**相对静止的钟表**校准，使它们校准后显示相同的时间的话，可以这么做：

1. 假设两块静止的钟表分别为C1和C2，从第一块钟表处发出一束光信号到另一块钟表处反射回来。这束光出发的时刻为 t_1，反射回来后到达的时刻为 t_2，时间 t_2-t_1 就是钟表C1观测这束光来回一趟所需要的时间；

2. 另外一块钟表C2接收到第一个光信号时刻记为 t_1'，光反射回第一块钟表C1以后再反射回去，回到钟表C2的时刻记为 t_2'。那么从钟表C2看来，同样是光来回一趟，所花的时间 $t_2'-t_1'$。假如两块钟表各自记录的光来回一趟的时间 t_2-t_1 和 $t_2'-t_1'$ 是相等的，那么我们就可以说这两块钟表是校准的了。

如果我们进一步要求钟表在同一时刻显示的数字也是一样的，这就要求第一个信号到达 C_2 处钟表的时候两边钟表记录的时间一致，也就是在 $t_1'=\frac{t_1+t_2}{2}$ 这个状态下，两块静止的钟表显示出的时间就是一样的了。

但从实用的角度看，上述实验是远远不够的，因为我们最终需要校准的实际上是**两块相对运动的钟表。**校准时间要求我们明确“一个事件在两个观察者看来同时发生”。**当两个事件发生的空间坐标一致时，也就是两块相对运动的钟表在空间上重合时，校准时间这件事情就很容易做到。**举例来说，我有一个朋友从上海乘坐火车到北京火车站，我在北京火车站等待。我们都知道火车到达北京站的时间为晚上 8 点，那么在火车到达北京站的一瞬间，我们都将手表调整到晚上 8 点，实际上就完成了两块相对运动的钟表的校准。但是当**两块相对运动的钟表在空间上不重合时，校准时间这件事情就麻烦了。**

我们继续借用钟表 C1 和钟表 C2 的记号。麻烦的点在于同时性是相对的，同样两个事件，在钟表 C1 看来是同时，在钟表 C2 看来不是同时的。在 C1 所在的参考系中，我们可以按照前面叙述的方法对 C1 和 C1′同时进行校准，我们也可以校准 C2 和 C1′。[①] 但在 C2 看来，校准 C1 和 C1′的过程其实存在问题。为了更好地理解这一点，我们不妨看另一个例子。距离 C1 时钟左右两侧相同距离的光源同时发光，那么 C1 将会同时接收到两侧光源发出的光。但是在运动的 C2 时钟看来，上面的同时其实有问题，在光源发出光以后，C1 其实也在运动。因为在不同的参考系中，光速是恒定的，所以左侧光源发出的光到达 C1 需要通过的距离其实更短。假如在 C2 看来，两个光源也同时发光，那么就意味着在 C2 看来，C1 并不是同时接收到两个光了，这就导致了矛盾。

1905 年，当时还在瑞士联邦专利局工作的爱因斯坦也思考了这个问题。

爱因斯坦在专利局的大部分工作都和电信号的传输、机电装置内时间的同步相关，他在思考狭义相对论的时候是否从这些工作里受到了启发？我们不得而知。不过在他 1905 年发表的《论动体的

---

① 这里的 C1′是 C1 参考系中一个位于 C2 坐标处的钟表，由于它跟 C1 处于同一个参考系，所以我们可以校准它跟 C1，又由于它跟 C2 处于同一空间位置，即它们拥有相同的空间坐标，因此，我们也可以校准它和 C2，但是，由于 C1 和 C2 在运动，且运动速度不同，在 C2 看来，我们之前校准 C1 和 C1′的过程是有问题的、相对的，在 C1 看来，C2 和 C1′的校准也有问题。详细点说，我们校准 C1 和 C1′的根据是它们位于同一个参考系，即相对静止的，但在 C2 看来，它们是相对运动的。校准 C1′和 C2 的根据是它们在同一位置，但在 C1 看来，它们并不是在同一位置。

电动力学》论文中，提出了区别于牛顿时空观的新的平直时空理论。世界上不存在绝对时间和绝对空间。从狭义相对性原理和光速不变原理这两条基本假设出发，爱因斯坦也构建了洛伦兹变换，这标志着狭义相对论的正式诞生。

从此以后，我们描述物理事件所用的语言就有了改变，因为时间和空间彼此联系在一起。如果我们按照狭义相对论的语境来描述事件的话，我们要习惯用**四矢量**。比如描述某事在某地某时发生，对应的坐标为

$$x^{\mu} = (x^0, x^1, x^2, x^3) = (ct, r)$$

矢量内存在四个分量。

动量此时也是 4 个分量。那么，动量的 4 个分量应该怎么写呢？后三项 p_x, p_y, p_z 和空间坐标 x, y, z 对应，第一项和 c, t 相对应，写为 E/c。

$$p^{\mu} = (p^0, p^1, p^2, p^3) = (\frac{\varepsilon}{c}, p)$$

用这种四矢量的方式来表达物理，许多事情描述起来就变得简单多了，假如我们想要切换惯性参考系，只需要将事件对应的坐标四矢量代入洛伦兹变换。当然最重要的是，这种表达方式能给我们带来关于世界的新认识。动量四矢量和时空四矢量一样，在洛伦兹变换下，矢量的长度是不变的。利用这一点，我们能得到狭义相对论中非常重要的**能量-动量关系公式**：

$$E^2=m^2c^4+p^2c^2$$

动量 $p=0$ 的时候意味着什么呢？这意味着此时粒子是不动的，但不动的时候竟然也具有能量，这正是狭义相对论的标志性公式 $E=mc^2$。①

在历史上，科学家们关于质能方程的认识也一直在变化，自 1905 年被提出以来，经过反复讨论，人们的态度也从开始的怀疑到后来逐渐接受。到了 1990 年，仍有利用多普勒效应在原子体系中讨论质能方程的新想法。

前面我们提到电磁学中的麦克斯韦方程组引发了爱因斯坦对于光速相对于谁的思考，其实电磁性和相对性原理也格格不入。大家对于法拉第发现的电磁感应现象都不陌生，若**磁体静止**，导线相对其发生运动并切割磁感线，那么导线两端将会产生感应电动势。到这里没有什么问题。但是假如我们把参考系切换为**导线静止**，磁体相对导线发生运动。根据经典电磁学，此时的情形为运动的磁场会在周围产生电场，导致导线两端电势不同，从而产生感应电动势。同一个物理过程，在切换了参考系以后仿佛变成了两件截然不同的事情，这点爱因斯坦也难以接受，而电磁过程中重要的物理量有电场强度和磁场强度，用电磁四矢量 $A=(\frac{\phi}{c}, a)$ 来表示电磁学中的运动过程，同样形式会更简单，看似截然不同的电场和磁场就这么简单地被统一了。

相对论的出现深刻地影响了我们对这个世界的认识，也给我们带来了许多意想不到的知识。

1928 年，英国物理学家狄拉克用狭义相对论中能量-动量关系公式 $E^2=m^2c^4+p^2c^2$ 改造了量子力学方程，得到相对论量子力学方

① 1905 年之前，意大利人奥林托 · 德 · 普雷托（Olinto De Pretto）在 1903 年的论文里面也有近似的形式。

程。在这个过程中，需要做一件伟大而又困难的事情——对上述式子进行开方。用初中水平的数学语言表述，就是将能量-动量关系公式右边的形式为 x^2+y^2 的多项式因式分解为 $(\alpha x+\beta y)^2$ 完全平方的形式。他发现，如果这里的 α，β 满足：

$$\alpha^2+\beta^2=1,\ \alpha\beta+\beta\alpha=0$$

这个因式分解就可以成立。

问题来了，方程写出来了，可是没有数可以满足上面的要求，这种分解在一般情况下是不存在的。最让人头疼的恰恰是狄拉克在改造量子力学方程的时候又只能这样分解。一般人到了这一步可能就放弃了，但是狄拉克数学好，硬着头皮继续干。既然单独的数不存在满足方程的解，那么矩阵——几行几列排起来的数，有没有可能是方程的解呢？

经过一番思考，狄拉克发现当 α 和 β 分别为两个特殊的 4 行 4 列矩阵时，正好满足方程，相应的量子力学波函数变为拥有 4 个分量的波函数。在此基础上，狄拉克甚至还预言了反粒子的存在。反粒子是什么呢？以电子为例，电子携带一个单位的负电荷，反粒子的预言表明还存在和电子的质量一模一样，但携带一个单位正电荷的粒子。狄拉克于 1931 年提出了这个方程，预言了反粒子的存在。1932 年，研究人员就在宇宙射线中发现了电子的反粒子。

如果没有狭义相对论的能量-动量关系公式 $E^2=m^2c^4+p^2c^2$，人们可能永远也想不起来这个世界上还有反粒子的存在。这就是狭义相对论带给我们的革命性认识。虽然这个发现已经如此重要，但还只是冰山一角。

从“狭义”到“广义”

我们知道，狭义相对论是爱因斯坦于 1905 年创立的，到 1907 年这短短两年多的时间里，狭义相对论就给科学界带来了许多关于物理世界的深刻认识。1907 年，爱因斯坦对相对论总结回顾的时候深刻认识到：**相对论是有局限的，是需要推广的**。那么，他认识到的相对论的局限是什么呢？

前文已经提到，相对论来自对电磁波动方程的研究。观察者要想让电磁波在静止时看起来是球面波，在运动时看起来仍旧是球面波，时空变换就应该用洛伦兹变换。可是在描述具有万有引力的过程时，比如一个苹果在地球表面下落，爱因斯坦发现万有引力过程不满足洛伦兹变换，他就想不通了——**为什么有物理分支竟然不满足洛伦兹变换？**

于是爱因斯坦想追求一个更统一的理论，希望将关于电磁学的方程和关于引力的方程都改写为不依赖于观察者的表达形式。因此爱因斯坦需要推广已有的相对性理论，同时把电磁学和万有引力都包含进去，这也是“狭义”和“广义”的由来。爱因斯坦思考了万有引力作用下的物体是如何运动的。假设这个物体的质量为 m_i，根据牛顿第二定律，我们可以得到该物体的运动方程为：

$$m_i \frac{d^2r}{dt^2} = -\frac{GM_g m_g}{r^2}$$

其中方程左边 m_i 这个质量，我们称为“惯性质量”。惯性质量越大，相同大小的力产生的加速度就越小，而惯性这个词本意就有懒、惰性的意思，可以理解为懒得动，懒得改变运动状态，是不管人类还是其他物体都具有的本征特性。方程右边，地球质量为 M_g，物体质量为 m_g，这里的质量则指引力质量，用来度量万有引力吸引的强弱。虽然两者同为质量，但含义迥异。牛顿就曾利用单摆尝试过测量惯性质量和引力质量之间是否有差异，因为在单摆中，惯性质量大小决定了单摆是否易摆动，而引力质量决定了单摆被拉起以后回到最低点的力的大小。经过实验，牛顿发现单摆摆动周期只和单摆的长度有关，而和摆锤的质量无关。[①] 后续还不断有科学家设计各种各样的实验 [匈牙利物理学家厄缶（Loránd Eötvös）发明的扭秤实验] 试图测量这两者是否有区别，但人们发现在目前所能达到的实验精度内，可以认为惯性质量等于引力质量，也就是 $m_i=m_g$。利用这个结论，物体的运动方程化简为：

$$\frac{d^2r}{dt^2}=-\frac{GM_g}{r^2}$$

方程左边是加速度，右边则是地球在空间里所产生的引力势的强度。一般，等号意味着物理图像相同，那么，这个关系是否暗示我们——**加速度和引力势（Gravitational potential）可能具有某种等价关系？**

相信大家在游乐场或主题公园里见过一种大型游玩设备——跳楼机。我们可以坐在跳楼机的乘坐台上到高处，然后以接近自由落体运动的方式下落，最后机械装备控制乘坐台在落地前停住。如果你尝试过就会发现，在以自由落体运动的方式下落的过程中，我们感受不到重力的存在，而这个结论也可以由引力质量和惯性质量相等推演得到。这正是大名鼎鼎的等效原理——观测者不能在局部分

① 在单摆实验中，我们其实只能得到惯性质量和引力质量成正比的结论。为了使用方便，可以令比例系数为 1。

辨由加速度产生的惯性力和物体吸引产生的万有引力之间的区别。

那么，现在的任务就是如何描述引力场；或者反过来，如何把引力场改写成加速度。这是一次非常大胆的尝试。

运动篇介绍了如何描述加速度，现在不妨回顾一下我们如何体会加速度。在乘坐汽车过弯时，如果司机车速太快，拐弯太猛，乘客会明显有整个人被甩出去的感觉。我们坐在车上，坐垫提供的静摩擦力可以让臀部跟随汽车拐弯保持圆周运动，由于人的头部没有支撑，也就不存在力，因此不足以提供向心加速度而进行圆周运动。如果在拐弯时，司机操作不当，甚至会引发车祸。交警在马路上勘察车祸时，可以通过勘察刹车的印痕长度判断车祸前车辆的行驶状态。我们知道加速度对应位移对时间的二阶微分，而在描述弯曲的曲线时，数学家往往使用位置对距离的二阶微分。**这些内容都在引导我们把加速度和弯曲的曲线联系起来。**

弯曲的曲线该如何用数学描述？在每一条弯曲的曲线上，我们都可以任意选择其中很小的一段，并将其近似为圆弧的一部分。这个圆和曲线相切，又正好可以体现曲线到底有多“弯”，圆的半径即是曲线在这一点的曲率半径。实际操作时，人们并不需要又是画圆又是量半径这么麻烦，三维空间中曲线的曲率半径公式早在 18 世纪就由法国少年克莱罗（Alexis Clairaut）写出来了。克莱罗 12 岁时就开始思考与曲线相关的几何问题，并写成了论文。18 岁时，克莱罗终于将关于曲线曲率计算的论文正式发表。他也因此在 18 岁那年成了法国科学院院士。

几何学的发展日新月异，后来数学家高斯和黎曼等人发现，在几何学领域想要获知某个几何对象的性质，**只需要在给定的几何对象内部进行研究，而不需要外围的背景空间。**这也被称为“内蕴几何”，可能不是很好理解，“只在内部研究”会不会盲人摸象？“外围背景空间”又是什么意思？我们可以想象一只蚂蚁生活在曲面上，它不能跳出这个曲面用“上帝视角”俯瞰整个曲面，只能在曲面上走来走去。那么它该如何知道现在生活的曲面到底是平的还是弯的，抑或是凸的？答案是它只需要画出一个三角形并测量三角形的内角和，就能知道曲面的性质。假如三角形的内角和大于 180°，它所处的曲面就是凸起的；而假如三角形内角和小于 180°，它所处的曲面就是凹陷的（见图 3-3）。

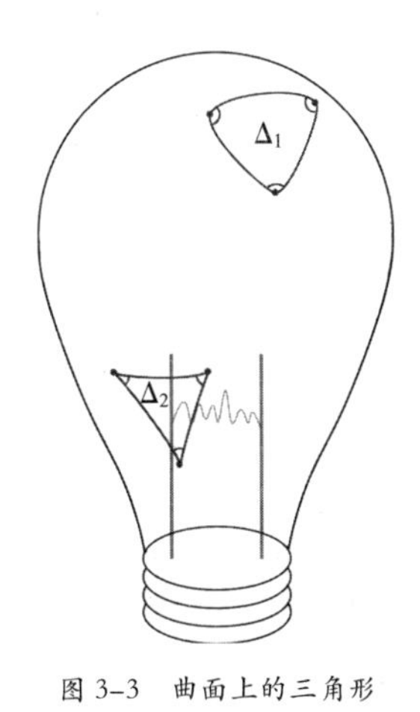

图 3-3　曲面上的三角形

为什么我们要关心如何不离开几何对象本身就获得几何对象的性质？因为我们就处在“弯曲”的时空里。

时空是“弯曲”的

在上一节中，我们从引力出发，发现**加速度可以等价地看作一个均匀的引力场，**而加速度又可以体现在弯曲轨迹的曲率里面——

一条弯曲的路径上运动物体所受的加速度包含在轨迹的每一点的曲率上。这样一来，引力势是不是意味着曲率呢？想象一下，空间弯曲得越厉害，就像一张弓的弓弦被拉得越紧，从而能量密度也越来越高。所以如果空间里面存在着很多的大质量体，这个质量体本身会产生引力势，从而意味着弯曲，质量本身又和能量相对应。思考到这里，可以恭喜你，这已经是广义相对论最基础的想法与概念了，而接下来爱因斯坦做的事情，是把上述思考过程具体为一行行的公式和计算。

$$R_{\mu\nu}-\frac{1}{2}g_{\mu\nu}R=8\pi GT_{\mu\nu}$$

考虑物质分布的爱因斯坦场方程，左侧对应描述空间如何弯曲的项，右侧对应描述空间中的能量–动量分布情况。

那么，如何描述弯曲空间呢？广义相对论要求科学家要掌握描述弯曲空间的数学，但这一内容并不容易。首先，我们要想明白描述的基本方法。如果一条光滑轨迹是弯曲的，那么这条轨迹在特别小、特别局域的范围内，可以被当成直线来处理。就像我们身处地球，也没感觉地面不平，因为人的尺度太小，而地球太大。然后我们再将从局域获得的几何描述推广到大尺度上，就能得出对整条弯曲轨迹的描述。这就是微分几何的思想。在晋代葛洪所著《抱朴子》中有一句话：**“枉曲直凑”**，虽然这句话的原意为在弯曲的路上却笔直地往前走，形容人笨拙死板不知变通，但字面意思用在这里正好合适。一个弯的东西，在局域小尺度上总是可以被当作直的。

虽然建立广义相对论需要微分几何，但有意思的是，爱因斯坦当年也不会微分几何，都是现学的。爱因斯坦在 1907 年意识到相对论需要推广，在此之后一直不停摸索。一直到 1912 年，他意识到物理现象总是局域的，这和微分几何的思想不谋而合，由此他转变注意力，用弯曲空间的数学——**黎曼几何**建立广义相对论。在 20 世纪初，意大利数学学派中的里奇（Gregorio Ricci-Curbastro）和列维-齐维塔（Tullio Levi-Civita）等人合作发展了**绝对微分学**这一数学工具。也许冥冥之中自有天意，里奇这位数学家的名字“Ricci”本身在意大利语里面竟然就是弯曲的意思。在列维-齐维塔的帮助下，爱因斯坦认真学习，并思考应该如何建立几何化的引力理论。直到 1915 年 12 月，爱因斯坦才终于得到了现代版的广义相对论，而这一理论也被沿用至今。

广义相对论建立的过程中用到了大量对弯曲空间的数学描述，为了方便大家也能一睹其中的风采，不妨举一例，一起了解可以直观描述弯曲空间的数学方法。

我们身处地球这个巨大的球体，除了画三角形，我们不离开地面也依旧有办法判断我们并不是处于一个“天圆地方”的世界。比如我们从赤道附近的新加坡出发，先向北走 5000 千米，再向西走 5000 千米，将会来到黑海北部；而先向西走 5000 千米，再往北走 5000 千米，则会到乌兹别克斯坦境内。这是内蕴几何的一种体现。假如我们不走 5000 千米那么远，改为走得近一点，先向北跨一步，再往西跨一步，和先往西跨一步，再往北跨一步的差别在理论上也同样存在，当然事实上，我们几乎没离开原地。利用这种方法，我们就知道了弯曲空间中一点到底“弯曲”到何种程度。

在历史上，爱因斯坦关于广义相对论场方程还犯了一个有名的错误，他于 1915 年 10 月时第一次向大家介绍成果。经检查，大家发现这个方程居然不满足能量守恒和动量守恒，爱因斯坦赶紧拿回去重新修改，最后在 1915 年 11 月才拿出最终版。

爱因斯坦场方程不仅看起来简短，还有个比较简单的解释——它告诉我们物质怎样使时空弯曲。但实际上，这个方程是一个张量方程，其中的每一项都是 4×4 的矩阵，组合在一起就是复杂的非线性偏微分方程组。这类方程求解的过程非常曲折，甚至爱因斯坦自己都担心解不出来，努力后也许只能得到近似解。但神奇的是，爱因斯坦于 1915 年 12 月在普鲁士科学院公开自己的发现，1916 年 3 月才正式发表。但是在 1916 年 1 月，欧洲还处于第一次世界大战中，普鲁士东线战场德俄战线的战壕里面有一位炮兵上尉——史瓦西，就为爱因斯坦场方程找出了一个解。想象一下，这么难解的爱因斯坦场方程，在正式发表之前的两个月，由一位炮兵上尉在前线的战壕里面随手给解了，这多么神奇！当然，这位史瓦西上尉在入伍之前是德国哥廷根大学数学物理教授，是哥廷根天文台台长。

除了场方程，广义相对论中还有一个十分重要的问题需要解决，就是光在弯曲空间中如何行进。当然这个问题严格来说并不是广义相对论的问题，而是微分几何的问题。我们都知道，光会沿着光程为极小值的路线传播。在弯曲空间中，两点之间距离极小值的路径为测地线，所以光沿着测地线传播。①

测地线这个词一听就不是数学家最早用的。在历史上，这个词起源于大地测量学。人们为了绘制地图，一点点测量地球表面形貌，探索地球上两点之间的最短路径，高斯就曾亲自参与其中并绘制地图。测地线方程为：

$$\frac{d^2r^\lambda}{dt^2}+\Gamma^\lambda_{\mu\nu}\frac{dr^\mu}{dt}\frac{dr^\nu}{dt}=0$$

① 更准确地来说，上述两个极小值都应该替换为极值。

人类理性思维的巅峰

广义相对论被提出以后，大家的心中充满了疑问，这个理论到底有没有用？它是否为世界带来了重要的认识？其内容本身正不正确？经过多次实验，人们关于“广义相对论正确性”的信心显著提升了。

爱因斯坦在1907年根据等效原理预言光存在引力红移效应——引力场和加速度等价，因此导致光线出现多普勒效应，频率发生变化。当然，从狭义相对论中的质能转换也能解释这个现象：光从引力大的地方跑出来，需要克服引力场做功，这个过程消耗能量。能量减少，对应的波长就会变长，往红光方向偏移，这叫“引力红移”。但不管怎么说，引力造成的红移现象只在引力场特别强的情况下才可以被观测到。1925年，美国天文学家亚当斯（Walter Sydney Adams）试图测量来自天狼星伴星这颗白矮星上的光谱，从而验证引力红移现象，无奈由于天狼星的光混杂在结果中，数据可信度并不高。但其实只要测量足够准确，地球上的引力红移现象也能测量出来。20世纪60年代，庞德（Robert Pound）和雷布卡（Glen Rebka）采用穆斯堡尔效应的实验方法，测量了由地面上高度相差22.6米的两个点之间的引力势差异造成的谱线频率移动，实验值与理论值在误差范围内相等，定量验证了引力红移现象。

广义相对论的另外一个预言是水星的近日点进动现象。太阳系行星中最靠近太阳的行星是水星。根据开普勒的行星运动三定律，我们知道水星的轨道是一个椭圆。但太阳系中因为其他天体的引力作用，椭圆轨道实际上并不稳定，轨道的远日点其实也在不断变动，这个现象被称为“进动”。19世纪时，法国天文学家勒威耶致力于准确预测行星的运动。在 35 岁那年，他发现天王星的轨道和理论预测有一定偏差，分析可能存在额外的当时还未知的扰动，由此成功推算出海王星的轨道并预言它的位置。在分析水星的运动轨道时发现，水星的轨道存在进动现象。不管勒威耶怎么细致计算，观测到的水星轨道进动大小和理论上的水星轨道进动大小总是对不上，两者的差距为每百年相差 43 角秒。直到广义相对论出现，人们才通过计算完全解释了水星进动的全部来源，这也是广义相对论的一大成就。

广义相对论还预言了光的引力偏转现象。大质量天体附近的时空是弯曲的，而在弯曲的时空中，光线需要沿着测地线传播，当然看起来也是弯的，这就是引力偏转现象，而离地球最近的大质量天体就是太阳！要想证明光线被太阳弯曲，就要看远处来自某个恒星的光线从太阳旁边经过的时候有没有弯曲，而在地球上要怎么观测这种现象呢？我们在恒星和地球之间连一条线，通过比较恒星和地球连线在接近太阳和远离太阳时观测到的恒星的位置变化，就能得出光线有没有被太阳弯曲。1919 年，英国天文学家爱丁顿（Arthur Eddington）第一次通过对日全食的观测验证了广义相对论的预言。不过可惜这种方法精度有限，尽管天文学家几乎在之后的每次日食都进行了相关实验，但误差都大约在 20%。到了 1967 年，夏皮罗（Irwin Ira Shapiro）提出可以使用无线电波替代光，从地球发出无线电波，检测电波经过太阳后到达水星或金星，反射的回波再经过太阳返回地球的过程，可以计算信号时间差验证广义相对论。于是人们可以以更高的精度检验相对论理论的正确。进入 21 世纪，利用“卡西尼-惠更斯号”土星探测器，光线偏折的实验观测值和理论计算值的误差已在 0.002% 左右。

光的引力红移现象、解释水星近日点额外进动来源和观测到恒

星光线在太阳附近的弯曲，这三个成果被认为是广义相对论正确的三大证据。另外关于相对论还有诸多验证实验，我们介绍过的就有引力波、大质量天体旋转导致的参考系拖曳效应（也被称为冷泽-提尔苓效应）等，受限于篇幅，在这里就不再展开了。

许多时候，世人把广义相对论描述成爱因斯坦一个人的成功。不过，爱因斯坦从意识到需要推广狭义相对论到最终发表，历时整整 8 年。在这 8 年时间里，爱因斯坦也和许多科学家讨论过，我们也不应该忽视在广义相对论发展过程中，诸多物理学家和数学家的贡献。

1. 广义相对论中用到的黎曼几何来自黎曼，他是人类历史上最了不起的数学家之一。在很小的时候，黎曼就展现了出色的数学天赋，中学时甚至有用一周时间读完勒让德（Adrien-Marie Legendre）所著的多达 859 页的《数论》（*Théorie des Nombres*），并在两年后的毕业测验上对答如流的壮举。但受家庭影响，他在很长时间里都在学习神学。直到 1847 年，他开始学习高斯的最小二乘法，随后才在高斯的建议下开始专注于数学研究。在黎曼人生接下来短短 19 年的时间里，他给世人留下了不计其数的宝贵数学遗产，甚至黎曼几何也只是其中一小部分。

2. 在黎曼几何的启发下，克利福德（William Clifford）在 1870 年就曾在自己的《物质的空间理论》（*On the Space-Theory of Matter*）一书中提出："所谓物质的运动，其实源于空间曲率的变化。"

3. 1905 年时，庞加莱首先开始思考引力是如何传播的，并提出引力波的概念，认为其传播的速度也是光速。

4. 爱因斯坦学习微分几何时用到的绝对微分学由意大利数学学派中的里奇、列维-齐维塔、贝尔特拉米（Eugenio Beltrami）等人建立。

5. 希尔伯特几乎和爱因斯坦同时推导得到广义相对论中的场方程。

广义相对论是人类理性思维的一个巅峰，直至今日，这个巅峰依旧无人超越，广义相对论仍在一代又一代物理学家和数学家的努力下蓬勃发展。

相对论的建立，纠正了大家固有的很多认知。**传统上我们思考：什么是直线？——光走的路就是直线。**但在介质不太均匀的时候，光在其中传播时会发生偏折。在沙漠中，有时候由于高温，地面的空气密度不均匀，对应的折射率也不均匀，使得光线经常是沿着弯曲路径传播的。海市蜃楼就是太阳光穿过不同密度的空气层时，发生了光速的改变和折射才产生的。但是这个认知在初步学习广义相对论时就要改变了——光走的任何路径都叫直线。

无论是在建立狭义相对论时用到的相对性原理和光不存在参考系，还是建立广义相对论时用到的等效原理，相信经过前面对相对论的介绍，大家对其中的思想源流和发展已经有了一定的了解。不过，学习相对论的困难不仅在于对其中物理现象的理解，还在于无论是涉及时空变换时所需要用的张量分析，还是计算弯曲时空中的曲率时需要用的微分几何，学习起来都有一定的难度。相对论的知识本身是原理性的，很多原理仅是简单的一句话，但是从原理出发，构造出对于世界的认识却丰富多彩。相对论中包含的知识有很多，所需要用到的数学知识也很多，仅用简单的一章内容很难把理论彻底讲清楚。

尽管学习相对论并不容易，但给出曲率表达式的时候，克莱罗仅 18 岁；写出麦克斯韦方程组的麦克斯韦，在写出卵形线方程——鸡蛋方程的时候，仅 13 岁；爱因斯坦从苏黎世大学毕业的时候，也才 21 岁。到他发表 5 篇重量级论文的“奇迹年”，也就是 1905 年时，他也不过 26 岁……

另外一位对在相对论和量子力学领域都有非常重要贡献的科学家是来自奥地利维也纳、在德国慕尼黑上大学的少年学者泡利。他在 18 岁高中毕业仅仅两个月后，就已经发表广义相对论研究的论文了，并直接略过大学课程，跟随慕尼黑大学的物理学教授索末菲开始了研究生课程的学习。到了 1921 年，索末菲经过三年和泡利的接触，向外人如此介绍：

> 我有一个天才学生，他已经无法从我这里学到更多的东西了。因为德国的大学对博士学位有最低要求，泡利才在我这儿修读了六个学期。也因此，我直接把《德国数学科学百科全书》要求撰写相对论的综述文章的任务交给了他。[①]

泡利是在来到慕尼黑的第二年接受这个任务的，他以惊人的速度写完了这篇综述，并获得了爱因斯坦本人的高度认可。1912 年，在索末菲的指导下，泡利发表了论文《论氢分子的模型》，由此获得了慕尼黑大学哲学博士学位。而他上一年写的 237 页的关于相对论的综述论文，至今仍是相对论研究的经典文章。

所以各位读者，一定要对自己有信心！

---

① 原文翻译自 Enz, C.P., 2002. *No Time to be Brief: A Scientific Biography of Wolfgang Pauli*. Oxford University Press, Oxford；New York，内容来自泡利的好友，同时也是物理学家的莉泽 · 迈特纳（Lise Meitner）写给泡利遗孀的信。

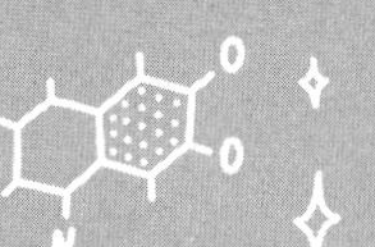

PHYSICS

4

能量篇

能源重塑世界

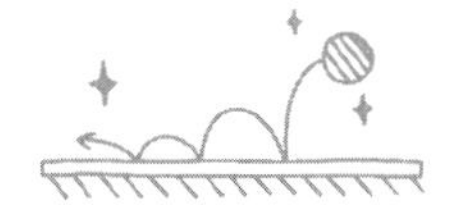

近些年来起起伏伏的油价、被频繁热议的碳中和、新能源话题把很多人的目光吸引到了“能源”这个概念上。能量无论对于个人，还是对于整个社会来说都是无比重要的。

人类社会生产力的每次巨大提升，都伴随着能源的革新。蒸汽机的发明与改进，让人类体会到澎湃动力带来的无限可能。在此基础之上发展的热力学和统计力学反过来提升了人们对能源的认知，从而更高效地利用能源。

从摩擦起电开始，仿佛魔术般的电学用它神奇的实验现象，在16 世纪俘获了西欧上流社会，尤其是皇室的注意。在各种研究经费的支持下，关于电的研究迅速发展。不过，直到法拉第发现电磁感应现象，人们才终于能够大规模使用现代社会生活中最常见的电力。

现代的信息存储离不开磁学领域的发展，但磁本身其实也是一个和能量有关的话题——在不同的磁场下，磁体拥有不同的能量，从而形成特定的排列规律，用以存储信息。

1964 年，苏联天文学家尼古拉·卡尔达舍夫（Nikolai Kardashev）根据文明对能量的利用程度把文明划分为行星级文明、恒星级文明和星系级文明三个级别。20 世纪，敢于想象的美国物理学家、数学家戴森甚至还曾提出过“戴森球”——把整个太阳包裹在人造装置中，进而收集电力。站在宏观的视角来看，人类在能源的利用和发展上还有哪些可能？

从莱顿瓶到锂离子电池，从风筝引雷到太阳能发电，我们见证了人类的能量来源越来越广泛，使用越来越合理。就像在《流浪地球》中为了推动地球，人类必须建造核聚变驱动的行星发动机。就算是在科幻小说中，想要让幻想看起来扎实、有根基，首要解决的也是能量从何而来、能量怎么使用这两个问题，而人类在能量存储和运用上的每一步，都为生活增添了无数精彩和可能。

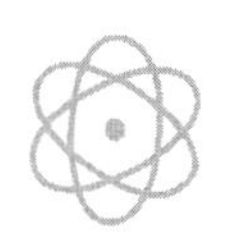

能量，大自然的驱动力

人类对能量的运用由来已久。中国古代神话中有燧人氏钻木取火——将藏在木头中的能量转换为热能，加热生食，摆脱茹毛饮血的原始形态。从此，人们就开始不断发掘和利用各种能量。在18~19世纪的第一次工业革命时期，人类制造了蒸汽机，用深藏于山川地底的石油、煤炭驱动机器，各种化石能源成为蒸汽机、纺纱机、小火车等源源不断的动力。在始于19世纪六七十年代，延续至20世纪初的第二次工业革命中，电磁理论推动工业化，催生了电力社会的繁荣，千家万户的电线串联起了电灯、电报、电话，汽车实现了从电能到各种能量的转换。20世纪下半叶，科技时代来临，随着技术的迭代，各种能源不断被发掘，风能、太阳能、地热能等各种清洁能源迅速崛起、发展并广泛应用，能源的最大化利用以及新能源的发展也成为全社会共同关注的问题。

能源的过去、现在和未来

在最近这些年里，碳中和这个词开始频繁进入我们的视野。

碳中和指通过植树造林、节能减排等形式抵消二氧化碳或温室气体的排放，实现碳的正负抵消，达到“零排放”。空气中碳的一个很重要的来源就是化石能源（包含煤炭、石油和天然气等）的使用。英国石油公司发布的《2021 年世界能源统计年鉴》显示，化石能源是人类社会能源利用的大头，在 2020 年全球能源使用中占比 83% 左右：其中石油继续在全球能源消费结构中占据最大份额（31.2%），煤炭和天然气的占比分别为 27.2% 和 24.7%。这份报告里还有一个值得关注的数据，2023 年全世界以风能和太阳能为主的可再生能源发电能力一共新增了约 510GW（几乎是三峡电站总装机容量的 22 倍），其中中国的贡献超过 50%。

当然，能源开发的本质是人类从自然界中获取能量，从早期的钻木取火发展到现代，目前人们广泛使用的能量除了化石能源和电能，还包括风能、核能、太阳能、水力等清洁能源。除此以外，人们也曾脑洞大开，设想了很多其他运用能量的方法。如前文所说，苏联天文学家尼古拉 · 卡尔达舍夫为了计算人类发现外星智能生物信号的可能，根据文明对能量的利用程度把文明划分为三个级别。**Ⅰ型是行星级文明**，技术程度大致和人类当前发展水平相当。**Ⅱ型是恒星级文明**，基本对应太阳的辐射功率，也就是说这类文明能够利用和控制恒星所能提供的能量。**Ⅲ型是星系级文明**，可以拥有所处整个星系的所有能量。如果考虑在宇宙尺度上能量的利用，这无疑是能量利用的最大手笔了。戴森还提出过“戴森球”这样极具想象力的思想实验：目前地球只接收少部分太阳能，而人类对其的使用更是少之又少，如果建造装置将太阳和地球包起来，捕获大部分甚至全部的太阳能，那么可利用的能量会更多。

随着科技的不断发展，人类社会实现对能源的使用和能量之间相互转换的手段日新月异。我们使用的能量，包括机械能、化学能、内能（热能）、电（磁）能、辐射能、核能等各种形式，量度各种系统中的动力学过程，它们都依赖于能量的驱动。虽然能量的形式很多，但能量本身的性质却是不变、可研究的。能量有什么性质？能量如何转换、运输？这是科学家一直关心和持续探索的问题。

不同尺度下的能量

在不同的尺度范围内，起主导作用的能量形式不尽相同。比如在考虑热机相关的系统时，需要考虑的是宏观的热能、机械能；在考虑生物能时，需要考虑分子范围的化学能；在考虑核能时，则是原子、电子尺度的能量。这里我们所说的微观，主要是在原子的尺度；介观主要是生物细胞的尺度；宏观则是我们的日常生活范围的尺度。

爱因斯坦在狭义相对论中提出的质能方程推广了能量的概念，将能量和质量的关系破次元般地连接了起来。

$$E=mc^2$$

在质能方程中，E 代表能量，m 是物质的质量，c 代表光速（$c=2.997\ 924\ 58\times10^8$ m/s）。光速数值的 10^8 量级代表着无论是质量多么小的物质，其蕴含的能量都令人惊讶不已。当然，我们对运动小车的碰撞过程进行分析时，没有人会用质能方程去算这个过程的能量。这并不意味着质能方程不普适，而是因为小车的运动速度远远没有达到可以用质能方程分析的尺度。

在我们现在科学比较容易操纵的范围内，质能方程适用的范围是原子、电子范围的尺度，尤其是在核聚变、核裂变过程中的应用。核裂变指由较重（原子序数较大）的原子，主要指铀或钚，裂变成较轻（原子序数较小）的原子的一种核反应或放射性衰变形式。1938 年，德国科学家奥托·哈恩（Otto Hahn）发现，当用 1 个中子撞击铀原子核时，铀原子核吸收中子而发生裂变，释放出巨大能量的同时，还释放 2~3 个中子，从而撞向其他铀原子核，使得释放中子的过程不断继续，这种过程被称为**“链式反应”**。原子核在发生核裂变时，释放出的巨大能量正是原子核能，俗称“原子能”。1g 铀-235（^{235}U）完全发生核裂变与燃烧 2.8t 标准煤所产生的能量相当。核聚变的过程与核裂变相反，是由几个较轻的原子核聚合成一个原子核的过程。只有较轻的原子核才较为容易发生核聚变，比如氢的同位素氘、氚等。核聚变也会释放出巨大的能量，比核裂变释放出的能量更大。

核能给人类带来了巨大的能量，赋予人类改变世界的力量。太阳内部连续进行着氢聚变成氦的反应，照射到地球上的所有光和热都是由太阳的核聚变产生的。核电站将核能转换为电能，为人们所用，作为安全、清洁、低碳、高能量密度的战略能量。核能对于世界各个国家的发展来说，都具有重要作用。但假如把核能应用到军事上，这恐怖的能量就变成了令人闻风丧胆的原子弹和氢弹。原子弹采用的是核裂变的原理，一颗原子弹产生的爆炸力有几万吨 TNT 炸药的当量。氢弹采用的原理是核聚变，如果说一颗原子弹有几万吨 TNT 炸药的威力，那一颗氢弹则拥有几千万吨级别 TNT 炸药的威力。除了核弹爆炸时产生的爆炸、热辐射、电磁脉冲会对投放地产生毁灭性伤害，核弹爆炸之后产生的放射性残留物也会对当地生态产生长久的影响。

前面我们说了很多微观的东西。现在如果要你立刻说出身边常见的能量存在形式，你脑海中首先会浮现的是什么？无论你的答案是什么，在你想的过程中，最主要的能量变化是大脑思考时能量的变化。成人大脑的平均质量是1300~1500 g，占人体体重的2%左右，当身体处于静止状态时，大脑消耗的能量是整个身体能量消耗的20%~25%。这个过程的能量消耗主要用于神经信号的传递，并且是以葡萄糖的形式消耗掉的。

人们通过食物摄取葡萄糖，那么人体是怎么将食物转换为能量，进而维持人体的运动以及生存的？这不得不提到人体中最重要的分子：ATP（腺苷三磷酸）。ATP是一种能量载体，存在于人体包括肌肉、皮肤、大脑在内的每一个细胞里，通过化学键的断裂和结合来贮存和释放能量，进而可以在人体中实现能量的运输。以碳水化合物（米饭、面食）为例，碳水化合物经过人体各种酶的作用，分解产生葡萄糖等糖类，释放能量，而葡萄糖在细胞内通过酵解等一系列复杂的生物化学反应生成ATP 、二氧化碳和水。ATP作为细胞内能量释放、储存、转移和使用的中心物质，在需要的位置释放能量，保证人体神经系统传导冲动电信号、细胞运输的渗透过程、蛋白质的合成等代谢的进行。一个成年人每天需要消耗约380L氧气，一些优秀运动员的氧气消耗量甚至可以达到这个数字的10倍以上，这些氧气中有90%在细胞中的线粒体内转化为水。根据估算，这个过程对应每秒传输3×10^{21}个质子，对应线粒体内膜上的电流为522 A。人体内的线粒体内膜以每秒产生9×10^{20}个分子的速度生产ATP，这意味着每天65 kg ATP的周转率。在运动的时候，这个速度还会更夸张。

在夏天时，不知道大家有没有这种感觉，进入人多的场所，如会议室、食堂等，即使空调温度开得非常低，也没有感到非常凉爽。这是因为在静息状态下，人体向外辐射热量的功率约为100 W（相当于一个 100 W 的大灯泡)。人数一旦变多，空调制冷功率远远跟不上人体产热的效率。这也算是一个生物呼吸作用效率惊人的直观例子——生物体内各种活动所需要的能量，形式上都由 ATP 水解而来，人体能够维持体温也在于此。

除了生物体内部细胞的代谢，植物无时无刻进行的光合作用也离不开分子间化学键的组合和断裂。光合作用是植物、藻类等生产者利用光能把二氧化碳和水变成碳水化合物的过程。植物之所以被称为食物链中的生产者，是因为它们能够通过光合作用利用无机物生产有机物，并且贮存能量。

有些人提倡开发使用生物质能(比如玉米汽油等)，但在这之前，我们不妨算一算植物光合作用能量转换效率的理论上限。限制一方面因为适用于光合作用的光波长范围十分有限，另一方面来自光合作用过程中的量子限制。因为植物只能利用波长范围在 400~700 nm 的太阳能辐射(也被称为“光合有效辐射”)，而这个波段的太阳能约占太阳能总量的 45%，植物无法利用其余的太阳能。另一方面，在植物光合作用的过程中，固定一个二氧化碳的过程大约需要 9 个光子，这个量子要求更进一步限制光的最大利用效率仅为 26%。把这两个限制加在一起，太阳能转换的理论最高效率就只剩下 12% 了。然而，在实践中，从田间观察到的农作物光合作用效率会进一步降低，一般最终仅有 1% 的太阳能被保存下来，成为生物质能。即使是甘蔗这类最出众的农作物，能量转换效率也仅在 3.5% 左右。影响太阳能吸收效率的因素非常多，植物并不是一年四季都能生长，存在生长周期、植物呼吸作用的损耗、阳光过强时植物的主动调节等。如果换算到具体的农产品上，能量利用率就更低了。尽管从数字上来看，光合作用能量转换效率并不高，但对大多数生物来说，这个过程是它们赖以生存的关键。

在更宏观的尺度上，灯牌发光、发电机发电、爆炸产生热量都是后面将要讲到的电磁能以及热能的形式。除此之外，机械能的运用，体现为动能的有自行车、汽车、火车、飞机等，体现为势能的则有电梯、潮汐能、火箭、卫星等，能量的运用遍及日常生活的方方面面。

我们再将视野扩展到宇宙。在宇宙标准模型中，除了 5% 的常规物质（如氢、氦等构成物质的常见元素）和 27% 的暗物质（引力作用下聚集在一起，但不与光相互作用的物质），还存在 68% 的暗能量。这些暗能量推动着宇宙加速膨胀。但目前人类关于暗能量的大部分认识都是猜测，科学家也在通过相关的实验对其进行检测和验证。对这个未知的能量，其价值以及应用的相关研究，也许会在很久之后的将来带给人们全新的认知。

能量的传输以及转换

能量存在的形式多种多样，但对人类社会来说，本质上还是将其转换为人类社会能够利用的形式，为人类服务。如何实现不同能量之间的转换或者相同形式能量之间的传递？这个问题跟能量的具体形式和现有的技术手段紧密相关。

比如冬天来了，我们常用的电热暖手宝，就是能量的一种——热量。如何实现热量之间的传递？从科学上来说，热传递源于温度差，主要存在三种基本传递形式：**热传导、热辐射和热对流。**

热传导指当不同物体之间或同一物体内部存在温度差时，通过物体内部分子、原子和电子的微观振动、位移和相互碰撞而发生能量传递的现象。温度或能量在微观上体现为分子或原子的动能，因此，热传导实质是由物质中大量分子热运动的互相撞击，使能量从物体的高温部分传至低温部分或由高温物体传给低温物体的过程。固体、液体、气体中均可以存在传热过程，但在固体中，热量传输主要通过热传导实现。热传导有很多应用，比如用小石头和栗子一起炒糖炒栗子，就是为了让栗子受热更加均匀。

热辐射指物体由于具有温度而发射电磁波的现象。一切温度高于绝对零度的物体都能产生热辐射，温度越高，辐射出的总能量就越大。在 19 世纪钢铁冶炼业繁荣发展时，由于缺乏高温测量的仪器，工人只能根据熔炉发光的颜色来目测温度，这就是热辐射的一个直观应用。值得一提的是，**黑体辐射**指的是黑体能够吸收所有照到它内部的电磁波，其发射的电磁波只与本身温度有关。科学家就是在解释黑体的辐射现象时，提出了量子假说，从而为量子力学的发展奠定了基础。热辐射的具体大小可以通过**斯特藩-玻尔兹曼定律**（Stefan-Boltzmann law）进行计算：

> 一个黑体表面单位面积在单位时间内辐射出的总能量（称为“物体的辐射度”或“能量通量密度”）与黑体本身的热力学温度 T（又称绝对温度）的 4 次方成正比。

我们在前面提到，人在静息状态下的辐射热量相当于一个 100 W 的大灯泡，也可以用这个定律进行估算。由于热辐射的电磁波传播不需要任何介质，因此可以在真空中传播，太阳的热也是通过热辐射传递到地球上的。已知地面太阳能量通量大小，利用上述斯特藩-玻尔兹曼定律就可以确定太阳的表面温度。

热对流指流体内部质点发生相对位移的热量传递过程。热对流主要发生在液体和气体中，分为自然对流和强迫对流两种。自然对流是由于温度不均匀而自然发生的，强迫对流是由于外界对流体搅拌而形成的。由于太阳光照射到地球上的角度不同，因此地球各个部分受热不均匀，自然风就是自然对流的一个例子。强迫对流则主要强调外力的驱动，比如说用嘴吹凉食物，电风扇、中央供暖等都是对强迫对流的应用。

虽然在日常生活中，热能距离我们最近，但这些能量并不是一直以热能的形式存在，这就涉及能量的相互转换。能量转换指的是能量在不同形式之间互相转换的过程：电能转换为光能，机械能转换为电能，电能转换为热能等的能量转换方式存在于各种生产生活场景中。日常生活中应用较多的能量形式有：电能、机械能、热能、化学能等，因此能量之间的转换主要可以从这几种形式来分析。

太阳以电磁波的形式向外传递能量，地球所接收到的太阳辐射能量仅为太阳向宇宙空间放射的总辐射能量的二十二亿分之一，但它是地球大气运动的主要能量源泉，也是地球光热能的主要来源。热能转换为人类社会可以利用的能量有很多种形式，最初也是最基本的是农作物的生长，如农作物通过光合作用，将热能转换为化学能。另一个能量转换方式的变革则是人类学会利用火，通过燃烧木材、煤炭或石油等物质，将储存在材料中的化学能转换为热能。从此人类可以将食物加热，使之从生食变成熟食，开始学会制造和使用工具，从而区别于其他动物。到了现代社会，我们利用太阳能的形式变得更为丰富。

电能是能量的一种形式，由于其经济、实用、清洁且容易控制、易于转换，现在人类社会都通过电能实现能量的传输。电能可以通过水力发电、火力发电、核电、风能发电、化学能发电、光能发电等方式获取。电能转换为机械能在日常生活中有很多形式，现在路上越来越多的电动汽车就是通过电驱动替代汽油，使得汽车具有动能的。能量之间存在着各种各样的转换和应用方式，将各种能量转换为便于人类使用的形式是所有能量转换的目的，也是人类科技发展的成果。蒸汽机、电动机、传感器、半导体等物理器件都可以用来作为能量转换的仪器，促进能源的利用与发展。

不同形式的能量相互转换，不同物体之间的能量也可以相互转移，在能量转换的过程中都遵循守恒定律。在热学中，能量守恒定律指的是：热量可以从一个物体传递到另一个物体，也可以与机械能或其他能量相互转换，但是在转换过程中，能量的总值保持不变。其具体的含义在前面已经讲过了，这里还要补充的是能量守恒在相对论和量子力学领域的体现。

在狭义相对论中，爱因斯坦提出了质量和能量等价的概念，并将能量守恒定律和质量守恒定律统一为质能守恒定律。在经典物理学中，静止的质量是守恒，但当质量转换为能量后，单从能量的角度来考虑，能量凭空出现，不满足守恒的条件，此时就需要相对论形式的守恒定律。在微观领域，能量守恒定律也曾遭遇困难。比如考虑 β 衰变下的能量变化情况，20 世纪的科学家在研究 β 衰变时发现，在这一过程中，有一部分能量不知去向。依照能量守恒定律，如果静止的中子衰变成一个质子和一个电子，那么电子能量应该等于中子能量减去质子能量，而实际测量到的电子能量都比预测的要小。为了解释这部分不见了的能量，泡利提出在这个过程中存在未知的电中性的“中子”，将其中一部分能量带走了。1932 年，查德威克（James Chadwick）发现了原子核中电中性的重子，将其命名为中子，在 1933 年和 1934 年，恩里科·费米（Enrico Fermi）在泡利等人工作的基础上，提出“划时代的 β 衰变理论”，并将泡利提出的这种粒子改命名为中微子。不过，中微子的探测并不容易，这一猜想直到 1956 年才被最终验证。

当然，在量子力学中，因为不确定性原理的存在，能量守恒这件事情似乎变得更加难以理解。不确定性原理指的是粒子的位置与动量不可同时被确定，位置的不确定性越小，动量的不确定性越大，反之亦然。那么，这是不是意味着粒子的能量不再固定？结果肯定不是这样。在量子力学中，一个量子系统的能量由哈密顿算符本征值给出——只要哈密顿算符不含时间，那么各测量结果出现的概率就不会随着时间发生变化。

从数学的角度来说，能量守恒是**诺特定理**的结果。诺特定理得名于德国数学家埃米·诺特（Emmy Noether）。定理完整内容为：每个物理系统作用量局域可微的对称性，都存在对应的守恒流。

在经典系统里，一系统不随时间改变，就对应时间反演对称，其守恒的量为能量。进一步来说，角动量守恒、电荷守恒等守恒定律，也都对应着相应的对称性。

可持续发展

能量来自能源。自人类钻木取火以来，人类对能源的开发和探索就没有停止过。但能源是有限的。自 19 世纪 50 年代商业石油钻探以来，人类已经开采超过数千亿吨的原油。根据统计，在过去的几年里，全球平均每天产出约 9000 万桶原油。每桶原油的体积为 0.159 m^3，取原油的密度为 900 kg/m^3，等价于全球平均每天产出 13 000 000 t 石油。这些石油被用作燃料、工业原材料等，为现代文明社会提供运转所需的养分。节约能源、合理有效利用能源、实现能源的可持续发展，是全人类的诉求。

自然界用能量来作为各种形式的能源载体。能源跟人类社会的发展紧密相关，小到一个家庭的衣食住行，大到一个国家的生死存亡，都离不开各种能源的运用及转换。为了应对气候变化，190多个缔约方于2015年在巴黎共同签署了《巴黎协定》。《巴黎协定》旨在大幅减少全球温室气体排放，将21世纪全球气温升幅限制在2℃以内，同时寻求将气温升幅进一步限制在1.5℃以内的措施。2020年，我国明确提出了2030年“碳达峰”与2060年“碳中和”的目标。石油能源、煤炭资源都是“碳中和”中碳的主要来源之一，因此碳中和的实现首先需要提高石油、煤炭资源的利用率，不断寻求其他替代的清洁能源的解决方案。

为了地球的可持续发展，每个人都可以贡献自己的力量。

电，人类文明的启明灯

假如有一天世界停电了，会发生什么？

不用加班，不用熬夜写作业？不不，先别着急高兴。当你拿出手机打算发朋友圈，发现由于基站断电，手机变成了离线打字机。走出家门，晚上的世界黑黢黢一片，什么都看不见。想打个电话，看个电视剧，了解一下最新的新闻动态，开下空调，打开电磁炉煮个泡面等都不行了。这时你只能点着蜡烛，坐在桌子旁跟家人面面相觑，或者直直地躺在床上，等着来电的那一刻。

可能在这一刻，我们才深深地体会到：电对我们的日常生活有多重要。

最初的电来自哪里

在很久很久之前，久到远古时期，人类对电一无所知，大自然就用雷电现象向人类展示了电的威力。在荒无人烟的大地上空，乌云密布，云层低垂。低沉的轰隆声由远及近，一阵风把云聚在一起，闪电爆裂般从云层劈裂而下，雷声炸耳，剧烈的轰鸣声环绕在人的四周。闪电劈在周围的树上，遮天的树木被拦腰折断，树木焦黑。雷电这一极具声势和威慑力的现象使人们产生了对雷电的恐惧，甚至崇拜，于是出现了雷神崇拜。《山海经》中曾有对雷兽的想象：

东海中有流波山，入海七千里。其上有兽，状如牛，苍身而无角，一足，出入水则必风雨，其光如日月，其声如雷，其名曰夔。

在西方，希腊神话中众神之王宙斯就司职天空和雷电。因为闪电和雷声的视觉和声音效果，雷电有可以撕裂天空的震撼感，我们其实不难理解先民雷电崇拜的由来。德国哲学家费尔巴哈（Ludwig Andreas von Feuerbach）在《宗教本质讲演录》中曾写道：

甚至在开化民族中，最高的神明也是足以激起人最大怖畏自然现象之人格化者，就是迅雷疾电之神。

不过现在我们已经知道，自然界中的雷电是云层中的电荷聚集到一定数目时，在云层与地面之间形成很强的电场，进而击穿潮湿的空气，形成耀眼的闪电。在电荷中和的过程中，沿途空气被强烈加热、水滴迅速汽化、体积骤然膨胀而产生冲击波，从而推动空气震动，产生雷声。

自然界中电的另一种存在形式是**生物电**，以发电鱼为例。在公元前 2000 多年，古埃及第五王朝的金字塔墓葬墙壁上描绘了当时的人们捕获尼罗河电鲶的情景，古埃及人也尊其为“尼罗河的雷神”（Thunderer of Nile）。当然，能发电的生物还有很多，比如电鳐，在电鳐体内存在由肌细胞特化而来的电细胞，由此放电到周围击昏食物或麻痹对手，达到捕猎或逃跑的目的。其中，每个电细胞在神经兴奋刺激下产生约 0.1 V 的电位差，电鳐放电的电压加起来可以达到 8~220 V。在自然界中还有一种被大家甚少提到，但又很诡异的电学现象，中国称其为“马祖火”，西方则称其为“圣艾尔摩之火”（St. Elmo’s fire）。虽然其名为火，但是一点也不热。在雷雨天气时，因为尖锐物体附近极大的电场导致空气被击穿而出现的放电现象。达尔文搭乘“小猎犬号”出航进行他著名的环球考察时就曾观察到：

> 每样东西都像是着了火，天空在打雷，水中有光点，甚至连桅杆顶端都有朝外的蓝色的火焰。

虽然自然界中电学现象丰富，但其中绝大多数都遥不可及。若要论人类在电学领域的自主实践，还是要从早期对摩擦起电现象的观察和研究说起。中国在各个朝代都对摩擦起电的现象有比较详细的记录，比如说汉代王充在《论衡 · 乱龙》中写道：“顿牟掇芥，磁石引针。”意为琥珀吸取微小的东西，磁石吸引针头，论述了静电的作用。在西方，古希腊哲学家柏拉图在他的对话录《蒂迈欧篇》（*Timaeus*）中首次记录了摩擦后的琥珀和磁石可以吸引轻小物体的现象。在这之后的很长时间里，人类对这两个现象并没有更多认识，在这上面有所突破已经是 2000 多年以后的事情了。

在科学发展的早期阶段，提出一个具体的理论猜想其实并没有想象中那么重要。更为重要的反而是从纷繁庞杂的自然现象中，抽象和提炼出这些现象的区别和相关性，在正确分类的基础上再对相关的现象进行集中研究。16 世纪时，英国科学家威廉·吉尔伯特（William Gilbert）迈出了重要的一步，“electric”一词也是他的发明。为了研究微小的摩擦起电现象，他甚至还发明了原始的验电器，根据在摩擦后能否起电将材料分为两大类，而“electric”一词的字面意思正是“像琥珀那样的”。

随后也有很多人先后对电的基本现象进行比较深入的观察。德国的盖里克用硫黄制作了现在看起来非常原始的摩擦起电机，向公众演示了静电实验。当然另一个更有名的实验也是由他演示完成的——马德堡半球实验。英国的格雷（Stephen Gray）和法国的杜菲（Charles François de Cisternay du Fay）发现自然界中的物质可以根据导电能力分为导体和绝缘体，存在两种电荷，同种电荷相斥，异种电荷相吸。荷兰的穆森布罗克（Pieter van Musschenbroek）则制作了能够储存电的莱顿瓶。千万别小看了这些莱顿瓶，因为它们其实就是非常小容量的电容器，能够产生很高的电压。

电的一系列神奇的实验现象吸引了西欧的上流社会，尤其是皇室的注意。比如前面提到的吉尔伯特就曾在英国女王伊丽莎白一世面前展示过静电实验，而这种“魔术般”的表演效果也得到了各种经费支持，关于电的研究因此迅速发展。在普里斯特利（Joseph Priestley）的《电的历史与现状》（*The History and Present State of Electricity*）一书的第 125 页，他如此记录道：

> 在法国和德国，人们开展实验，以测试有多少人会感受到同一个小瓶的“冲击”。以研究电学著称的诺莱神父（Jean-Antoine Nollet）在国王面前将 180 名卫兵通电；在巴黎的加尔都西会修道院里，大家组成 900 托瓦兹（法国旧长度单位，

约等于 1.95 米）的长队，每两个人和全队之间用铁丝连接，待瓶子一通上电，所有人在同一时刻突然弹了起来，感受到电的“冲击”。

如何给莱顿瓶充电？前面我们提到了摩擦起电机，那是一种最简单直接的方式。但大自然里其实还有一份更有威力的“电”——闪电。1750 年，富兰克林提出用风筝引雷的实验，用来验证闪电和经摩擦而出现的电是同一种物质。当时，他已经对电学有了深入的研究，目前大家广泛使用的“电池”（battery）这一名词正是来自他的创造——他当时把莱顿瓶组合在一起使用，并用军事上的“炮组”来命名。不过，当时他创造性的想法并没有激起什么水花，直到 1752 年，他信件的译文传到了法国，达里巴等人按照其设想成功用金属棒引来闪电并验证其确实能产生电火花，才真的引起轰动。这一经典实验甚至被法国人命名为“费城实验”，至于富兰克林本人到底是否真的成功利用风筝引来雷电，至今仍存在争议。

在早期的雷电实验中，由于科学家缺乏对电性质的认知，实验往往存在巨大的危险。雷电瞬时电流可达到几万安培，极具危险性。住在俄国的德国物理学家里奇曼（Georg Wilhelm Richmann）在 1753 年进行大气电实验的时候就因电击而身亡。

随着对电学现象研究的日益深入，科学家对电有了比较清晰的认识。前面在物质篇中，我们已经介绍过，物质是由原子组成的；而原子是由带正电的原子核和带负电的核外电子组成的。待量子力学发展之后，我们明白需要用波函数来描述电子在原子核周围特定位置出现的概率密度，这一模型也被称为“电子云”。

因为部分原子的外层电子很容易在相互作用的影响下发生

移动，从而产生电荷移动。比如用丝绸摩擦玻璃棒的过程就是电荷（电子）发生了转移，导致玻璃棒带正电，进而吸引轻小的物体。

虽然电荷可以从一个物体转移到另一个物体，或者从物体的一部分转移到另一部分，但在目前观察到的物理过程中，电荷的代数和都是守恒的，也就是说**电荷遵守电荷守恒定律**。如果用玻璃棒摩擦丝绸，玻璃棒带正电，丝绸带负电，这就是电荷转移的过程。就算是微观世界中粒子加速器里正电子和负电子对撞相互湮灭的过程，也遵守电荷守恒定律。如果你真的想刨根问底，不妨再去翻阅一下前文“对称破缺的物理‘美’在何处”。实际上，这一守恒定律和电磁场的电势和矢势的规范不变性相对应。

想要研究电，就需要产生大量的电荷。摩擦起电产生的电量实在是太小了，而利用闪电却又太过危险。在 18 世纪初，英国的弗朗西斯·豪克斯比（Francis Hauksbee）改进了摩擦起电机，将硫黄球替换为玻璃球，并将玻璃球内部抽真空，充入汞，摩擦起电产生的电压甚至足以击穿汞蒸气，产生辉光放电。这也是霓虹灯发光的原理。

人们通过其他机制获得电能，其实还受到了来自生物界的灵感。意大利的伽伐尼（Luigi Galvani）在对青蛙进行静电实验时，他的助手拿起同样携带电荷的金属手术刀触碰了青蛙的神经，结果不仅他们观察到了电火花，而且青蛙的腿竟然仿佛活着一般蹬了一下。为了解释这一现象，1800 年，伏特（Alessandro Volta）将交替的铜和锌金属板浸泡在盐水中制成了伏特电池，由此证明青蛙的腿其实是受到了来自外界的电信号才会动，而这种能够批量制造、比摩擦起电更加稳定的电源，也极大地推动了和电学有关的各个领域的发展。

静电学和电动力学

现在我们知道电荷满足守恒定律，也知道电荷分为两种，同种电荷相互排斥，异种电荷相互吸引，但只了解这些还远远不够。对电现象的研究不仅需要定性，还需要定量。

法国物理学家库仑利用由悬丝、横杆以及两个带电金属小球（一个平衡小球、一个递电小球）等组成的扭秤完成了对电荷间相互作用力大小的测量。横杆的中心由悬丝吊起，横杆的一端是带电小球，另一端是保持平衡的小球，由于带电小球与垂直的小球之间有力的作用，横杆带动悬丝发生转动，通过计算悬丝的扭力矩，可以计算小球之间的力。库仑根据这个实验，提出**库仑定律**：在真空中两个静止的点电荷之间相互作用力的大小与物体带电量的乘积成正比，与距离的平方成反比。

用公式表示为：

$$F=k\frac{q_1q_2}{r^2}$$

其实在这之前，很多人都猜想电荷之间的相互作用与万有引力定律类似，也是平方反比，卡文迪什扭秤实验也可以和库仑扭秤实验相互对照。除了成功测量地球密度和万有引力常数这一最著名的成果，卡文迪什一生中在电学领域取得了丰硕的成果。不过，他最终发布的电学研究论文非常有限，一直到将近百年后，这些成果由麦克斯韦整理实验记录手稿并发布才为世人所知。卡文迪什的发现不仅包括前面提到的库仑定律，还有后面将要讲到的描述电路的**欧姆定律**，以及对于电介质和电容器的研究。而库仑定律和万有引力定律作用的强度都和距离的平方成反比，这一理论上的巧合让人不禁遐想。爱因斯坦在完成广义相对论后，就曾经想过继续完成万有引力和电磁力的统一，不过最终并未成功。

虽然库仑定律告诉我们电荷之间相互作用的形式，但当时测量电荷量的方法还是相对而言的。比如我们知道两个相同材质和形状的物体相互接触，那么其上的电荷量将会平分，而电荷的绝对数值大小，待由美国科学家密立根（Robert Andrews Millikan）利用油滴法最终测定，密立根也因此获得了 1923 年诺贝尔物理学奖。密立根通过油滴法确定：**任何物质的带电量，都是基本电荷的整数倍。**其中基本电荷就是一个电子所带的电量的绝对值。在国际单位制中，电量单位 1 C 被定义为 1 s 内 1 A 稳定电流在横截面内通过的电荷量。这里面包含了大约 6.24×10^{18} 个基本电荷。

虽然通过实验，我们知道了电荷之间是如何发生相互作用的，但关于这种作用如何产生，又怎么相互作用，仍有待探索。英国物理学家法拉第从他广泛的实验中获取灵感，构想了“场”和“力线”的概念。他如此总结道：

> 从我最早关于电和磁关系的实验开始，我不得不用“磁力线”的方式思考和讨论磁力，而且不仅用于定性和方向，还在定量上。在最近的一些研究中，我有必要更频繁地使用这个词。

拿电场来说，电场线从正电荷发出，落到负电荷上，我们可以根据电场线的疏密程度直观判断电场场强的大小，电场线的切线方向表示场强方向。我们还可以利用电场线的概念直观地理解库仑力作用强度为何随着距离呈现平方反比：从电荷上发出的电场线数量固定，而固定距离下以电荷为中心的球面面积和距离的平方成正比，自然球面上场强和距离的平方成反比。

在历史上，麦克斯韦将法拉第场的思想发扬光大，提出了电磁学的基本方程，这段故事我们先按下不表，聊聊到底什么是“场”。**实际上，场的概念特别简单，将空间中的一点和特定的量联系在一起就行。**更特别一些，如果这个量有方向，也就是说这是个矢量，对应的场就被称为“矢量场”。风向图就是一个典型的矢量图，空间中每个点都存在特定的风向。在数学上，这个概念则被进一步抽象为流形和切向量。1912 年，布劳威尔（L. E. J. Brouwer）在此基础上证明了一个非常好玩的**毛球定理**：你永远无法抚平一个“毛”球，却可以抚平一个“毛”甜甜圈。

在研究了很多“电荷静止”的静电学内容后，人们也开始逐渐向更远的未知迈进——电荷开始运动起来了。前面已经提到，除了闪电，人类对电流的第一次观察来源于青蛙解剖。意大利生理学教授伽伐尼与学生一起解剖青蛙时观察到了电火花。电生理学也正是肇始于这个发现，现在我们去医院体检时经常需要检查心电图或脑电图，甚至急救时需要用到的自动体外除颤器（AED）都离不开生物体内的电信号。

说回电池，伏特把锌片和铜片夹在盐水浸湿的纸片中，以一个锌片和一个铜片为一个单元，将单元不断重复地叠成一堆，从而获得了“伏打电堆”（伏特有时被音译为伏打）这一稳定的电力来源。伏打电堆形式多样，在伏特 1800 年的论文《论仅由不同导电物质相接触而产生的电力》（“On Electricity Excited by the Mere Contact of Conducting Substances of Different Kinds”）中，本来浸泡在盐水中相互接触的锌片和铜片被替换成了焊接在一起的一端为锌，另一端为铜的弓形电极。这个看起来有些喜感的电池也被称为“杯子王冠”（Crown of Cups）（见图 4-1）。当然，伏特也尝试过将铜片替换为银片，虽然这样放电效果更好，但造价也更为高昂。

图 4-1 “杯子王冠”电池示意图

我们在课本上学过，伏打电堆之所以能发电，其实是因为金属发生了**氧化还原反应**。虽然这个反应名字里有“氧”，但和氧气其实没有什么关系，就是电子跑来跑去。在电堆的阳极，也就是锌片这一端，锌发生氧化反应，失去两个电子变成锌离子跑到盐水中；而来自电解质中的两个氢离子在阴极，也就是铜片这端接收这两个电子，从而还原成氢分子。这两个金属电极上发生的事情就仿佛一个很会花钱的人在不断地向银行要钱。如果我们把电池的两端相互连接形成闭合的回路，正如社会上流通的钱兜转一圈最终又回到银行一般，化学反应不断进行，电子的传递也会源源不断。不断发生的化学反应当然也使得锌片不断被侵蚀损耗。伏打电堆的产生不仅从化学电源的角度为电流的研究打下了基础，还为随后的一系列成果提供了基础。1800 年 5 月，英国化学家尼科尔森（William Nicholson）和卡莱尔（Anthony Carlisle）将伏打电堆的两端放到水中，他们在电极上观察到了微小的气泡，这说明水可以电解。同年 7 月，克鲁克香克（William Cruikshank）发现如果电解的是醋酸铅、硫酸铜和硝酸银等盐溶液，在导线上甚至能形成铅、铜和银的沉积物。电化学的概念由此而生，著名化学家戴维（Sir Humphry Davy）在 1808 年也成功用伏打电堆提纯了金属钠和金属钾。

有了伏打电堆提供的稳定直流电流的加持，电学的研究进入了快车道。伏特也因为他开创性的发现和创造，使如今电压的单位也以他的名字来命名。在后面的章节中，我们将会提到电流磁效应的发现，这其实也是受到了伏打电堆的启发。德国物理学家欧姆在 1825—1826 年做了很多关于电阻的实验，其中有很多就是利用伏打电堆完成的。[①] 他用不同长度的电线连接伏打电堆，发现电流和电动势成正比，用公式表述就是 $R=V/I$。

欧姆定律是欧姆从宏观的实验观察和分析得到的结论，由此也引出了电阻这一概念。1840 年 12 月，英国物理学家焦耳将电线浸入固定质量的水中并测量水的温度变化。通过精密的实验设计和测量，他首次发现电流可以产生热量，而且单位时间内产生的热量与电流的平方及导线的电阻成正比，这个发现被称为“焦耳定律”，导体产生的热被称为“焦耳热”。焦耳定律中涉及的能量变化是电能转换为热能。

我们可以试着从微观的视角理解电阻的概念和电流发热的过程。其实欧姆定律告诉我们，如果导体上存在电阻，那么两端就要用电压差才能驱动载流子运动，电阻反映了阻碍电流移动的能力。至于这种“阻碍”到底来自哪里，其实也很好理解，导体内的载流子想要运动，就难免和原子核相互碰撞。这些碰撞阻碍了它们的定

---

① 为了更好地实现对电压的控制，后来欧姆把伏打电堆替换为利用温差发电的热电偶。

向移动，导致能量损失，这也正是焦耳热的来源。

在实际应用中，有时候我们要避免它，有时候也可以加以利用。我们常用的电器里面很多都带有加热装置，比如电炉、电烙铁、电熨斗、电饭锅、电烤炉等，都是利用电流的热效应制成的加热设备。焦耳热的出现会导致电能的浪费，工程上也会使用电阻尽可能低的导线来运输电力。另一方面，为了防止家用电路由于电流过大导致危险后果，以前很长一段时间里，家里会安装保险丝。保险丝通常会用熔点较低的铅锡合金等材料制成，当电流过大时，保险丝上产生的焦耳热就会熔断保险丝，切断电路，保证电路和用户的安全。不过，因为保险丝更换起来比较麻烦，而且烧断需要一定时间，无法实现快速精准的短路和漏电保护，现在很多电路设计使用电子元器件实现这一功能。

虽然伏打电堆的发明极大地推动了人们对电的研究，但如果没有法拉第电磁感应定律的发现，光是化学电池肯定无法满足现代社会对于电力的大规模需求。1821 年，英国物理学家法拉第就制备出了世界上第一台电动机。随后，他利用电磁感应原理，制作了圆盘发电机。关于电和磁之间的相互转换，我们将在后续章节中介绍，我们可以说说法拉第在科学研究以外领域的一些贡献——他非常热衷于科普事业。英国皇家学会自 1825 年开始，每年圣诞节期间都举办一次针对青少年的科普讲座，一直坚持到了现在。法拉第一共站上讲台 19 次，每次他上台，台下都座无虚席。在他的所有圣诞讲座里，1860 年介绍的《蜡烛的化学史》(*The Chemical History of a Candle*)最为出名。在讲座中，他从一支小小的蜡烛开始，边做实验边讲述，从蜡烛的选材与燃烧讲到燃烧发生的条件和产物；再讲到氧气、氢气、二氧化碳等气体的性质。他曾如此介绍道:

为了答谢大家光临的盛意，我想利用这几次讲座的时间，谈谈关于蜡烛的化学变化问题。这个问题，以前我虽然讲过一回，可是我很想讲，如果可能，我愿意每年讲一遍。

虽然讲座内容已历经上百年，但现在看来依然生动有趣。

现代文明社会的基石

前面我们介绍了电在科学研究上的一些历史，但电力在现代文明社会应用如此广泛，离不开众多科学家和工程师在实践上的改进，理论变革了，技术也同样需要变革，婴儿也要成长。在法拉第发现电磁感应定律后，1866 年，德国的西门子发明了自励直流发电机。这里的“自励”指的是发电机所需要的磁场由发电机本身供给电磁铁而产生，这是发电机进入实用领域的开始。在发电机的发明上，还有一位科学家必不可少，他就是尼古拉 · 特斯拉。特斯拉非常醉心于电的研究。在他的实验室里，到处是各种放电实验，也有人去参观他的实验室，著名的特斯拉线圈也是以他的名字命名的。1887 年，他发明了多相的异步电动机。他在电学的其他领域也取得了很多成就，1898 年，他还发明并演示了无线电的遥控技术。

在 19 世纪末，直流输电技术和交流输电技术都在快速发展，到底采用何种技术输电，两派均有核心人物摇旗呐喊，并最终裹挟众多商业公司发展成“电流大战”。不过，大战并不是坏事，至少现代输电系统也在这段时间里应运而生。现代人们所用的电一般由电网统一发电，然后分配到家庭、公司等各个场所供人们使用。发电站利用自然界中蕴含的各种能源，比如太阳能、风能、化学能、核能等能量转换为电能，经由电线或无线的方式进行传导，然后运输到需要用电的地方，转换为其他能量形式为人们服务。

从宏观上看，中国幅员辽阔，但能源蕴藏与电力需求呈逆向分布，其中 2/3 的水能资源在西南，2/3 的煤炭资源在西北，风能和太阳能等可再生能源也主要分布在西部、北部，而 2/3 以上的电力需求则来自资源相对匮乏的东中部地区。“西电东送”超级工程就是将西部省区丰富的电力资源通过超高压和特高压线路输送到东部沿海地区。虽然电力输送起来非常简便，但在电线中传输时不可避免会产生焦耳热。为了减少能量损耗，我们需要尽可能减少导线的电阻，科学家现在也在努力寻找室温超导材料。大家听说的超高压或特高压输电也属于能够降低导线上电阻损耗的例子。在传输功率一定的情况下，电压越高，导线上的电流越小，从而焦耳热越小。

我国现有三种高压电网，分别为交流 110 kV、220 kV 电压等级的高压电网，交流 330 kV、500 kV、750 kV 电压等级的超高压电网，交流 1000 kV 和直流 ±800 kV 电压等级的特高压电网。电能在到达服务地区以后再由变压器分级将电压降下来，最后变成我们家中日常使用的 220 V 市电。

有了电以后，如何将电储存下来也很重要。近些年，为了减少碳排放，我国也在大力推进清洁能源的建设。不过，很多清洁能源都存在输电不稳定的问题，比如风能随着风力的大小而变化，太阳能也仅能在白天发电，还受到天气因素的影响。如果一定时间内产生的电能太多了又用不掉，我们就需要把电存储起来，等到需要的时候再用。也就是说，我们要先把电能转换为其他形式的能量，等到需要的时候再转换回电能。目前常见的储能技术可以大致分为以下几类：

1. **机械类储能：**抽水蓄能、压缩空气蓄能、飞轮蓄能；

2. **电气类储能：**超级电容器、超导储能；

3. **电化学类储能：**铅酸电池、锂离子电池、钠硫电池、液流电池；

4. **热储能：**熔融盐储热、冰储冷；

5. **化学储能：**电解水、合成天然气。

在日常生活中，各种电子设备里出现的可重复充放电的电池其实也有同样的功能，只不过上面的储能手段储存的能量比手机电池多很多。

既然说到了电池，我们不妨再来聊聊我们如今已经离不开的锂离子电池。虽然在生活中，人们经常把这个名词简化为锂电池，但两者其实根本不是一回事。在早期的电池，比如伏打电堆里，电池的正负极材料对电池的性能至关重要。锂金属十分活泼，质量又轻，其实是非常理想的电池正极材料，但也正因其太过活泼，所以也十分危险。人们退而求其次，转而使用锂离子材料作为电池的正极。在电池充放电的过程中，其他元素位置基本不变，但锂离子可以在材料中自由移动。从 1991 年首个商用锂离子电池问世以来，如今连汽车都能用锂离子电池驱动了。美国科学家约翰 · B. 古迪纳夫（John B. Goodenough）、M. 斯坦利 · 惠廷厄姆（M. Stanley Whittingham）和日本科学家吉野彰（Akira Yoshino）因在锂离子电池领域的贡献而荣获 2019 年诺贝尔化学奖。

回望历史，人类对电的认知与观察从 3000 多年前开始，但电真的定量地被人类研究并实用，不过几百年的历史。在现代社会，电的实用以及电能的存在给人类社会带来了翻天覆地的改变，手机、电脑、电车、电灯等的出现对于几百年前来说，确实是难以想象的事情。

如今，人们的探索不断向更宏观和更微观两个尺度上迈进。有朝一日，我们是否可以在太空中建立发电站？量子力学研究尺度下的电学以及电子之间的纠缠、传输又有哪些新的可能？也许在100年后，未来社会因此将会有另一番崭新的面貌。

磁，信息社会的基石

环顾周围，想想有哪些地方用到了磁？

从磁带到电脑的信息存储，从磁悬浮列车、起重机到核磁共振，从人类的日常交通出行到动物的季节性集体迁徙，从战国时期的司南到今天无处不在的高科技……到处都有磁的影子。在电学章节中，我们主要介绍了电能在现代社会中举足轻重的地位，而现代社会其实还有另一个关键词：**信息**。

如果我们从“信息”这个角度审视现代社会，会发现所有与信息相关的地方，几乎都有磁的身影。

从小小的指南针开始

在自然界中就存在着很多天然的磁。春秋战国时期，人们发现了磁石具有吸铁性。《吕氏春秋 · 季秋纪 · 精通》记载“慈石招铁，或引之也”，这里的“慈”就是指磁石，可以吸引铁。东汉时期《论衡》中有“司南之杓，投之于地，其柢指南”，用司南来指示方向。当然，这个司南就是我们现代意义上的指南针。有了指南针，人们拥有了除夜观天象和昼观日影以外的第三种判断自身方位的选择。北宋朱彧的《萍洲可谈》中记载：

> 舟师识地理，夜则观星，昼则观日，阴晦则观指南针。

不过稍显遗憾的是，尽管这项发明如此重要，老祖宗并没有借此去航海，以探索更广阔的世界，而是和八卦结合，做成了风水里常用的罗盘。

西方对磁的认识也是从磁石开始的。古罗马学者老普林尼（Pliny the Elder）在公元 77 年写成了著名的《博物志》（*Naturalis Historia*，又译《自然史》），该书也是古代西方百科全书式的代表作。在书中，他引述了古希腊诗人尼坎德（Nicander）的说法，牧羊人马格尼斯（Magnes the shepherd）在放羊时发现他的鞋钉和身上的金属可以粘在一种特殊的石头上。磁铁（magnet）也因此得名，磁的英文也由此被命名为“magnetism”。也有说法是磁铁这一名字来源于发现地的名字“Magnesia”，不过关于这个地方的确切位置也是众说纷纭。西方对磁的系统观察始于 13 世纪，第一本尚存的描写磁石性质的书是法国学者佩雷格林纳斯（Peter N. Peregrinus）写的《磁石书》（*Epistola de magnete*）。在这本书中，佩雷格林纳斯详细描述了铁针在磁石附近各个位置的取向、磁石具有南北两极的概念以及指南针的使用。直到 1600 年，英国的吉尔伯特（William Gilbert）迈出了重要的一步，他在用拉丁文撰写的第一部磁学专著《论磁》（*De Magnete*）中澄清了静电吸引和磁吸引其实是两种原因完全不同的现象。这本书不仅详细总结和发展了前人对磁的认识和实验，还系统地研究了地球的磁性。

在对磁性物质的研究中，法拉第迈出了重要的一步。他提出了力场的概念，帮助大家理解磁如何和物体相互作用。在具体的材料上，他发现除了铁、钴这一类磁性非常强的铁磁性物质，还存在着大量磁性不是那么强的顺磁性物质和抗磁性物质。**可能大家想象不到，水就具有抗磁性，而液氧具有顺磁性，在网上甚至可以搜到在强磁场作用下，青蛙可以悬浮、液氧发生偏转的图片。**顺磁性和抗磁性的区别在于，在强磁场的作用下，顺磁性物质可以被磁场吸引，而抗磁性物质与此相反，和磁场相互排斥。在法拉第之后，皮埃尔·居里（Pierre Curie，居里夫人的先生）系统研究了物质中的磁性能不能发生变化。居里在实验中发现，当温度超过一个点之后，磁铁的磁性会消失，铁磁性材料会变为顺磁性材料，这个温度被称为“居里点”，而顺磁性材料磁体的磁化率跟温度成反比，这个规律也被称为“居里定律”。20 世纪初，保罗·朗之万（Paul Langevin）和皮埃尔·外斯（Pierre Weiss）将居里定律进行理论化推导和修正，引入了经典统计力学和分子场，推导出了铁磁性物质满足的居里-外斯定律。自此，人类第一次从理论上开始理解材料磁性（见图 4-2）的来源。

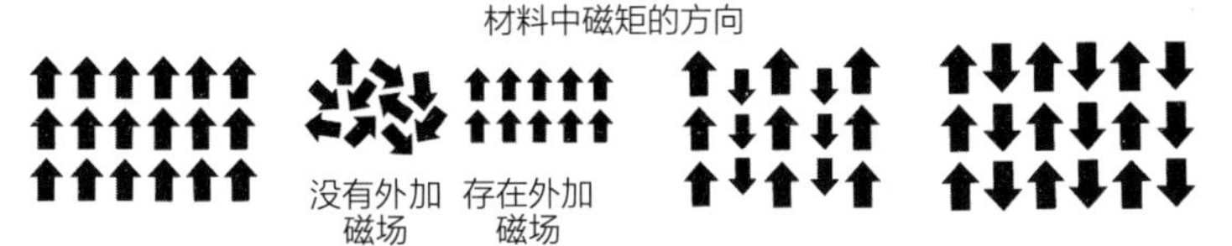

铁磁性：铁磁性材料中的磁矩。在没有外加磁场的情况下，磁矩是有序的且具有相同的大小。

顺磁性：顺磁性材料中的磁矩。在没有外加磁场的情况下，这些磁矩是无序的，并且在外加磁场的情况下有序。

亚铁磁性：亚铁磁性材料中的磁矩。在没有外加磁场的情况下，由于由两种不同的离子组成，磁矩相反地对齐并且具有不同的大小。

反铁磁性：反铁磁性材料中的磁矩。在没有外加磁场的情况下，这些磁矩是相反的，并且具有相同的大小。

图 4-2　材料磁性示意图

但是，居里-外斯定律存在两个根本性的困难。一是经典物理无法解释原子具有一定大小磁矩的假设。由于磁场并不能改变电子能量，而且根据统计力学，粒子具有一定的分布，因此在热平衡时，物质不应该显示磁性。玻尔和范莱文（Hendrika Johanna van Leeuwen）分别在 1911 年和 1919 年发表的博士论文中发现并引入量子力学，才解决这个矛盾，这一内容也被称为玻尔-范莱文定理（Bohr-Van Leeuwen theorem）。另一个困难是经典理论不能说明电子场的起因，经典理论算出的分子场要比实验得出的结果大三个数量级。这些问题的存在预示着想要真的理解磁性，必须依靠量子力学。

20 世纪初，量子力学不断发展。约翰 · 哈斯布鲁克 · 范扶累克（John Hasbrouck Van Vleck）率先将量子力学和磁性联系起来，是发展量子磁学的先驱，他也因为对于磁性和无序体系电子结构的基础性理论研究，与安德森、莫特（Sir Nevill Mott）共同荣获 1977 年诺贝尔物理学奖。原子由原子核和核外电子构成，**物质的磁性其实来自原子的磁性**。根据量子力学，电子具有量子化轨道，这些轨道就具有不同的"磁性"，而电子具有自旋的特性，这也会对外体现为"磁性"，两者加在一起就构成了原子磁性的来源。追根溯源的话，轨道磁性来自运动电荷的磁效应，我们将在后面展开，而自旋可以简单理解为电子所拥有的两种不同的磁性状态，在磁场中，不同的磁性状态将会有不同的能量。

正所谓**多则异也**（More is different），物质的磁性并不是原子磁性的简单加和。1927 年，海特勒（Walter Heitler）和伦敦（Heinz London）用量子力学求解氢分子的结合能时发现，由于电子必须满足泡利不相容原理，在系统里存在多个电子时，相互交叠的电子波函数会出现额外的静电排斥能量。这导致氢原子中两个电子自旋在取向不同时能量不同。当然这个工作也解决了化学里化学键到底是什么这一本质问题，1927 年也由此成为量子化学元年。在这种自旋相互交换作用的基础上，海森伯建立了局域电子自发磁化理论模型——在周期性的晶格上，格点之间根据自旋不同具有不同的相互作用能。这个模型不仅解释了自发磁化的成因，也对铁磁性理论的发展起到重要作用。后人在这个模型的基础上又增加了不同的理论假设，比如将相互作用分为海森伯交换作用、双交换作用、超交换作用以及 RKKY 交换作用等用来解释不同磁体中磁性的起源。

我国现代对磁的系统研究可以认为是从物理学家施汝为先生开始的。他当年从美国耶鲁大学博士毕业之后，于 1934 年回到中国，建立了中国第一个现代磁学研究实验室，也就是现在的中国科学院物理研究所磁学国家重点实验室的前身。施汝为先生毕生从事磁学研究，培养了一大批磁学人才，为中国磁学事业的发展奠定了坚实的基础。即使在战争年代四处辗转，施汝为先生身边也始终带着电磁铁。战争结束之后，他还用身边的磁铁做了很多实验。目前这块磁铁仍然被存放在中国科学院物理研究所一层的展厅中。

怎样制造一块磁铁

我们都知道，磁铁或磁石指的是能够吸引铁磁性物质并于其外产生磁场的物体。磁铁有两极，用一根细线悬挂磁铁，磁铁指向北方的一极被称为“指北极”或“N 极”，另一极为“指南极”或“S 极”。磁铁不同的磁极之间异极相吸，同极则相斥。前面我们说了很多关于电荷的故事，那么磁的产生是来源于“磁荷”吗？事实上，如果把一块带有磁性的金属棒从中间分开，新得到的两根磁棒也会“自动地”产生磁场，每段磁棒都有成对的南北极。因此，在这种无限细分的概念下，是没有办法得到所谓的“磁单极子”的。当然，有理论预测存在着磁单极子，但实验上还没有找到类似的物体，如果哪天有人或实验室发现了磁单极子，这将会是基础理论的巨大突破。

磁到底是什么？人们对磁的认识迈出的重要一步，来自发现了**电流具有磁效应**。1820 年，奥斯特（Hans Christian Ørsted）像往常一样每天上课 5 个小时，并习惯性地每月做一次有关前沿科学的讲座。奥斯特其实一直相信电能和磁相互转换，从 1818 年开始就不断地尝试，不过一直不得其门而入。他组装好了仪器，准备在讲座之后进行实验，并且询问听众是否愿意留下来一起看实验结果。不过，这次的实验结果有些出乎意料，托马斯·杨盛赞奥斯特的发现直接将丹麦的科学研究提升到自第谷之后从未有过的水平，甚至有人将这个实验誉为千年来最重要的发现之一。奥斯特到底看到了什么？在将伏打电堆接上导线以后，在带电导线周围，平行于导线的小磁针向垂直导线的方向发生了偏转。奥斯特也没想到惊喜来得如此突然，他成功发现了在带电导线的周围存在磁场。

我们当然也很好奇，这个实验看起来并没有特别难做，为什么奥斯特尝试了这么久才发现电流的磁效应？在最初的设想里，奥斯特一直认为通电导线周围的磁场应该是沿着导线电流的方向。更多答案藏在奥斯特的好友汉斯廷（Christopher Hansteen）1857 年写给法拉第的一封信中：

> 奥斯特曾试图将他的导线垂直地（成直角地）放在磁针上，但没有发现磁针有任何明显的运动。他在某次演讲结束后使用了更好的电池进行实验，他说：“现在让我们在连上电池

> 的情况下尝试将电线与磁针平行放置。”在他这样做以后，小磁针摆动得很厉害（几乎与磁子午线成直角），这令他非常困惑。然后他说：“让我们把电流的方向颠倒一下。”小磁针就朝相反的方向偏移了。有人说，这是他意外发现的，这并非没有道理。

尽管这封信距离电流磁效应的发现已经过去了37年，甚至奥斯特都已经去世，但不管怎么说，就算是意外，这一“意外”的重大发现也是奥斯特通过辛勤实验应得的。

这个实验结果很快就传遍了整个科学界。位于法国的安培在得知这个实验以后激动不已，马不停蹄地投入更进一步的实验中。他通过一系列精巧的设计得到了通电导线周围磁场大小和电流的具体关系的数学表达式。值得一提的是，“电动力学”一词也来自安培的代表作《关于电动力学现象之数学理论的回忆录，独一无二的经历》（*Memoir on the Mathematical Theory of Electrodynamic Phenomena, Uniquely Deduced from Experience*）。

回到物质磁性这一问题上，安培根据电流的磁效应，提出了著名的分子电流假说，他认为无论是磁体还是电流产生的磁性都归结于同一根源。分子电流假说认为磁体的分子内部存在一种环形电流——分子电流，分子电流使得物质微粒成为微小磁体。一般情况下，物体内部分子电流的取向是杂乱无章的，但是在外部磁场的作用下，分子电流取向大致相同，使得物体宏观表现出磁性。安培分子电流假说当时并不被大家认可，一直到将近70年后的1897年，英国科学家汤姆孙发现了电子，以及在这之后人们对原子内部结构的进一步探索，才证明了其假说的正确性。之后荷兰物理学家洛伦兹又进一步提出了电子论，将物质的宏观磁性归结为原子中电子的作用，统一解释了电、磁、光的现象。现在我们知道，分子电流对应了量子力学解释的轨道磁矩。

磁场看不见又摸不着，我们到底怎么理解磁场的存在？为了更好地表现磁性和磁场，法拉第用铁粉均匀撒在磁铁周围来展现磁力线，从而使看不到摸不着的磁场直观化（见图 4-3）。从这个实验中可以看到，磁极的周围并不是一无所有的、空虚的，而是充斥着各种方向的力线，磁铁对小磁针以及通电导线对小磁针的偏转作用力就是通过这样的磁场传递的。

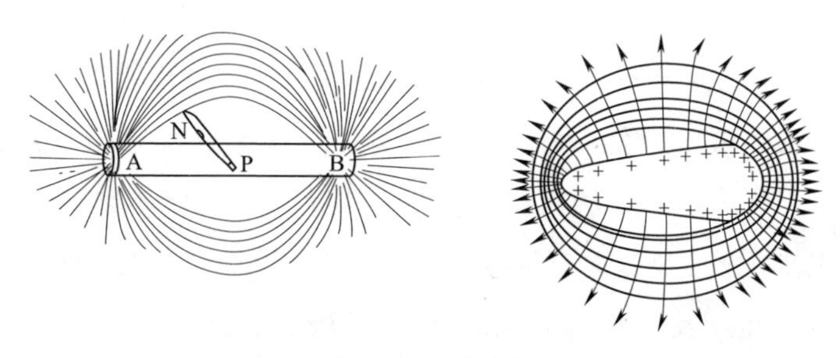

图 4-3　磁场和电场

用力线的概念来解释电场和磁场中的现象，从而将看不见的场的概念用具体事物表现出来，这在物理学领域是一个重大突破。我们从磁力线的分布图里也能够读出很多信息。比如磁场中的磁力线是一个闭合的曲线，它没有起点，也没有终点。磁力线在磁体的外围，可以认为是从北极指向南极，在内部从南极指向北极。从磁力线的疏密程度来判定磁场的强弱，磁力线越密集的地方说明磁场越强。可以看到磁力线是一个曲线，所以曲线上任意一点的切线方向就是磁场的方向，也就是小磁针北极所指的方向。有人说或许正是由于法拉第的数学不是很好，因此才会想尽各种办法用简单易懂的语言去描绘高深的物理规律，才会有简明优美的力线和场这样的概念。我们只要把自己擅长的东西发挥到极致，就会有很大的收获。

现在我们了解了磁是什么，也了解了如何表现磁的存在，终于可以开始本文的小目标——怎样制造一块磁铁上了。磁铁分为永久磁铁和非永久磁铁。在日常使用中，一般认为能够吸引铁、钴、镍并且能够长期保持磁性的磁体是永磁体，而像铁这类既容易产生磁性也容易失去磁性，而且磁极也会受到外界磁场影响的材料被称为“软磁体”。铁被永磁材料吸引一段时间之后产生磁性的过程被称为“磁化过程”。根据磁的起源可知，磁是由于磁体中的微观磁矩方向一致，表现在宏观上就是磁性。因此，制造磁铁的方式主要是通过某种方式使物体内部的磁指向同一方向。最早的磁石是直接开采得到的，但磁石在地球中到底是如何形成的，长期以来一直是地质学中一个悬而未决的问题，而且地球上只有少量的磁铁矿被磁化为磁石。如果为了制作指南针，磁石显然不够方便，北宋沈括在《梦溪笔谈》中提到了一种人工磁化的方法：“方家以磁石磨针锋，则能指南。”利用天然磁石就能使得钢针磁化获得磁性。

现代使用的永磁材料主要可以分为这几类：以氧化铁为主要成分的铁氧体、铝镍钴合金以及由稀土元素合金组成的稀土磁铁。制造永磁体的方式有铸造、烧结等，获得磁性的方式也很简单，这一步也被称为**“充磁”**：将粗制成的永磁体暴露在磁场中，在撤去磁场后，永磁体内依然能保留磁性。永磁材料中典型的例子是**钕铁硼磁体**（NdFeB magnet），其硬度高、性能稳定，被广泛用于硬盘、手机、耳机等电子产品上。可能很多人见到这种磁铁还很好奇，想要上手。但其实如果现实中真的能有机会用到钕铁硼这一类的磁铁，使用时一定要非常小心。因为磁铁吸力太强，所以很容易直接吸到金属上，把磁铁崩碎，使用的时候，人也很容易受伤。

日常中常用的另一类磁铁是**电磁铁**。电磁铁是一种非永久性磁铁，它是用电流产生磁铁的装置。1820 年，奥斯特揭示了电能够产生磁的现象，不久以后，1825 年英国人威廉 · 斯特金（William Sturgeon）将通有电流的金属线缠绕在绝缘棒上，从而发明了电磁铁。一般而言，电磁铁所产生的磁场强度与直流电大小、线圈圈数及中心的导磁物质有关。具体使用时可以通过调控电流的大小、线圈的圈数来控制和调整电磁铁的磁场强度。

电磁铁可以用电流调控，生活中处处都有电磁铁的身影，比如起重机中的电磁铁对应的电路接通时，电磁铁可以吸引并搬运钢铁物品；到指定位置后，切断电流，钢铁物品被放下。在磁悬浮列车中，可以通过控制电流的大小控制列车和轨道之间的磁性，进而使列车稳定地浮在轨道上面。而在各种大科学装置里，小到电子显微镜里的磁透镜，大到加速器和粒子对撞机里利用超导线圈生成的人工磁场，都是电磁铁的应用。

回到指南针的问题上，现在我们打开手机，就能轻而易举地找到指南针的应用，不过这并不意味着每部手机都内置了一个微型指南针。虽然手机判别方向也依赖地磁场，但它利用的是三轴磁传感器判断磁场的方向。这里利用的是磁场带来的另一个全新的效应——**霍尔效应**。

霍尔效应于 1879 年由埃德温 · 赫伯特 · 霍尔（Edwin Herbert Hall）发现，并以他的名字命名。这是因为带电粒子在电磁场中运动时会受到洛伦兹力的作用。洛伦兹力的表达式如下：

$$F=q(E+v\times B)$$

其中，F 是洛伦兹力，q 是粒子的电荷量，E 是电场强度，v 是带电粒子的速度，B 是磁感应强度。从这个公式里可以得出一个核心结论：在磁场中，带电粒子感受到的洛伦兹力的方向和运动方向垂直，磁场可以使带电粒子的运动方向发生偏转。所以假如把通电导体放到磁场中，在洛伦兹力的作用下，导体中的载流子会向一侧偏转，从而在导体垂直磁场的方向上形成电压差，这个电压差也被称为霍尔电压。显然，磁场越强，载流子偏转越明显，霍尔电压就越大，我们便可以运用霍尔效应测量磁场。当然，这里的测量还需要打一个引号。稍微思考一下就会发现，霍尔效应其实只能判断垂直于导体方向上的磁场大小，并不能判断磁场真正的大小和方向。现在手机里使用的一般是三轴磁传感器，在传感器仅有几毫米大小的情况下能够实现三维空间中磁场方向和大小的测量。这里面既有 100 多年前霍尔的贡献，也有 100 多年来科学家和工程师在工艺上的改进和器件小型化上的努力。

利用洛伦兹力，我们还可以观察到物体微观的磁性分布，人们发明了洛伦兹透射电子显微镜。我们知道，用电子可以探测物质的微观结构。当高速运动的电子经过样品的磁场时，电子在洛伦兹力的作用下，运动路径发生偏转，所以在透射电子显微镜中，我们可以观察到在磁场方向发生改变的位置，也就是磁畴壁所在位置会呈现明暗变化。对得到的数据进行进一步解析，我们就可以得到微观的磁矩分布。

霍尔效应的故事远没有结束，人们在霍尔效应的基础上，发现了不需要外界磁场就能出现的**反常霍尔效应**（abnormal Hall effect，AHE）、可以区分电子自旋状态的**自旋霍尔效应**（spin Hall effect，SHE），以及它们的量子版本：**量子霍尔效应**（quantum Hall effect，QHE）、**量子反常霍尔效应**（quantum anomalous

Hall effect，QAHE）、**量子自旋霍尔效应**（quantum spin Hall effect，QSHE）。如今国际单位制中电阻的单位欧姆，正是利用量子霍尔效应定义的。

在生活中，磁在何处

磁，也无处不在。

在我们周围，分布着无处不在的地磁场。地球就是一个巨大的磁体，磁北极处于地理南极附近，磁南极处于地理北极附近。前面在介绍霍尔效应的时候，我们提到了带电粒子进入磁场后会发生偏转。在宇宙中，高速运动的带电粒子极其多，太阳就在向外辐射等离子体。这些来自太阳的带电粒子到达地球附近以后，地球磁场将部分粒子困住并迫使其发生偏转。因为地磁场两头强中间弱，所以带电粒子在南北两极之间来回运动，形成了著名的范艾伦辐射带（Van Allen radiation belt）。部分带电粒子进入极地的高层大气（大于 80 km）时，与大气中的氧气分子和氮气分子碰撞并激发，由此形成了璀璨耀眼的极光。

虽然人类无法直接感知地磁场的存在，但在自然界中有很多生物可以感知地磁场并加以利用。候鸟具有沿纬度季节性迁徙的特性，这些鸟夏天的时候在纬度较高的温带地区繁殖，冬天的时候则在纬度较低的热带地区过冬。它们如何在进行超远距离迁徙的时候准确辨别方向？虽然科学家大概了解候鸟可以感应地磁场，但一直以来，生物到底如何获得对于磁场的感知，依旧是一个巨大的谜团。即使在很长一段时间里不知道为何部分鸟类拥有如此出色的辨别方向的能力，也不妨碍人们对此加以利用。比如在古代通信不发达的条件下，人们可以训练专业的邮递员“信鸽”来往各地送信。现在我们常用“放鸽子”来形容一个人爽约，下次你迟到了，不妨尝试换一个解释的理由：路上的磁场变了，我这只鸽子找不到路了。

在对磁场感知的过程中，科学家最不能理解的是磁场到底导致生物体内发生了怎样的变化，因为地磁场实在太弱了。1978 年，克劳斯·舒尔滕（Klaus Schulten）提出可能生物中某些分子带有自旋，从而可以感知磁场的存在。现代研究朝着真相迈进了一大步。在候鸟的眼睛中存在隐花色素（Cryptochrome），在蓝光的作用下，隐花色素中的 FAD（黄素腺嘌呤二核苷酸）分子和色氨酸分子（Trp）允许带上自旋，从而形成与自旋方向相反的自旋单态和与自旋方向相同的自旋三重态两种状态。我们前面提到，不同的自旋在磁场中将会拥有不同的能量，这将会影响隐花色素分子重新变化最开始状态的化学反应，鸟类也由此得以直观感受到磁场的存在。

在科学探索的路上，我们不仅要大胆猜想，还要小心求证。虽然人类在生物对磁场的感知这个问题上理解得似乎很深入了，但迄今为止，我们还未真正观测到候鸟的眼中是否真的发生了上述化学反应。最终结论到底是什么，我们不能轻易下判断。

除了前面讲到的地磁现象以及生物对磁的感知，磁学与地质、天文领域都能实现交叉融合。我们可以通过勘测地球磁场分布来探矿。由于地磁场也在不断地发生变化，不同历史时期的岩石被地磁场磁化的结果也不尽相同，因此我们也可以通过测量岩石中的剩余磁性来判断它们的磁化历史，进而追溯地磁场以及地质结构的演变。在天文学领域，太阳上也有磁场。太阳黑子、磁暴现象都与太阳本身的磁场息息相关。在宇宙中，中子星上的磁场强度是地磁场的数万亿倍。中子星也被称为“脉冲星”。假如中子星的磁轴跟自转轴不重合，磁场旋转产生的无线电波等辐射传到地球时可能会是一明一暗的射电信号，人们借此信号利用射电望远镜确认中子星的存在。

当然，我们身边也有好多高科技产品，利用磁场及其引发的各种效应带来革新。

磁共振成像（magnetic resonance imaging，MRI）是随着计算机科学、电子学、电路学、超导等技术的发展而迅速发展起来的一种生物成像技术，已经被广泛应用于医院等场所。前面提到电子存在自旋，其实原子核也存在自旋，尤其是生物体中存在最多的氢原子的原子核，也就是质子。毕竟，人都是水做的。在强磁场的作用下，带有自旋的质子也会发生旋转。在利用适当频率的微波照射之后，这些旋转的质子会慢慢变得步调一致；而在撤去微波以后，它们又变得杂乱。利用线圈接收在这个过程中生物组织磁场强度的变化，经电脑处理后，就可以绘制出物体内部的精确立体图像了。

磁共振成像需要在受检者的周围制造强磁场环境，而这种强磁场现在只有利用超导线圈才能得到。超导线圈、外加隔热控温的设备以及各种控制电路，这些装置组合在一起就变成了一台巨大的圆筒状机器。同时也正是因为磁共振成像仪器在工作时产生强磁场环境，所以在检查时，医生会要求患者在检查前更换衣服，尤其要取下身上的项链、耳环、手机、手表、计算器、磁卡、活动假牙、假肢、义眼等物品。另外，由于心脏起搏器里也用到了金属，因此戴有心脏起搏器的人也会被禁止做核磁共振。

在交通出行中，磁悬浮列车利用磁力来克服重力，使自己悬浮。由于列车行进时不需要接触地面，因此其阻力只有空气的阻力，这也使得列车行驶速度高、噪声低。理论上，磁悬浮列车的速度可以超过 600 km/h，实现“贴地飞行”。从原理上看，磁悬浮有两种来源：一种是利用普通磁体的“同极相斥，异极相吸”的原理；另一种利用了超导体。前者的原理不难理解，后者则利用高温超导材料具有的磁通钉扎作用。磁通其实就是一定面积内通过的磁力线的多少，材料在成为超导态以后既不允许超导体内的磁通变大，也不允许其变小，对磁力线有束缚作用。因为重力超导体发生移动，磁通就会随之改变，所以磁通钉扎作用的反作用力就使得超导体悬浮在磁场中了。2021 年 1 月 13 日，世界首台高温超导高速磁浮工程化样车及试验线在成都正式启用，“重达 12.5 吨的样车就像是一片漂浮于水面的叶子，仅用手就能轻松向前推动”。磁悬浮的魅力也正在于此。

助力信息时代

原始社会的人类通过结绳计事的方法记录信息，后来记录信息的工具增加了龟甲、石头、陶器、青铜器、书简、纸等，记录工具的演变折射了人类社会生产工具的进步。伴随着人类文明发展以及科技的进步，信息可以通过机械的方式加以记录。18 世纪法国发明家雅卡尔（Joseph Marie Jacquard）设计出人类历史上首台可编程织布机——雅卡尔织布机。织布机中使用穿孔卡保存印染布上的图案并配合织布。在织布的过程中，编织针需要往复滑动，根据穿孔卡上小孔的位置，正对小孔穿孔的编织针可以通过钩起经线，反之编织针则被纸带挡住。因而，编织针就可以自动按照在穿孔卡上预先设计的图案去挑选经线、编织图案。这也是机械化存储的萌芽。打孔记录的历史一直延续到了 20 世纪，早期的计算机编程也是用打孔纸带来完成的。

利用磁来记录信息的想法也早已有之。1896 年，丹麦的年轻电机工程师波尔森（Valdemar Poulsen）将声波转换成电流，再把对应的磁信号保存在盘绕成卷的钢琴线上实现录音，并于 1898 年获得专利。但是，录音机的真正流行还是在发明磁带以后。1928 年，弗里茨 · 波弗劳姆（Fritz Pfleumer）发明了录音磁带。他将粉状的铁粒黏在纸条上，随着音频信号的变化，移动的磁带中铁粒的磁性也会变化，由此可以记录声音的信息。因此，波弗劳姆也把磁带称为“会说话的纸”。1935 年，磁带留声机正式投入生产，而磁带的设计改进为在醋酸盐带基涂上氧化铁。大家在日常生活中能见到的磁带的样子则来自 1963 年荷兰菲利浦公司推出的盒式磁带录音机。

除了声音，各行各业其实还有更多更重要的数据需要存储。

20 世纪 50 年代，IBM 最早把盘式磁带用于数据存储。如今早已是大数据时代，全球每年存储的数据量以 30%~40% 的速度快速增长。我国的“东数西算”工程也已经全面启动实施，工程规划建设 8 个国家算力枢纽节点和 10 个国家数据中心集群。磁带存储以成本低、能耗低、安全性高的优点再次获得广泛关注。这些十分明显的优点让磁带存储成为很多资料库和企业冷备份的首选。按照使用频率从低到高进行划分，数据可以分为冷数据、温数据和热数据。包含各种备份、存档在内的冷数据占据了所有数据的大头，而这类数据也正好适用于磁带存储。当然，这里的磁带不是我们以前听歌或听录音时所用的那种简易版的磁带，数据存储的专用磁带上信息密度特别高。

在日常家用存储领域，数据的存储也离不开磁。不知道大家有没有好奇过软件里常见的保存图标从何而来？这其实是 20 世纪电脑中使用的存储数据的软盘，里面存储信息的核心是包裹在塑料外壳下的磁性存储介质盘片。随着 USB、光盘以及硬盘的长足发展，软盘早已被淘汰了。

1956 年，IBM 推出了历史上的第一个硬盘产品 IBM 305 RAMAC，它相当于两个冰箱的体积，重达 1 吨，但容量只有 5 兆左右。我们现在用的机械硬盘原理跟那时的硬盘原理基本一样，只不过后来新技术的发展使得硬盘体积被不断压缩。现在通用的机械硬盘基本原理大致为通过电流在磁头上产生磁场改变底下盘片上经过的磁颗粒的极性，从而实现写入数据；读取数据时，磁头掠过盘片，盘片上小磁极产生的磁场引起电阻变化，然后通过读取检测电路中电流的大小得到磁盘上的数据。读取的过程看着可能有些陌生，但这其实是提高机械硬盘容量密度的重要技术：**磁阻效应**。

磁阻效应指的是材料的电阻会随着磁场的变化而变化，这个现象最初是 1856 年由开尔文勋爵发现的。因为一般磁场改变时，电阻的变化范围通常在 5% 以内，所以也被称为“常磁阻效应”。1988 年，德国于利希研究中心的彼得 · 格林贝格（Peter Andreas Grünberg）和巴黎第十一大学的阿尔贝 · 费尔（Albert Fert）分别独立发现了**巨磁阻效应**，他们也因此获得了 2007 年的诺贝尔物理学奖。巨磁阻效应存在于夹心饼干一般的多层膜系统中：外层是铁磁材料，而中间为非磁材料。通常情况下，电流中的电子其实包含两种自旋，而且数量各半。电子在通过磁性薄膜时，假如自旋的方向和磁性薄膜磁化方向相同，那么电子将更容易通过；而假如两者方向相反，电子将更难通过。所以我们可以将夹心饼干分成两侧磁性薄膜磁化方向相同或相反两种情况讨论电阻的大小：

1. 在磁化方向相同的情况下。电流中总存在可以顺畅通过的和磁化方向相反的电子，因此此时相当于大电阻并联小电阻，最终体现出来的电阻比不大。

2. 在磁化方向相反的情况下，不论是哪个自旋方向的电子都会在铁磁薄膜处受到阻碍，此时相当于两个较大的电阻并联在一起，最终体现出来的电阻也比较大。

运用巨磁阻效应，人们可以更加灵敏地探测磁与电阻。即使在有限的磁存储区域可以存储高密度信息，人们依旧可以有效识别数据。硬盘的容量也在巨磁阻效应发现以后快速发展，从兆字节（MB）大小发展到现在的以吉字节（GB，又称千兆字节），甚至太字节（TB）为单位的容量量级，尺寸和重量也从冰箱大小、以吨计算变为巴掌大、用手就可以拿起、随身携带的大小。可以说，巨磁阻效应引发了一场革命，改变了硬盘存储行业的标准，让全社会的信息化进程迈进了一大步。

因为硬盘依赖磁头读取和写入，即使人们在设计上已经将一块盘片上存储数据的位置根据磁头位置和盘片转动角度的大小分为不同的磁道和扇区，原则上磁头仍然需要按顺序把固定范围内所有信息都读取一遍才能获得需要的数据。为了提高磁性存储介质的读取和写入速度，人们发明了**磁芯存储器**这一类**随机存储器**（random access memory，RAM）。磁芯存储器的原理非常简单，将磁环在横竖两个方向都用电线串起来形成阵列，每个磁环都可以单独磁化或去磁，代表了计算机中的 0 和 1。当然，运用同样原理也可以做成以**磁芯线存储器**为代表的**只读存储器**（read-only memory，ROM），它和随机存储器的区别在于它只可以读取存储器里的数据，但是不能更改。在制作的过程中需要固定磁环的磁性，然后将导线按照给定的顺序在磁化的磁环和去磁的磁环中间来回穿越形成 01 序列。在著名的阿波罗登月计划中，指令舱和登月舱的计算机上都搭载了磁芯线存储器，上面存储了 67.5 千字节

（kB）（36 864 words[1]）大小的软件系统。最绝的是，它们是由手工组装编织完成的，是真正意义上的“编织程序”。

当然，信息存储除了利用磁性，还利用很多其他性质的存储介质。比如光盘，以 CD、DVD 为代表的光盘主要利用激光在材料上烧出不同间隔、长度不一的凹点，凹点代表不同的数字信息。固体硬盘则使用浮栅晶体管存储数据，写入数据时向晶体管中注入电荷，通过读取电位获得信息。

随着科技和工业的发展，人们可以在越来越小的尺度上制备更高存储容量的设备。根据摩尔定律，集成电路上可以容纳的晶体管数目大约每经过 18 个月便会翻一番。尽管摩尔定律似乎在处理器工艺的研发上因为量子力学的考验将要走到尽头，但在磁性存储领域仍旧拥有无限可能。在由惠普、IBM 和甲骨文等公司共同成立的信息存储产业联盟（The Information Storage Industry Consortium，INSIC）发布的《国际磁带存储路线图》（*International Magnetic Tape Storage*，以下简称《路线图》）中，未来几年内磁带存储密度将会以每年 34% 的速度提升。《路线图》预计，到 2029 年，磁带存储的信息密度将能达到 25 吉 / 英寸。

未来，信息存储密度更高、存储容量更大的磁性存储器件将会发展成什么样子，磁这一古老的学科将会拥有怎样精彩的可能，我们可以一起见证。

---

① 在阿波罗计划的计算机上，存储单元以“words”作为最小单位。每个最小单位由 15 个数据位和一个奇偶校验位组成。

电与磁的双人舞

在美剧《生活大爆炸》(*The Big Bang Theory*)里有一首叫《如果我的身边没有你》(*If I Didn't Have You*)的歌，其中有段歌词为：

Ever since I met you,
You turned my world around.
You're my best friend and my lover.
We're like changing electric and magnetic fields:
You can't have one without the other.

这段歌词的大意是：自从初次遇见你，一切翻天又覆地。你既为吾友，亦为吾之所爱。我们就像交变的电场和磁场，谁也不能没了对方单独存在。

在歌词中，电场和磁场就像一对如胶似漆的爱人，谁也不能独活。这段简短的歌词其实也是电磁学理论集大成，细数人类19世纪电磁学发展所取得的成就以及对之后理论发展的影响，众多闪耀的科学家在科学史上都留下了浓墨重彩的一笔。在前面几章里，我们介绍了从对电与磁现象的定性观察开始，再到人们有条件对电与磁进行系统的定量分析。以奥斯特、安培、法拉第、麦克斯韦等为代表的科学家，发现了电流的磁效应、电磁感应，写出了麦克斯韦方程组，建立了统一的电磁学理论。这一系列工作使得电磁学理论成为经典物理学大厦的支柱之一。

电磁感应定律的发现

在历史上，人们关于电与磁的理解颇为不易。电与磁分别有什么特征？相互之间是否有什么关联？怎么找到这个关联？这些问题一直困扰着大家。这一困局直到奥斯特的实验结果发表才得以解决。1820 年 7 月 21 日，奥斯特用拉丁文发表了只有四页篇幅的《关于磁针上电流冲击的实验》，正式向世界宣告他发现了电能够产生磁的现象，这篇历史性的文献立刻轰动了整个欧洲。在这个工作的影响下，电磁学领域进入大发展的辉煌时期。后来安培写道："奥斯特先生已经永远地把他的名字和一个新纪元联系在一起了。"法拉第后来评价这一发现时则说："它猛然打开了一个科学领域的大门，那里过去是一片漆黑，如今充满光明。"

奥斯特的实验揭示了电与磁之间确实存在着一定的关联，电能感生磁场，而电与磁之间详细的定量关系则是由法国物理学家安培给出的。安培 1775 年出生于法国里昂，比奥斯特大两岁。安培的父亲受到卢梭教育思想的影响，让安培从小就在家里藏书丰富的图书馆里面自学。安培从小才智出众，数学天赋惊人，对历史、诗歌、哲学以及自然科学都颇有研究。作为一位才华横溢的学者，安培在日常生活中很容易就进入状态，专心致志地思考科学问题。有传闻他走在路上看到一块“黑板”，便从口袋里掏出粉笔书写方程进行复杂的数学推导，不料这块黑板原来是一辆马车，在方程快要算完的时候，车夫带着快要解决的问题离开了。当然，如此心无旁骛的安培把马车当成黑板在历史上确有其事，还是后人的想象，已经无法考证了。

安培受库仑的影响，一直相信电和磁之间没有任何关系。1820 年 9 月，安培得知奥斯特发现了电流的磁现象后，受到了极大的震动。他很快就重复出了奥斯特的实验结果，并在几周之内完成突破性进展，发现“同向电流相互吸引，反向电流相互排斥”，并总结出了电流与电流之间电磁作用的具体关系。通电导线周围可以产生磁场，就像两块磁铁摆在一起会“同极相吸，异极相斥”，通电导线在磁场中自然也受到来自磁场的作用力，这一作用力也被命名为“安培力”。安培力的方向可以很简单地使用**左手定则**（见图 4-4，左）判别：伸出左手，磁场方向垂直穿过手心，四指指向导体中电流的方向，那么大拇指的方向就是安培力的方向。

安培还提出了判断电流周围磁场方向的**安培定律：**想象人躺在导线上，电流从脚流到头部。这时将你的目光投向原本与导线平行放置的磁针，你将看到磁针的北极向左移动。虽然当时安培的表达方式和现在的课本区别很大，但这其实也是初中课本中说到的**右手螺旋定则**（见图 4-4，右）的内容：伸出右手，摆出大拇指点赞的姿势。假想用右手握住直导线，大拇指对应电流的方向。则虚握的其他四指方向表示的是磁场的方向。根据这个定则可以很容易判别通电导线产生的磁场分布。

虽然安培的成果如今看起来朴实无华，但物理规律的美也正在于此。他在上面研究的基础上总结出了安培环路定理，这个定理后来成为麦克斯韦方程组基本方程之一。安培做到了将电磁学研究

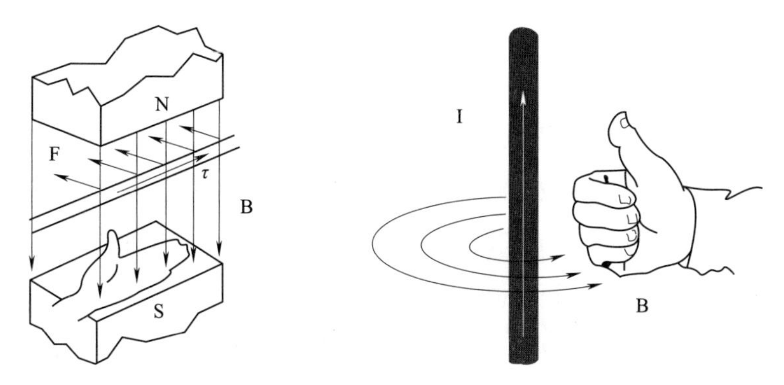

图 4-4　左手定则和右手螺旋定则

真正数学化，麦克斯韦后来直言安培的成果是人类科学史上最辉煌的成就之一，而且他称安培为“电学中的牛顿”。

奥斯特和安培的研究表明，电和磁的相互转换似乎是可能的，既然电能够产生磁，那么磁能不能产生电？这个故事的答案大家早已知道。经过十余年的大量实验研究，英国物理学家法拉第终于在 1831 年发现了电磁感应现象。法拉第的科学生涯十分坎坷，他 1791 年出生在一个贫苦的铁匠家庭，因为家庭经济条件不好，他只上过两年小学。为了获取知识，他只能在做报童和学徒期间自学。天道酬勤，法拉第是对这四个字最好的现身说法。法拉第勤奋好学，而且踏实努力，动手能力非常强。1812 年，他有幸得到当时有名的化学家，也是无机化学之父戴维的讲座的门票，他将讲座内容整理成 300 多页的笔记，并寄给戴维，也由此得到机会到戴维手下做助理，开启正式的科学研究生涯。

在奥斯特发现电与磁之间的联系后，欧洲掀起的这波电磁研究热潮也影响到了法拉第。

1831 年 10 月 28 日，法拉第在他的实验日志中记录道：“用皇家学会的大磁铁做了许多实验。”而法拉第在电磁感应现象研究上的突破来自他将两个绝缘线圈同时缠绕在一个铁环上：当电流通过其中一个线圈时，另一个线圈会感应出瞬时电流。在随后的实验中，法拉第发现，如果他将一块磁铁穿过线圈，或者线圈在静止的磁铁上移动，同样会在线圈内产生电流。导体切割磁场时可以产生感应电压，更理论化的总结则是：变化的磁场会产生电场。后来，俄国物理学家楞次（Heinrich Lenz）进一步将电磁感应定律进行了数学化表达，并使其在后来成为麦克斯韦方程组中的另一个重要方程。

在 200 元面值的瑞士法郎钞票上就印着右手定则的图片。不过，这一“右手定则”使用起来的判断方式和中国现行教科书上的内容略有差异：使用时右手三根手指互相垂直，拇指的方向是导体移动方向，食指的是磁场方向，中指的则为生成的电流方向。

基于上述发现，法拉第制成了圆盘发电机，它是人类历史上第一台发电机。发电机的改造其实非常简单，在大马蹄形磁铁的磁极之间放置一个可以旋转的铜圆盘，通过转动把手带动圆盘旋转。当圆盘转动时，圆盘上从中心向边缘将会产生持续的感应电流。

法拉第一生中做了很多研究，他发现了法拉第磁光效应，并预言光也是电磁波，还研究了物质的抗磁性以及法拉第电解定律等。1837 年，法拉第进一步引入了电场和磁场的概念，他指出通电导体和磁体周围有“场”的存在，电磁作用不仅存在于导体中，而且延伸进入导体附近的空间里，表现为力线在空间中穿行。当时法拉第天马行空的观念遭到了很多同侪的质疑和反对。不过，是金子总会发光，科学界最终接受了“场”这一概念，可惜法拉第无缘得见。1867 年 8 月 25 日，法拉第在家中安详离世，一代科学巨匠在给人类带来了无价的宝藏之后，与世长辞。

一统江湖——麦克斯韦方程组

前面我们介绍了法拉第对于“场”的构想，受限于法拉第的教育背景，他无法将自己天才般的想法用更加形象和具体的数学语言描绘出来。不过幸运的是，就在法拉第发现电磁感应的那一年，一个在电磁学史上极其重要的人诞生了，此人正是麦克斯韦。麦克斯韦完成了电学与磁学领域的统一，完整描述电磁场的方程组也以他的名字命名。麦克斯韦方程组的具体形式如下：

$$\nabla \cdot E=\frac{\rho}{\varepsilon_0}$$

$$\nabla \cdot B=0$$

$$\nabla \times E=-\frac{\partial B}{\partial t}$$

$$\nabla \times B=\mu_0\left(J+\varepsilon_0\frac{\partial E}{\partial t}\right)$$

费曼曾经如此评价：

> 从长远角度回看人类历史的话，比如从现在开始万年以后再看今天，毫无疑问，19世纪最重大的事件要数麦克斯韦发现了电动力学的定律。和这一重要科学事件相比，同一时期的美国内战将显得微不足道。

在研究大自然的时候，科学家应该对大自然的内在规律抱有怎样的期许？1955年，狄拉克在莫斯科大学物理系演讲时被问及这一问题，他给出了这样的回答：“**物理定律必须具有数学美。**”从美学来说，短短的 4 个公式囊括了电学和磁学以及电磁之间的关联，即使毫不了解这一方程组的内涵，也会为其中蕴含的对称之美惊叹。

当然，我们的目标不仅停留在表面的赞叹上，在了解一些数学概念以后，我们可以拥有对麦克斯韦方程组更深一层的理解。我们需要的是能够有效描述场的工具，其中最关键的两个概念分别是**通量**和**环量**。如果我们抛开物理上的场到底是什么的理解，数学上对场的定义特别简单，前面也提到过，其实就是空间中每个点都存在一个数或带方向的数。这两者分别对应矢量场和标量场。在风力场一样，所谓“带方向的数”对应风的大小和方向；在电磁场里就是电场和磁场的大小和方向了。当然在风力场里我们也可以找到“力线”：从一点出发，沿着这个点风力的方向向前移动一点到达一个新的点，再根据这个点新的风力方向移动，点移动的线就是“力线”。

我们身边的空气无时无刻不在流动产生风，但我们不是蜘蛛侠，我们的汗毛没有厉害到可以感受每阵风的大小。我们只能直观地感受到风太大时，整个人似乎都要被吹倒，微风拂面时，风只能带动我们的衣摆和头发。这里我们描述风的大小用的概念就是**通量**——通过场中给定表面的流量大小。人体的横截面固定，人体对风的感受来自在整个人体表面风的流量大小。类似的例子还有很多，比如从水龙头流出的水等。更直观的通量大小其实可以用通过力线的多少表示。

在电磁学里，想象一条条从电荷出发的电力线，给定表面上穿过的电力线代表电场中的通量。这一通量也被称为“电通量”。磁场和电场类似，磁铁上的磁力线从 N 级出发到达 S 级，同样通过计算穿过给定表面的磁力线的多少确定磁力线的磁通量。**麦克斯韦方程**

组中前两条描述的正是电场和磁场通量。

1. 对电场来说，电力线的起点是正电荷，终点为负电荷。对所有通过闭合曲面的电力线而言，如果电力线的起点和终点都在闭合曲面外，那么电力线只会在表面上进去再出来，对整体电通量大小没有影响。所以，通过闭合曲面的电通量跟这个曲面包含的电荷量成正比。

2. 而对磁场而言，磁力线没有起点，也没有终点，通过闭合曲面的磁通量恒为 0。

环量在描述“场”时同样重要。我们还是用风场打比方，直观感受什么是环量。在天气预报里，我们经常听到台风、龙卷风等，空气会绕着风眼旋转，想要直观描述空气旋转，其实就需要借助环量。在系统中，将沿着闭合路线移动一圈时感受到的风力全部加在一起，就对应着风场的环量。当然，不同的路径对应着不同的环量。在电磁场里，变化的磁场和变化的电场正是通过环量联系在一起的。比如电磁感应现象，对应变化的磁场会产生电场环量；而移动的电荷和变化的电场则会产生磁场环量。**麦克斯韦方程组后两条描述了电场和磁场的环量。**

麦克斯韦其人

所以，麦克斯韦是如何发现和构造出这一方程组的呢？

麦克斯韦 1831 年生于英国苏格兰爱丁堡，比法拉第小 40 岁。虽然麦克斯韦后来成为一代大家，但他的求学之路并非一帆风顺。

小时候，父亲为他聘请的家庭教师只会体罚和逼学生死记硬背，逼得麦克斯韦只能用逃课来抗议。即使后来他正式进入学校上学，也因为口音以及打扮和同学格格不入而受到排挤和嘲弄。直到他的学习成绩一路扶摇直上，同学们才对他刮目相看。后来，麦克斯韦进入剑桥大学学习并获得职位，在这里，他天马行空的创造力得到了最大释放。他的研究课题从人类的彩色视觉是如何形成的到电与磁之间到底是什么关系，从土星环何以稳定存在到统计力学和诡异的麦克斯韦妖。“享受生活、自由行动的他”自然也获得了丰硕的成果。

时间指针拨到 1855 年，此时的麦克斯韦在深入阅读法拉第的著作以后被其深深折服。在法拉第对力线的描述中，电荷和磁极发出一定数量的力线，似乎让人感觉力线之间的这些空间不存在电磁相互作用。利用类比的思想，麦克斯韦由法拉第力线的概念联想到流体力学的概念——用不可压缩流体的流线类比法拉第力线，把流线的概念应用到了静电理论中。通过类比，麦克斯韦区分了电磁场中的两类重要概念：电场强度 E 和磁场强度 H 相当于流体力学中的力，而电通量和磁通量相当于流体中的流量。次年，法拉第在给麦克斯韦的回信中热情洋溢地写道：“……当我看到你用这样的数学威力来针对这样的主题，我几乎吓坏了。后来我才惊讶地看到这个主题处理得如此之好！”

在这之后的几年时间里，麦克斯韦在求解土星环稳定数学结构的竞赛中绞尽脑汁，最后成为所有参赛者中唯一一个解答成功的。他还得了天花，这差点要了他的命。不过，关于电和磁的思索一直萦绕在他的心头。1861 年和 1862 年，麦克斯韦分几部分发表了论文《论物理力线》（“On Physical Lines of Force”）。他发现电场传播的速度与当时测得的光速非常接近，在文章中写道：“我们难以回避这一推断，光与同种介质中引起电磁现象的横波具有一致性。”此外，由于电磁现象和流体力学之间存在差异，因此简单的类比并不能洞察电磁学的本质。麦克斯韦转向应用模型来建立自己的假说，他借用了威廉·J. M. 兰金（William J. M. Rankine）的分子涡旋假设，提出了自己的假说。麦克斯韦假设在磁场作用下的介质中，有规则地排列着许多分子涡旋，绕磁力线旋转。比如在一个导体中，原本没通电流时不存在磁场，而在通上电流以后就产生磁场，这对应着模型中涡旋的产生。利用这个模型，麦克斯韦构建了磁极之间相互作用的定律、电流的磁效应和电磁感应现象，但有一个问题他解决不了：现有的模型怎么解释电荷间的相互作用？

虽然麦克斯韦方程组是正确的，但我们现在知道这个假说模型并不成立。麦克斯韦后来也直言：“我引入这个模型，但并不认为它与自然中存在的事物有联系。”

为了解决这个矛盾，麦克斯韦提出了**“位移电流”**的概念。

位移电流并不是真正的电流，它常用于描述在穿过特定区域电场变化时磁场产生的过程。就像我们如今各种电子设备上最常见的电容，可以通行交流电，但中间其实是绝缘的，这中间是否存在某种和“电荷流动等价的电流”？在麦克斯韦的涡旋模型中，假如设想涡旋可以发生形变，那么这个形变就能解释电荷间作用力的来源。电容中的两端因为电荷会产生吸引力，正是由于位于电容器中间的涡旋发生了形变。

1865年，34岁的麦克斯韦完成了他理论的最后一块拼图。在他的论文《电磁场的动力学理论》（“A Dynamical Theory of the Electromagnetic Field”）中，他在保留的位移电流的基础上，放弃了分子涡旋假设，提出了“电磁场理论”的概念和电磁场的普遍方程，这里他用 20 个变量和 20 个联立方程组来表示这个理论。1873 年，麦克斯韦出版了他的巨著《电磁通论》（*A Treatise on Electricity and Magnetism*）。这本书是麦克斯韦方程组以较为完善的形式出现得最早的地方。在书中，麦克斯韦以四元数的代数运算表述电磁场理论，并将电磁场的势作为其电磁场理论的核心。麦克斯韦方程组包含了库仑定律、高斯定理、安培定律和法拉第电磁感应定律，确定了电荷、电流、电场、磁场之间的普遍联系，统一描述了电磁运动的基本规律。根据这些方程，麦克斯韦还推导出了电磁干扰的方程，证明了电磁扰动的横波性质以及其速度跟光速的一致性，进而提出："光本身（包括热辐射和其他辐射）是一种电磁扰动，它按照电磁定律以波的形式通过电磁场传播。"

麦克斯韦用了 20 多年去完善和发展整个电磁理论。在当时的科学体系中，科学的研究流程是**实验—假设—演绎**。麦克斯韦打破常规，借用流体力学和涡旋的思想构建电磁学理论，在当时受到了很多科学家的反对和质疑。这也直接导致麦克斯韦的工作在面世之初甚至无人问津。不过，麦克斯韦数学功底深厚扎实，经得起考验，后来德国物理学家亥姆霍兹（Herman von Helmholtz）在柏林科学院设置悬赏奖，奖励用实验证明麦克斯韦电磁理论的科学家，赫兹便是在此激励下成功证明了电磁波的存在。

当然，大家反对和质疑的另一个原因也很直接，麦克斯韦用的数学工具对大家来说还是显得有些陌生，人们只能把麦克斯韦视为一个酷酷的数学小天才，而忽视了他的发现背后深刻的物理内涵。这里不能忽略英国物理学家奥利弗·亥维赛（Oliver Heaviside）的贡献。

亥维赛出身贫寒，幼年时患上了猩红热，导致听力受限。亥维赛 16 岁离校，自学微积分和电的相关知识。在接触到麦克斯韦的《电磁通论》之后，20 多岁的他辞掉了电报员的工作，搬到父母家专心研究麦克斯韦的理论。正是亥维赛将麦克斯韦的理论精简到现在广为传播的四则方程组形式，这样的改动凸显了麦克斯韦方程组美妙的对称性，也降低了研究麦克斯韦理论的门槛，使得麦克斯韦理论更为广泛地传播。比如当我们把麦克斯韦方程组应用于真空中时，方程就会变为下面的完美对称形式：

$$\begin{cases} \nabla \cdot E=0 \\ \nabla \times E=-\dfrac{\partial B}{\partial t} \\ \nabla \cdot B=0 \\ \nabla \times B=\dfrac{1}{c^2}\dfrac{\partial E}{\partial t} \end{cases}$$

其中第四个式子的右边正是来自麦克斯韦引入的位移电流假设。为了有助于诠释麦克斯韦方程的含义，麦克斯韦在写下方程的同时还创造了很多术语，比如上式中的倒三角符号（▽）被称为“梯度算符”，表示函数在空间中变化的快慢。含有诸如散度（▽ ·）和旋度（▽ ×）之类表征通量和环量的概念。这些概念的应用范围远超人们的想象，比如现在大家频繁提到的人工智能和神经网络中，最关键的用于优化神经网络的过程就离不开**梯度下降**算法——根据神经网络中各个参数的梯度不断更新调整权重，使得输入和输出误差最小。

亥维赛的改动使得麦克斯韦方程组的理论在数学上表现亮眼。但理论漂亮是不够的，实验的支持才是麦克斯韦方程组发展的源泉。1888 年，赫兹在麦克斯韦预言电磁波存在的 20 多年之后，利用可以产生电火花的高压线圈设计制作了一套电磁波发生器，并成功在实验中观测到了电磁振荡在空间中的传播。

在赫兹证实电磁波的存在之后，在实验中发现和证实的电磁波的种类不胜枚举。1895 年，伦琴发现了 X 射线。由于人体不同组织和器官的密度和硬度不同，其对 X 射线的吸收程度不同，因此 X 射线多用作医疗诊断成像。后来的研究更多集中在这些频率和波长各不相同的电磁波到底有何应用。科学家也根据电磁波频率的区别制作了电磁波谱，类似于电磁波的“族谱”。在这个波谱中，无论是我们能看到的可见光，还是在通信中必不可少的无线电波，都按照频率的顺序被完整地归列到一起。

在电磁学理论的研究中，麦克斯韦其实还需要克服一个现在大家可能很难意识到的疑难问题——单位制。通行的单位制相当于共同的语言，当时科学家只在长度、时间和质量的测量上有米、秒和千克这些目前较为通行的单位，对于电和磁的认识还远远不足。当时，麦克斯韦在朋友的帮助下写成了一篇关于完整单位制的论文。这套单位制后来几乎完全被采用了，但是它的名字被“误称”为高斯单位制。可惜的是麦克斯韦虽然一生坚信电磁理论的正确性，却最终未能得见实验成功的礼炮。1879 年，因为胃癌，年仅 48 岁的他在剑桥与世长辞。可能是历史的巧合，爱因斯坦在同年出生。爱因斯坦在纪念麦克斯韦诞辰 100 周年的文集中写道：

> 自牛顿奠定理论物理学的基础以来，物理学公理基础最伟大的变革，是由法拉第和麦克斯韦在电磁现象方面的工作带来的……这样一次伟大的变革是同法拉第、麦克斯韦和赫兹的名字永远连在一起的，这次革命最突出的部分来自麦克斯韦。

电与磁的应用

电与磁的互相转换为人类社会带来了深刻的变化，这里面最值得大书特书的两方面表现分别为**能量的转换**与**信息的传递**。

通用的发电机是将其他能量转换为电能。在现代社会当中，火力发电利用高温蒸汽推动发电机发电，风力发电机和水力发电机等直接利用大自然中现成的推动力推动发电机发电，其基本原理都是法拉第感应定律。以风力发电机为例，风力带动风车叶片旋转，叶片的转动与电磁场之间产生作用，进而产生电流，这是将风能转换为电能的过程。还有相应的电动机，电力驱动机器运动，这个过程将电能转换为机械能。在科学研究当中制备样品时，有一种叫**“真空感应熔炼”**的技术，它利用线圈中的交流电流在金属块内产生涡旋电流，从而产生焦耳热，把金属熔化，这个过程是将电能转换为热能。另一个重要的应用是电磁炮，它利用磁力推动作用将炮弹高速发射出去，它利用的原理是线圈与线圈的相互作用，也就是安培定律，这个过程将电能转换为动能。

随着电力系统铺满现代社会的大街小巷、家家户户，人类越来越依赖电能。路上有越来越多的新能源汽车，电能在这里转换成了车的动能和重力势能。因为电能实在太过便利，只要想得到，所有的能量都有可能设计直接实现转换或间接实现转换。电磁炉将电能转换为热能，加热食物；或者利用微波炉发出微波，让食物中的水分子吸收微波能量变得更为剧烈，同样也能加热食物。但和一般设想的恰好相反，在设计微波炉时，工程师选择的其实是水分子没那么容易吸收的微波频段。这一方面是电磁波谱的限制，另一方面更重要，因为这样才能更有效地加热到食物的内部——不然食物的表面就将微波全部吸收了，变成我们不想要的表面火热、内心冰冷的样子。

我们的日常生活也离不开电能的运输，无线充电就是近些年兴起的一种形式。使用无线充电装置为电子设备充电，只需要靠近便能实现电能的传输。其基本原理可以分为三类：**电磁感应式、磁场共振式、无线电波式**。以电磁感应的无线充电为例，在我们使用的充电底座上有发射线圈，手机背部有接收线圈。发射线圈因为交流电产生交变磁场，手机背部的线圈由于交变磁场产生感应电流实现充电。科技的发展让我们在充电时摆脱了线的束缚。

让我们继续在电磁波的话题上延展。在验证麦克斯韦方程的各种实验中，也诞生了很多有意思的发明。赫兹证实了电磁波的存在之后，1901 年，意大利无线电工程师马可尼拉着一根用风筝牵引的高达 150 m 的天线，在英国接收到了来自 3380 km 之外的加拿大纽芬兰的信号，人类自此拉开无线通信时代的大幕。

电磁波是无线通信的关键，日常用来上网、打电话的手机，办公的电脑、导航系统、无线网络等工具传递信息的方式都是电磁波。微波是波长在毫米到米的电磁波（频率为 300 MHz~300G Hz），由于频率高、波长短，其穿透性较强，不能被电离层反射，又容易被地面吸收，因此微波通信不能长距离传播，会有很大损耗，需要利用中继站传输信息，比如手机通信需要各种基站的中转。微波通信常用于手机信号传输，在水灾、风灾和地震等自然灾害条件下，微波通信并不受影响。此外，卫星通信也是微波通信的一种，只不过这里的卫星相当于一个放在天上的中继站，能更加方便地进行空间位置的规划，使得直线传输的电磁波能够在各个点之间传递，进而传递信号。

我们平时刷银行卡、身份证、校园卡等场景则是利用**射频识别**（radio frequency identification，RFID）实现的无线通信技术，当然其实质仍然是电磁感应。系统和目标之间不需要直接接触，标签从识别器发射出的电磁场中获得能量，所以身份证等证件也不需要电池。利用手机刷公交、门禁所依赖的**近场通信**（near field communication，NFC）技术其实也是一种无线通信技术。受限于篇幅，我们这里就不在技术细节上展开了。

电磁学理论的核心——麦克斯韦方程组，揭示了电场与磁场在空间和时间的相互转换，以及蕴含在这背后的对称的美，被称为“人类最伟大的公式之一”。这些方程组不仅被应用于电子学领域，在光子晶体等领域也可以实现人工晶体的设计和制造，诸如拓扑光子学等最新前沿领域的发展也是以这一方程组作为根基的。

或许在麦克斯韦方程组这座宝库里还有很多没被我们开发的秘密。电与磁的“双人舞”的背后到底还隐藏着什么？这个问题还需要未来更多人的探索才能找到答案。

热学，如此基本却如此重要

假如告诉你，人类现在其实已经获得了一个放之四海而皆准的理论，你会相信这句话吗？

爱因斯坦对热力学有着非常高的评价。在 1905 年，也就是大家口中常说的“爱因斯坦奇迹年”，爱因斯坦发表了 5 篇科学论文，奠定了狭义相对论、光电效应和布朗运动等领域的研究基础。在这之前，从 1900 年到 1904 年，爱因斯坦主要研究的正是热力学的内容。爱因斯坦说：“经典热力学是唯一具有普适性的物理学理论。”他深信这些基本理论和方法永远不会被推翻。

热力学是什么？热力学，顾名思义就是关于热现象的科学。热现象无处不在，比如冬天寒冷、夏天炎热、岩浆流动、雪山结冰、水变成蒸汽又变成雨、烹饪食物、冶炼焙烧、热胀冷缩……甚至可以略带调侃地说，我们现在最有效的发电手段仍然是“烧开水”：火力发电需要将水加热到超临界态并以此为媒介推动汽轮机，核电也需要借助热交换器将辐射转换为热能再转换为电能。热现象在我们身边无处不在。

人类也在早期对冷热现象的一些探索中，对热现象有了一定的认知。古希腊神话中的普罗米修斯从太阳神阿波罗那里盗走火种送给人类，给人类带来了光明；中国神话中的燧人氏以石击石，用产生的火花引燃火绒，生出火来……这些都是人类对热现象的认识。在人类漫长的历史上，人类通过对热现象的观察，总结了很多规律，发展出了很多应用。比如先秦的《考工记》就记录了利用火焰的颜色来判断火焰的温度，如火焰颜色从暗红色依次变为橙色、黄色、白色、青色，火焰的温度就随之上升。再到后来，热胀冷缩、蒸发凝结、冶炼焙烧等热现象都有了具体的应用。

温标、热平衡和热力学第零定律

由于热学现象比较复杂，概念也比较抽象，易于混淆，因此将一系列热学现象升级到一门学科还需要一个能够帮助人们定量理解冷热程度的契机。利用空气的热胀冷缩现象，大约在 400 年前，人们就得以测量外界冷热的变化（见图 4-5）。整个装置的上部由装着空气的玻璃泡构成，下端接到一个麦秸一样粗细的玻璃管上，管长约 0.5 m。然后用手将玻璃泡握住，使之受热，再将之倒转插入水中，此时玻璃泡的温度为 T_1；等玻璃泡中的空气冷却，玻璃泡的温度为 T_2，玻璃管中的水升高 20~30 cm。由此，我们便可以用水柱的高度表示冷热程度。这一装置据传为伽利略发明，但历史上众说纷纭。

尽管这个装置非常粗糙，但是潜力无限。比如把导热介质换成酒精、水银，甚至金属，就能得到我们今天使用的各类温度计。在玻璃管上刻上相应读数，我们就有了定量比较物体冷热程度的前提，而这些刻度，其实就是所谓的温标（温度计外面的刻度就是温标）。目前，国际上通用的摄氏温标是 1742 年由瑞典天文学家摄

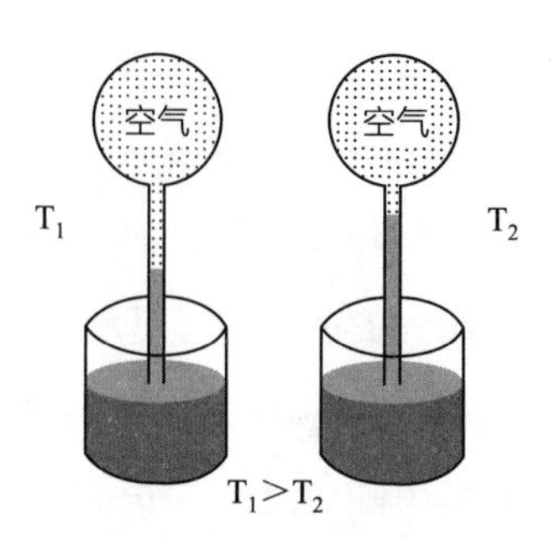

图 4-5　冷热变化测量装置示意图

尔修斯（Anders Celsius）发明的，摄尔修斯当时将水的冰点设为 100，将沸点设为 0，再在中间等距离划分。今天通行的设定刚好相反，将水的冰点设为 0，将沸点设为 100。国外还有一种常用的温标：华氏温标。华氏温标是 1724 年由德国物理学家丹尼尔 · 加布里埃尔 · 华伦海特（Daniel Gabriel Fahrenheit）发明的，他以当时所能得到的最低温度——冰和氯化铵的混合物的温度为 0，以水沸点温度为最高 212 进行标定。现在使用的华氏温标和摄氏温标之间的关系是：1 ℃对应着华氏温度的 1.8 ℉，同时摄氏度的冰点 0 ℃对应着华氏温度的 32 ℉。比如人体的温度一般是 36 ℃~37 ℃，华氏温度差不多是 98 ℉。

尽管利用各种物质定义的温度使用起来比较方便，但从理论上来说，科学家还是希望获得一个和物质无关的温标，这一温标被称为**"绝对温标"**。绝对温标是 1848 年由英国物理学家威廉 · 汤姆森（William Thomson，又称开尔文勋爵）创造的。绝对温标和摄氏温标之间的关系是一一对应的，一个绝对温标也就是一个开尔文，对应我们摄氏温标的 1 ℃。但是它们温度的零点是不一样的，摄氏温标的 0 ℃对应着绝对温标的 273.15 K；绝对温标的 0 K 对应着摄氏温标的 -273.15 ℃。

不过，上述温度的测量标准其实都依赖于特定的物质，比如在远离了物体随着温度变化线性地热胀冷缩的区域，乃至于水蒸发了或结冰了，那我们该如何定义和测量这时的温度？在南极，只能使用酒精温度计，不能使用水银温度计。在宇宙诞生初期，它的温度是非常高的，可以达到 10^{32} K（即普朗克温度）甚至更高的量级。随着宇宙的演变，宇宙的温度也在不断地降低，在温度降低的过程中逐渐形成了原子核、原子、各种元素，最终形成各种星球和星系。今天我们宇宙的背景温度已经降到 2.7 K。我们日常生活中所关注的比如夏天的室温，用摄氏温度表示大概是 30 ℃，在绝对温标下它就对应着 300 K。太阳表面的温度大于 5000 ℃，又可表示为 5000~6000 K——太阳中心的温度可以达到 15 000 000 K。在使用不同的物质标定不同温区时，由于不可避免的误差，该怎么对这些重合的地方进行取舍？这是在生活中考虑温度测量时非常现实的问题。1723 年，荷兰科学家布尔哈夫（Herman Boerhaave）撰写的《化学原理》（*Elementa Chemiae*）一书中记录了他曾向华伦海特请求制作几种不同液体制成的温度计。当时他无法理解，为何同样按照摄氏温标的规定方式，两种温度计给出了不同的数值（见表 4-1）。

表 4-1　两种温度计的温度数值对比

水银	0℃	25℃	50℃	75℃	100℃
酒精	0℃	22℃	44℃	70℃	100℃

在现在通行的国际温标 ITS-90 中，非常现实地处理了上面提到的种种问题。比如用液氦、水银或利用热电偶等方式来定义不同的温度区间，满足现实中的各种需求。

温度计和温标为热现象冷热程度的测量提供了一个定量的方式，进而可以定量研究温度的各种现象。在 18 世纪早期，人们已经知道“把等质量的 20 ℃的水和 80 ℃的水混合在一起，最终温水的温度恰好是 50 ℃”，但是这个现象很多时候并不成立。比如将等质量的 0 ℃的冰和 80 ℃的水混合，得到的水有可能并不是 40 ℃。由此可知，温度可能并不是衡量热现象的单一指标，在一些温度不变的物理过程中，可能有一些其他的量发生了变化。1755 年，英国科学家布莱克（Joseph Black）用更加具体和定量的实验来研究这一问题：他将等质量的 0 ℃的冰和 80 ℃的水混合后会完全转换为水，而且温度是 0 ℃。根据这个实验，我们可以得到两点结论：

> 1. 冰融化成水时温度不变，但会吸热。这一吸收的热量被称为“潜热”。潜热的大小等于使等质量的水温度降低 80℃所放出的热量。
>
> 2. 温度并不能用来衡量物体的热量，因为同样是 0℃，水比冰所含的热量要多。

布莱克的实验由此澄清了关于热现象的两个基本概念。一个是**温度**，用来测量一个物体的冷热程度；另外一个是**热量**，用来测量一个物体所含热量的多少。这样一来就为整个热现象的研究奠定了一个科学的基础。所以潜热的研究有什么用？ 1776 年，瓦特成功改良蒸汽机，并由此揭开工业革命的序幕，而瓦特本人正是布莱克的好朋友，在改进蒸汽机效率时，瓦特最重要的发明在于将冷凝器与气缸分离开来，提高蒸汽利用的效率，这一设计就需要用到潜热。不仅如此，布莱克还为瓦特提供了资金上的支持。

爱因斯坦对此给予了非常高的评价，在他与英费尔德合著的著名的《物理学的进化》(*The Evolution of Physics*)一书中如此说道:“用来描述热现象的最基本的概念是温度和热。在科学史上，人们花了非常长的时间才把这两种概念区别开来，但是一经辨别清楚，科学就得到了飞速的发展。”事实也是这样。从18世纪中叶布莱克的工作，再到18世纪末、19世纪，我们在对热现象定量研究的基础上，建立了热力学三大定律，最终建立了热力学的整个框架。

20世纪初期，人们试图把热力学建成一个公理化的框架时，发现正是温度的概念构成了热力学整个大厦的基础。所以在1931年，科学家就提出了所谓的“热力学第零定律”。

> 如果两个热力学系统都与第三个系统处于热平衡，则这两个系统也必然处于热平衡。

也就是两个不同温度的物体接触，经过一段时间，它们会达到平衡状态，即它们的温度、宏观的状态不再随时间变化，这样的状态被称为两个物体的“热平衡状态”。

热力学第零定律告诉大家，整个热力学现象的基础就是热平衡。正是因为有了热平衡，才能为物体定义温度。这个过程看起来简单，但事实上，热平衡的关系并不是一个平庸的关系。只有具有传递性的关系，才能用统一的“特征”识别一类。在数学中，这个概念也被称为“等价类”。在热学里，“特征”则指温度。

我们可以想象有三个物体A、B、C，A和B处于热平衡状态，B和C处于热平衡状态，那么热力学第零定律告诉我们，A和C也是处于热平衡状态，这样是一种传递关系。自然界并不是所有的关系都具有传递性，比如说A是B的朋友，B是C的朋友，那么A和C之间并不一定是朋友，他们可以是陌生人，甚至可以是情敌。

所以爱因斯坦说，一个理论如果前提越简单，能够说明的各种类型的问题越多，就会给人越深刻的印象。正因为这样，热力学给爱因斯坦留下了非常深刻的印象，所以爱因斯坦认为，热力学是唯一具有普适性的物理学理论，因此在热力学的基本概念可以适用的范围内，它永远不会被推翻。

能量守恒和热力学第一定律

从生火烧东西到燃煤推动蒸汽机，在热学研究的范围内，能量一直是这个领域的核心。热力学第一定律内容也和能量有关：

> 热量可以从一个物体传递到另一个物体，也可以与机械能或其他能量相互转换，但是在转化过程中，能量的总值保持不变。

它包含两部分内容：第一部分是关于热量与其他能量，包括机械能、电能、光能等，它们之间相互转换的可能性；第二个是热量与其他能量在相互转换的过程中，总量保持不变。

首先来看第一点，关于能量转换。能量转换在我们身边无处不在。地球上所有生命赖以存在的基础是太阳，太阳的内部发生着原子核聚变。在这个过程中，原子能被转换为光能，光到达地球之后，通过光合作用被植物所吸收，光能转换为化学能。人类通过食用植物，把化学能转换为维持人体基本生命运动所需要的热能。在日常生活中，汽车、电动车、电风扇等都是化学能、电能等转换为机械能及其他能量形式的过程。能量转换每时每刻都在发生，但是要把这些现象变成一门科学，就需要定量化的处理。定量化的过程其实就是要研究一份的热量和一份的其他能量之间定量的转换关系，这个就叫作**“热功当量”**。比如我们购买食品时看营养成分表计算食物的热量，将它和每天身体运动消耗的化学能和机械能的变化联系起来，做到“燃烧我的卡路里”，就依赖这个转换关系。

在历史上，对能量转换和守恒给出明确描述的有三位科学家：德国的迈尔（Julius Robert von Mayer）、亥姆霍兹，以及英国人焦耳。这三个人背景不同、基础不同，却殊途同归。他们用不同的方式，得到了相同的结果。

迈尔是一名医生，同时也是一位物理学爱好者。1840 年，他作为随船医生前往印度尼西亚时，发现热带地区生病水手的静脉血像动脉血一样是鲜红的，而在温带地区生活的水手的静脉血是暗红色的，这促使迈尔将人体新陈代谢的过程与外界的气温联系起来。当时，自然界中各种相互作用可以相互转换的思想深入人心，就像前面章节中我们一直在讨论的电和磁的关系一样。1842 年，他为此撰写论文《论无机界的力》（“Remarks on the Forces of Inorganic Nature”），如此介绍道：“两块冰相互摩擦的话会逐渐融化，假如我们可以剧烈摇晃一杯水，同样可以将水加热。”他为此专门制作了用马拉动的机械装置，用以搅动纸浆，测定温度变化。由此，他给出了能量互相转换的热功当量为：将给定质量的水从 0 ℃加热到 1 ℃的热量等价于将相同质量的重物提升 365 m。

不过，由于迈尔的实验太过粗糙，热功当量的数值也不甚准确，而且论文过于简要，缺乏计算和论证，尽管这个发现足够重磅，却并没有被大家承认。更让迈尔气愤的是，后来人们将能量守恒的发现归功于焦耳和亥姆霍兹，唯独无视了先行者迈尔的贡献，这一度让迈尔患上了精神分裂症。直到迈尔晚年，科学界才开始翻译传阅迈尔早期的论文，人们也渐渐承认迈尔的发现。

前面我们谈到，迈尔测量得到的热功当量不甚准确，历史上成功确定了热功当量精确数值的是焦耳。焦耳是英国著名的实验物理学家，也是当地富有的酿酒厂主的儿子。当时在欧洲兴起了一股研究电气的热潮，焦耳通过磁电机的各种实验注意到电机和电路中的发热现象，认为这是使动力损失的原因，为此开始了对电流热效应的研究。焦耳把磁电机放到作为量热器的水桶中，旋转磁电机，测量电流以及水温的变化，从而发现热和机械功可以相互转换。1845年，焦耳成功测得热功当量为 4.41 J/cal，并在 5 年后再次公布修正值 4.159 J/cal，这一结果与现在使用的换算 4.186 J/cal 非常接近。

亥姆霍兹走了和迈尔、焦耳不同的路。亥姆霍兹有着非常好的数学和物理基础。1847 年，他从多方面论证了能量转换和守恒定律，一举把能量的概念从机械运动推广到了所有的变化过程，证明了普遍的能量守恒原理。亥姆霍兹的另外一个重要贡献，是将能量守恒与永动机联系了起来。从古代到现代，人们一直梦想着制造一种不用输入能量，就能源源不断地对外做功的机器，即“第一类永动机”。在能量守恒定律建立起来之后，人们发现这样一种机器在原则上是不可能存在的，所以近些年一些关于永动机的骗局就可以被轻易识破了。

热力学第一定律和能量守恒定律之间到底有什么关系？热力学第一定律证明热量和其他能量之间的转换关系，能量守恒定律说明能量不会凭空产生，也不会凭空湮灭，只会在不同物体之间转移，在不同形式之间转换。这两者区别的核心在于对热的本质的认识。热功当量的测定也直接地确定了物理学发展史上一个悬而未决的问题——**热到底是什么**？在此之前，一拨人支持**“热动说”**：他们将热量设想为物体内部的一种“运动的能量”，一团气体的热就来源于它内部的分子不断地运动。另一拨人则支持**“热质说”**；他们把热当作一种物质，一种像水一般的流体，它可以从一个物体流向另外一个物体，但是在流动的过程中，热的总量保持不变。后一种理论与早期关于热量守恒的观点非常契合——物质不灭导致热量守恒。但是如果仔细研究热能和机械能之间的转换，就可以发现这样的说法是不成立的。

在热和功转换的过程中，将两块冰互相摩擦，你就会发现两块冰都变成了水。这个过程没有外界物质的参与。按照“热质说”，把热当作一种物质的话，热本身是不应该增加的，所以冰摩擦融化为水的现象就驳斥了热质说。

热力学发展到今天，热力学第一定律和能量守恒定律已经经过了各种各样的考验，成了物理学的基本定律。但需要注意，物理学永远是一门关于现实的科学，在物理学中并不存在永恒不变的理论，它只是把现实中的现象纳入逻辑自洽的框架中去。事实上，即使是目前大家认为理所当然的能量守恒定律，在这之前也曾经受过挑战。20 世纪初，人们发现原子核中发生衰变反应，也就是中子在转变为质子的过程中，反应前后的能量并不一样，能量是不守恒的！当时就有观点认为先前建立的能量守恒定律，实际上是一个大量体系中大量粒子平均以后才成立的定律，但是在单一的一个中子转换为质子的过程中，它是不成立的。这个观点出现以后立刻受到泡利的批评，泡利提出，如果我们仍然相信能量守恒，那么在这个过程中能量的损失，可能是由一个当时还没有办法观测到的粒子所造成的。事实上，后来科学家也观测到了这个粒子，也就是中微子。中微子质量很小，不带电，与其他物质之间的作用力很小，被称为宇宙的“隐身人”。关于中微子的研究一直延续到了今天，这里面既有振奋人心的发现，也有超光速的乌龙。我国在 2003 年开始酝酿的大亚湾中微子实验，于 2007 年正式动工，并在后来成功探测到“反应堆中微子反常”。现在，另一研究项目江门中微子实验也已经在紧张进行中。

方向性和热力学第二定律

从 18 世纪 60 年代到 19 世纪中叶，第一次工业革命开展得轰轰烈烈。在那个用蒸汽机械替代手工劳动的时代，人类发展迎来了一次大飞跃。蒸汽机的广泛使用也给人们留下了诸如“蒸汽朋克”这一平行世界的幻想。一个比较粗糙的蒸汽机模型大致是——蒸汽机中的水烧开之后，产生的蒸气推动上面的轮子转动，转换为机械能，用于各种机械推动。在后来更为通用的蒸汽机的设计里，通过膨胀的蒸汽推动活塞对外做功，就能把蒸汽吸收的热能转换成机械能。

初代蒸汽机效率很低。瓦特在原有蒸汽机的基础上加入了分离冷凝器和行星式齿轮等创新，使得蒸汽机效率提升了 4 倍，蒸汽机也得以在工业领域广泛应用。蒸汽机的效率提升问题正是在这一纯粹的工业背景中提出来的，而这个问题的解答来自法国物理学家、工程师萨迪·卡诺（Sadi Carnot）。卡诺年轻时到处走访工厂，他发现蒸汽机并不能将所有的热能都转换为机械能，总是有一部分热能要损失掉。所以他自然提出：**“我们能从理论上设计热能损耗更少的蒸汽机吗?”**

卡诺提出了一种所谓的理想的热机，在理想的情况下，这些热机的效率都应该是相等的，与产生热量的物质无关。虽然卡诺贡献巨大，但由于他染上了霍乱，年仅 36 岁就离世了。当时通信也很落后，他的工作并没有引起更多人的关注。卡诺去世两年后，他在巴黎理工学院的低年级的师弟克拉佩龙（Émile Clapeyron）在学院的学报上发表文章，才让更多人认识到卡诺的发现。这一努力后续也让开尔文注意到卡诺，并由此提出绝对温标的概念。

卡诺当时提出，理想的蒸汽机工作可以分解成四个过程：两个等温过程、两个绝热过程。现在我们称其为“卡诺热机”。在热机工作的过程中需要接触两个热源，一个是高温热源，另一个是低温热源。热机在接触高温热源时，内部物质需要经历的第一个过程就是从高温热源吸热，然后蒸汽开始膨胀。因为此时温度和高温热源的温度保持一致，所以也被称为**“等温过程”**。等温过程结束之后，热机离开热源，经历膨胀过程，此时热机内不存在和外面的热量交换，也被称为**“绝热过程”**。膨胀结束后，热机在低温热源处经历一个等温压缩过程，最后经历绝热压缩回到初始状态。这四个过程组成了一个循环，如今我们把这个循环称为**“卡诺循环”**。

卡诺当时提出，如果这四个过程都可逆，那么这个抽象出来的蒸汽机的效率将达到理论上限。什么是可逆？可逆在这里又意味着什么？这一问题留待我们后面来回答。在可逆条件成立的前提下，卡诺热机的效率跟热机里的工作介质无关，它的效率只和高温热源、低温热源的温度有关。鲁道夫·克劳修斯（Rudolf Clausius）注意到了卡诺相关的论述，并结合热力学第一定律，提出如果想要卡诺定理成立，需要补充一个新的定理，这就是**热力学第二定律**。

> 热量不可能从低温物体向高温物体传递而不产生其他任何影响。

热力学第零定律和第一定律，阐述了热的本质和热遵循的规则，但是在整个热力学框架里，还缺少了非常重要的一块，也就是热力学过程的方向性。这正是热力学第二定律所描述的内容。

从表面上看，这个结论是显而易见的——热量只能从高温往低温传递，就像水，只能从高处往低处流。这是人们对周围现象非常直观的认识，但如果想把这个现象表述准确到位，形成科学定律，少不了一个关键因素。热力学第二定律提及热量从低温物体传递到高温物体的一个重要条件——不产生其他影响。

在日常生活中，热量从低温到高温传递的例子其实比比皆是。炎炎夏日开了空调，可以把房间里的热量通过空调传递给外面的空间。夏天外面的气温一般都高于 30 ℃，空调房间设定是 26 ℃上下。这时候热量通过空调从低温往高温传递。这个过程有空调的介入，要耗电，对整个体系是有影响的。

当然，我们可以对热力学第二定律进行反向思考：热如果只是从高温往低温移动，其实完全可以不引起其他任何影响。从物理学上来说，高温和低温并不一样，传热的方向性破坏了高温和低温这两端的对称性。水从高处往低处流是由于重力的作用，高处跟低处是不对称的。不过，在现实生活中，其实很多时候对称性是广泛存在的。比如，在操场上有一条东西走向的跑道，跑道起点设在东边还是设在西边，对运动员来说没有任何区别，也就是说东边和西边是对称的。

关于热力学定律，开尔文根据卡诺定理提出来另一个跟克劳修斯内涵相同、表述稍有不同的说法：

> 不可能存在一种热机，从单一热源吸收热量全部转换为功，而不产生任何其他影响。

这里面同样有“不产生任何其他影响”，这里描述的是从单一热源吸收热量，全部转换为功是不可能的。乍一看这个表述其实很容易让人困惑，在刚才卡诺热机模型里，不是吸收热量转换为功了吗，为什么说这种热机不可能存在？这似乎和开尔文表述矛盾了？其实两者并不矛盾，在卡诺热机里不是只有一个热源，而是有两个，从高温热源吸热，然后到低温热源放热；而开尔文说的是，从单一热源吸热，然后再全部转变为功是不可能的。

假如开尔文所说的热力学第二定律不成立，那么我们将能够在不违背能量守恒的前提下，从海洋、大气或宇宙中吸取热量作为机械的驱动力，制得永动机！这也被称为“第二类永动机”。不过很可惜，至少在我们的世界里，第二类永动机还造不出来。

在我们生存的这个世界里，像高温和低温这样不那么对称的事情有很多。假如给你一杯淡水和一杯海水，不管怎么混合操作，只能得到两杯稍微不那么咸的海水；除非你把水烧开，用蒸馏的方式才能得到两杯淡水和固态的盐。从更广泛和更深刻的角度解读热力学第二定律，它其实告诉我们，**自然界里一切涉及热现象的宏观过程，都是不可逆的**——海水不会自己变成淡水和盐，破镜也不会重圆。真正的“可逆”要求系统状态在不断移动的过程中，随时都处于稳态，而且要求我们的系统就像操作文本编辑软件一样，既可以“重做”，也可以“撤销”。

想要准确描述什么才是可逆的，我们需要引入**熵**的概念。在热力学中，熵被定义为在某一个微小的过程中系统热量的变化量与温度的比值。在卡诺热机中，从高温热源吸热，系统的熵变高；在低温热源处放热，系统的熵变低。卡诺定理说明了实际的热机中，在这样循环一圈以后，熵一定会增加。1865 年，克劳修斯造出 entropy（德文 Entropie）表示熵，词根 -tropy 源于希腊文 τροπη，含有转变的意思，使其与 energy（能量）具有类似的形式。中译名“熵”是胡刚复先生造出来的，火字旁表示它是跟热相关的，“商”代表的是热量的变化跟温度的比值。现在熵经常用一个符号 S 来替代，这也是为了纪念卡诺，因为卡诺的名字是以 S 开头的。

熵的概念也是连接微观和宏观的桥梁：玻尔兹曼发现熵的大小其实代表了体系里面包含的状态数的多少。热力学第二定律对应的熵增指系统可能拥有的微观状态在变多。系统从一个更有序的状态，变成了一个更无序的状态。

绝对零度和热力学第三定律

低温能有多低？这是大家经常讨论的话题。对此，热力学第三定律给出了答案：不可能低于绝对零度。

我们身边用于食物保鲜以及长久存储的冰箱、冷库就一定要保持低温。现在一些生鲜类的快递在运送时往往会在箱子里放上一些食品级的干冰，让箱子里的食物保持新鲜。干冰是固态的二氧化碳，它的熔点为 -78.5 ℃。当温度更低，降到 -196 ℃（77.15 K）时，空气中的氮气也将变成液态。液氮既可用于制冷、迅速冷冻生物组织，也可以用来进行冷冻治疗和冷冻手术。当温度变得越来越低，物质的性质也会相应发生变化。1911 年，昂内斯（Heike Kamerlingh Onnes）发现，在极低温下，汞、铅、锡等金属的电阻会变为零，他也因超导的发现获得诺贝尔物理学奖。如今，超导线圈、超导磁悬浮列车、超导量子干涉仪的广泛研究和使用，都离不开低温。

人类的低温探索之旅和气体的液化密切相关

最早使气体液化的方式是加压。18 世纪末，荷兰人马鲁姆（Martinus van Marum）第一次靠高压压缩的方法将氨液化，尽管他当时并没有意识到这其实是一个可以将气体液化的通用方法。毕竟对于当时较为原始的空气泵而言，想要直接将氧气、氮气、氢气直接液化简直是天方夜谭。直到 1861 年，爱尔兰化学家安德鲁斯（Thomas Andrews）用更精细的实验装备测量了二氧化碳的气液转变条件和压强、温度的依赖关系。他证明了气液转变临界点的存在——只有气体温度在临界点以下时，才能通过加压的方式液化。在这之后，氧气、氢气相继被成功液化。到 1908 年，昂内斯成功获得了液氦，这也是他发现超导的关键元素。

当然，获得低温的方法还有很多。比如德拜在 1926 年就提出的顺磁盐绝热去磁制冷的方法，主要利用磁热效应冷却固体：固体磁性物质在磁场作用磁化时，系统的磁有序度加强，对外放出能量；去磁之后，磁有序度下降，从外界吸收能量。利用固体中的顺磁离子的绝热去磁效应可以产生 1 K 以下至 mK（毫开尔文，1/1000 开尔文）量级的低温。

尽管降温之旅在 20 世纪初才有逼近“绝对零度”的迹象，但绝对零度这一概念其实最早在 17 世纪末由阿蒙顿提出。他观察到空气中的温度每下降一等量份额，气压也下降等量份额。假如可以持续降低温度，那么最终总会得到气压为零的情况，因此温度降低一定有极限。后来根据更具体的实验定律计算得到温度的极限为 −273 ℃。

在绝对零度会发生什么？这个问题的答案正是热力学第三定律。1906 年，德国物理化学家能斯特（Walther Nernst）在研究各种化学反应在低温下的性质时，得出一个结论：

> 在系统接近绝对零度时，所有的可逆等温过程熵的变化也将趋近于 0。

这也说明，我们不可能通过有限的步骤使一个物体冷却到绝对零度。

尽管不能达到绝对零度，但低温下给人们研究物理系统带来的是极小的噪声。毕竟热对应微观粒子的无规则运动。1951 年，伦敦提出 ^{3}He-^{4}He 稀释致冷的方法，稀释致冷可以连续工作，在局部维持 2 mK 左右的低温。更低的低温方式还有激光制冷，可以获得低至 170 nK 的低温。超低温环境有利于更多极端条件下的物理新现象的发现和研究，中国科学院物理研究所在 20 世纪 70 年代末就成功研制了我国第一台湿式稀释制冷机，实现了 34 mK（-273.116 ℃，即绝对零度以上 0.034 ℃）的极低温。在当今新一轮量子科技竞争的新形势下，物理研究所研究团队完全自主研制国产无液氦稀释制冷机，成功实现 10.9 mK（-273.139 1 ℃，即绝对零度以上 0.010 9 ℃）的连续稳定运行，可以为量子计算机芯片提供用于维持量子态必需的极低温环境。

探索低温条件下物质的属性，有着极为重要的实际价值和理论价值。去除各种纷繁芜杂，留下的则是更为本质的物理规律。

1. 如 1956 年，吴健雄等人检测宇称不守恒的实验就是在

0.01 K 的极低温条件下进行的。

2. 1980 年，德国的冯·克利钦（Klaus von Klitzing）在极低温和强磁场情况下发现了整数量子霍尔效应。

3. 1982 年，物理学家崔琦等人在更低温条件和更强磁场下发现了分数量子霍尔效应。

相信随着低温技术的发展，越来越多的物理现象会被科学家发现，人们的生活也许会因此改变。

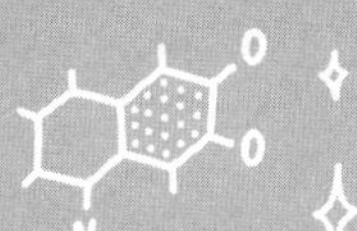

PHYSICS

5

量子篇

遇事不决，量子力学

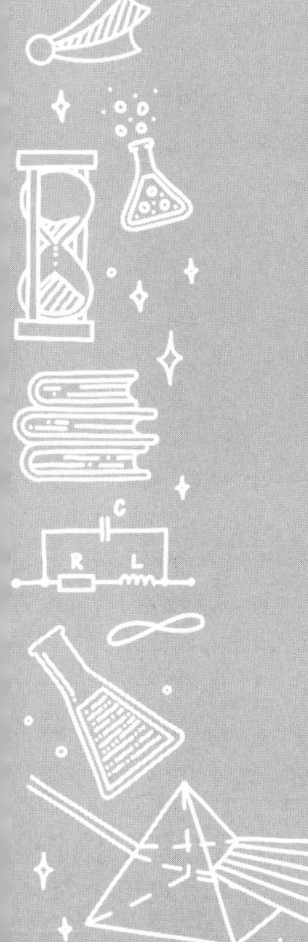

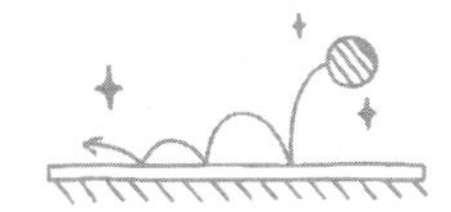

提起量子，大家总有种“敬畏”的心理。20 世纪科学界的巅峰论战——“上帝掷骰子吗”就发生在量子力学领域，量子力学中各种诸如“薛定谔的猫”之类的概念也在挑战和刺激大众的好奇心。量子力学所涉之处又太过广泛，只要到了微观的原子、分子领域，都难免需要和量子打交道。这种广泛的应用甚至有渗透到生活日用品的势头，“量子内衣”“量子水”等打着量子旗号招摇撞骗的商品也越来越多。

想要说量子，难免要从“光”说起，因为光就是量子的载体。一方面，光可以被认为是电磁波，仿佛水面的涟漪一般向外传播；另一方面，光也可以被认为是粒子，一颗一颗打在物体上。围绕“看得见摸不着的光到底是什么”这样一个困难的课题，历史上有数不清的聪明大脑卷进了这场论战。

在科学史上，“吵架”其实并不少见。正是不断论战，你追我赶，才让量子力学逐渐将人们从宏观世界的认识中抽离出来，形成一门完备、自洽而又崭新的学科。

虽然量子通信、量子计算机等概念在近些年因为商业竞争日趋白热化而不断出现在公众眼前，各大公司做出的成果都急于曝光，用量子的神秘感吸引公众，但量子的底层概念其实非常基本，且容易理解。只不过现阶段的量子是“温室中的花朵”，娇贵万分，需要将物质冷却到 -270 ℃以下才昙花一现。

就像普朗克当时研究黑体辐射从而提出量子化，其实最早只是想知道理论上白炽灯到底能发出多少光，每个量子问题的背后总是有很现实的问题。我们希望能够通过细致的讲解，让读者对量子祛魅。多一分了解，少一分误会。

问世间“光”为何物

无处不在的“光”是日常生活中最常见的物质之一。但是，我们经常见到的光究竟为何物？对这一问题的追问从古希腊时期便已开始。到了近代，对光的本质的争论更是引发了三次波粒战争。直到20世纪量子理论逐渐建立，人们才对光的本质有了较为统一的理解。

下面就让我们从了解最常见的“光”开始，逐渐走入量子的世界。

光的颜色

在光的自然本性中，最重要也是最直观的一个性质就是光有颜色。

人们在很早以前便观察到了光具有彩虹一样的7种颜色，用不同的颜色来区分光是对光最直观也是最简单的判断。然而，**不同的颜色是如何产生的？这些颜色之间是否有什么关系？**当时的人们对此众说纷纭。例如古希腊著名的哲学家亚里士多德就曾认为白光是光最基本的颜色，其他的颜色都是对白光的偏离。

直到17世纪，牛顿才第一次通过实验的方法对光的颜色给出合理的解释。1666年，牛顿为了光学方面的研究研磨了各种各样的光学透镜。有一天，他做了一个三角形的棱镜，并在一个黑暗房间的窗户上打了一个小孔，将棱镜放在小孔的后方，这样光投射到墙上之前就会经过透镜的折射，墙上立刻出现了缤纷的颜色，这让他非常兴奋。因为他认为，这表明白光其实是一种复合的光，所有颜色一开始就存在于白光之中，而不是新产生的，棱镜的作用就是把混合在一起的光分开。为了进一步验证这个猜想，牛顿又将另外一个三棱镜放在原来三棱镜的后方，发现原先被分开的光线再一次混合成了白光，这表明他的想法是正确的。这项伟大的工作第一次从科学角度解释了颜色之谜。

牛顿在实验中看到的七彩的光按照红、橙、黄、绿、青、蓝、紫的顺序排列，现在人们将这种光的序列称为**光谱**。光谱中的光按照频率的高低次序，或者波长的大小次序排列。当然，频率和波长之间并不是没有联系的。对于某一种颜色的光，它的频率和波长的乘积是一个固定的值——光速。也就是说，波长越长，频率越低；波长越短，频率越高。从红光到紫光，波长逐渐变短，频率逐渐增高。

人肉眼所能看到的光实际上只是光谱中很小的一部分，被称为**可见光谱**。比红色光波长更长的还有红外光谱，如微波、无线电波等，而另一边比紫色光波长更短的还有紫外光谱，如X射线、伽马射线（γ射线）等（见图5-1）。这些光都不是人们的肉眼所能看见的，需要用专门的仪器探测。有意思的是，不同生物能够看到的光谱的范围其实是有所差别的，比如人肉眼看到了白色的花，但是由于一些昆虫可以看到紫外光，因此它们眼中的花与人类眼中的花具有不同的颜色。

不同波长或不同频率的光之间有什么区别呢？它代表了不同的能量、不同的信息载体或不同的功用。

对比整个电磁波的频率范围，可见光在其中仅占据非常窄的一

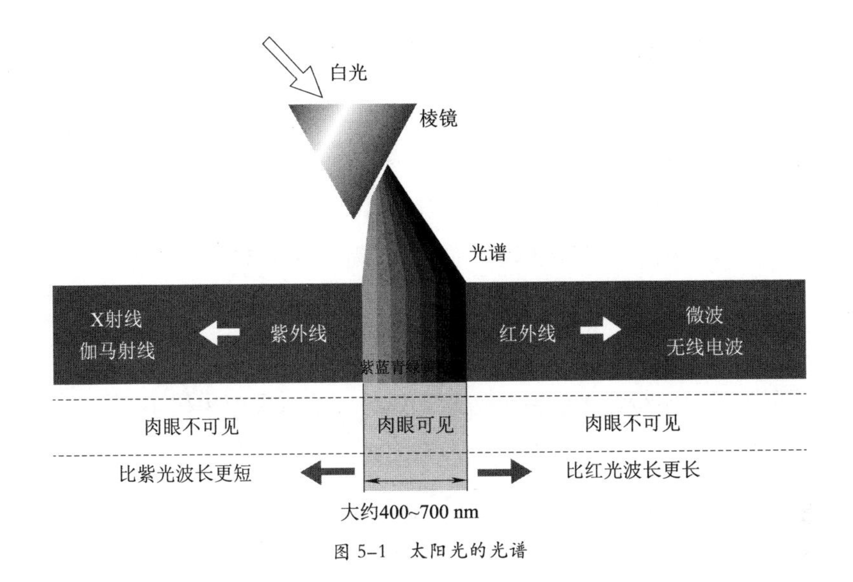

图 5-1 太阳光的光谱

小段。在整个频率范围中，有频率比较低的微波和 Wi-Fi 信号，也有频率非常高的 X 射线、γ 射线，而可见光频率范围占据的这窄窄的一段，对应的光子能量处于 1.6~3.2 eV。在原子物理中，我们通常使用 eV（电子伏特）作为能量单位，1 eV 对应将一个单位电荷的电势升高 1V 所需的能量。即便如此，可见光的频率和能量范围也已经产生了非常丰富的色彩。

那些可见光范围之外的光在日常生活中也发挥着巨大的作用，如红外成像、微波加热、无线电通信、X 光片等，我们将在后面详细解说。比如现在大家很关心的芯片光刻机的制造，如何高效地产生和控制波长在 10 ~ 124 nm 的极紫外辐射（extreme ultraviolet radiation，EUV）就是整个芯片制造流程的重中之重。

光给我们的生活，尤其是 20 世纪、21 世纪的现代生活带来了非常多的便利。

光的速度

除了颜色，光还有一个非常重要的常识性的性质——它具有非常快的传播速度，达到了大约 3×10^5 km/s。这样的速度到底有多快呢？如果用地球作参照物，光 1 秒能够绕地球赤道 7.5 圈。

不过这个常识的获得并不容易。与光具有颜色不同，现在人们熟知的关于光速的“常识”，在古代的很长一段时间中并不是常识。相反，当时更符合人们直观认知的是，光的传播似乎是不需要任何时间的——毕竟一旦点亮柴火，周围瞬间就被照亮了。这里可以发现一件很有趣的事情：人们通过直观的观察，得到了光有 7 种颜色的结论，这在现在看来基本也是“正确”的。然而，同样是通过观察，对于光的速度，人们却得出了“错误”的结论。科学探索的过程没有想当然。

第一个对光速无限大质疑，并且尝试通过实验测量光速的人是著名物理学家、近代科学的奠基人伽利略。与之前人们仅通过观察和思考的方法认识现象不同，伽利略确立了采用实验来研究自然现象的手段，由此奠定了科学研究的基础。在他的著作《关于两门新科学的对话》中，有一段老师和学生讨论光速的对话展现了他自己对光速无限大的质疑：

> 沙格列陀：“但是我们必须考虑，这种光速是什么类型的和多大的？它是即时的、瞬态的，还是像其他运动一样有时间要求？我们不能用实验来确定吗？”
>
> 辛普利邱：“日常的经验说明光的传播是即时的。因为当我们看见很远处的一发炮火时，闪光到达我们的眼睛无须消耗时间，但是声音到达耳朵却在可观的时间间隔之后。”

沙格列陀：“好了，辛普利邱，我从这点熟悉的经验能够推断的唯一事情是，到达我们耳朵的声音比光传播得更慢；它并未告诉我是否光的到来是即时的，或者尽管光是极快速的，它是否仍然耗费时间。这类观察告诉我们的不比一句话更多，这句话声称‘一旦太阳进入地平线，它的光就到达我们的眼睛’，但是谁能够向我保证这些光线没有比它们进入我们的视线更早到达地平线？”

接着，伽利略借助萨尔维阿蒂之口介绍了他所进行的实验：让两批人（暂且将他们称为 A 和 B）携带着灯具分别登上两座相隔一定距离的山。A 在第一座山顶打开灯，当第二座山顶的 B 看到 A 处发出的光亮后也立即开灯，A 看到 B 处的灯打开后再立即把自己的灯关上，B 看到 A 处的灯熄灭后也立即将自己的灯熄灭……如此往复。那么，只要知道两座山之间的距离，用它除以开灯或关灯的时间间隔，就可以得到光传播的速度。

虽然实验的想法很美好，但伽利略的实验最终失败了，现在我们应该都能猜得出他失败的原因——光的速度实在是太快了。如果假设两个山头的距离有 1 km，光从一座山传播到另外一座山的时间也只有约 0.000 003 s，凭借当时的技术根本无法测量如此微小的时间间隔。

尽管伽利略最终没有成功测量光速的大小，不过他第一次提出了“光速可能是有限的”这一疑问，这仍是物理学的一大进步。毕竟解决实际问题可能只是涉及数学或实验技巧，而能够发现和提出问题，则需要创造性的思维，这是认知上的一大飞跃。

按照上述方法，光如果传播 1 s，将会走过大概 3×10^5 km 的距离，这样的距离只有在天文学中才能实现。17 世纪，丹麦天文学家罗默（Ole Rømer）对木星进行观察，偶然发现，地球离木星远近不同时，木星的卫星被木星遮挡的时间间隔也不同。如果认为卫星绕木星的速度恒定，那么这样一个时间差异必然来自地球距木星远近不同时，光线传播所需时间的不同。基于这一假设，罗默计算出光传播的速度是 2.25×10^5 km/s。有了罗默翔实的测量数据，人们更加相信光速确实是有限的。

当然，如果继续沿用伽利略的思路，试图在地面测量光速，就需要改进实验的技术。伽利略其实忽略了一点，他根本不需要安排两拨人进行实验，只需要在远处安放一面镜子，那么镜子就可以自动将接收到的光线反射回来。在伽利略实验约 250 年后的 1849 年，法国物理学家斐索（Armand Hippolyte Louis Fizeau）利用这一思想，并辅以更加精确的测量时间的方案，第一次通过在地面进行的实验测定了光速。

斐索的实验方案十分巧妙：他让光源射出的光照射到一个半透半反镜上，这个特殊的镜子可以让照射到它上面的光线一半通过，一半反射出去。反射光线会通过一个旋转的齿轮照射在远处的镜子上再反射回来，于是光线又一次通过齿轮并最终进入人眼。如果齿轮是静止的，并且光正好从齿轮的缝隙穿过，那么人就能一直看到光线。这时让齿轮慢慢开始转动，如果齿轮的转速很慢，第一次经过齿轮的光和反射的光都能通过同一个缝隙，人眼同样可以一直看到光线。如果让齿轮的速度继续加快，使得光通过镜子反射回来时，缝隙已经被转过去，此时光就会被挡住，人就看不到反射的光线了。在此基础上进一步提升齿轮的转速，让反射光通过齿轮时，齿轮已经转到下一个缝隙，人眼就能再次看到反射光。这样，通过齿轮的齿数和转速就可以精确地计算时间的间隔。

当然，具体实验的实现也不是那么容易的，毕竟光的传播速度实在是太快了，想要通过这种方法测量得到光传播的时间，一来需要让齿轮的齿数尽可能多，转速尽可能快，这样齿轮转过一齿所需的时间间隔才能尽可能小；二来需要让镜子和齿轮之间的距离也尽可能大，这样光反射回来所用的时间间隔才有可能与齿轮转过一齿所需要的时间匹配。同时，当距离增加时，光源的强度也需要相应增强，否则光线就会弱到人眼无法看见。斐索不断增加镜子的距离和齿轮的齿数及转速，最终，当齿轮的齿数达到 720 齿、转速 12.67 rad/s、光源距离镜子 8 km 的时候，他才第一次看到了光被挡住的现象，当齿轮转速继续提高一倍后，光再次出现。由此，斐索计算出了光速约为 3.15×10^5 km/s，这个实验值已经很接近现代测量的光速值了。

在后面的时间里，通过物理学家和天文学家的不断努力，逐渐提升测量的精度，最终得到了我们现在所熟知的光速。可见，现在我们认为的常识，实际上是科学家通过长期观察和实验，一次次展现出无可辩驳的新结果，才慢慢形成的。那么，现在我们所认为的一些“常识”，在若干年以后有没有可能也被人们发现是“错误”的呢？

关于光速，还有一点需要说明的是，光具有绝对速度，或者加一个修饰让这个描述变得更加准确——**光在真空中具有绝对速度，也是物质运动的最大速度**。这也是爱因斯坦相对论建立的基础。出于这点认知，人们把长度单位“米”定义为光在真空中 1/299 792 458 s 内走过的距离，反过来说就是真空中的光速被定义为 299 792 458 m/s。当有介质（指可以传播光的媒介，如空气、水、玻璃等）存在时，光的传播速度会随着介质的性质不同而改变，并且会低于真空中的传播速度。

光与物质的相互作用

吸收、透射和反射

颜色和速度是光本身的物理特征，在真空或均匀介质中，光沿直线传播，颜色和速度都不会发生改变。但是光在传播中一旦遇到其他物质，就会与其发生相互作用，其性质就会随之发生一定的改变。我们平时看到物体，或者在生活中利用光，依靠的都是光与物质的相互作用。

在光与物质的各种相互作用中，最直观的有三种：**吸收**、**透射**和**反射**。这些现象在生活中都很常见。为什么有的东西是黑色的？其实是因为物体完全吸收了光，你的眼睛没有接收到来自那一区域的光线，于是物体在眼中就呈现为黑色；而对于有颜色的物体，不透明的物体会反射一部分光，透明的物体会透过一部分光，这些反射或透射的光进入眼中，就呈现出物体的色彩；镜子的基本原理是光的反射，所以我们能通过镜子看到自己，而玻璃是一种透射材料，所以我们可以看到玻璃后面的物体……

除此之外，还有一些其他的相互作用，如折射、散射、干涉、衍射等。下面我们就一起详细了解这些相互作用的规律和表现。

光的物理特征和现象

光与物质的不同相互作用方式会使我们看到不同的现象。

首先来说光的**反射**。光的反射现象与大家息息相关，比如镜子的成像、湖面的倒影都是光的反射。当光在传播中遇到不同物质时，会有一部分在分界面上改变传播方向，又返回到原来的物质中。比如在空气中传播的光遇到湖面后，有一部分会折返回到空气中，这部分光进入人眼，便会在眼睛中显现出湖中的倒影。其中有一个重要的物理性质——返回的光与两种物质界面的夹角等于入射的光与两种物质界面的夹角，光以什么角度入射，就以什么角度反射，其他时候会在同种均匀介质中沿直线传播，这也是反射光能够呈现出与原物体相同的像的原因。

光的**折射**也是生活中很常见的现象。当在一种介质中传播的光遇到另一种介质时，如果另一种介质是透明的，那么在两种物质的界面处，除了有一部分光会返回原来的介质，发生前面所说的光的反射，还会有一部分光进入另一种介质中。这部分光不仅传播速度会发生改变，传播的方向也会发生改变，这便是光的折射现象。大家应该都曾在生活中观察到过这一现象：如果将筷子放入装有水的玻璃杯里，筷子会发生弯折。我们知道筷子并没有折断，这只是一种视觉效果——水中筷子上某一点反射的光在从水射入空气时会发生折射，改变传播的方向，而我们的眼睛捕捉到这束光时，会默认它是沿直线传播的，这就导致我们对物体位置的判断出了差错。由于折射现象会影响我们对于物体位置的判断，因此在很多时候都要考虑到折射所带来的偏差，比如渔夫在用鱼叉捕鱼时，就要考虑所看到的鱼的位置其实与鱼在水里真实的位置是有偏差的。

同时，在不同介质中，光的传播速度不同，光线传播方向偏转的情况也不相同。这说明不同介质对光的折射能力不同，我们称之为**“折射率”**。折射率与光的传播速度和光线偏转的程度之间存在折射定律。不仅不同介质对于光的折射率不一样，同一种介质对于不同频率（也就是不同颜色）的光的折射率也不同，这就引发了另一个重要的光学现象——光的**色散**。当不同频率的光在同一种介质中以同一个角度一起入射到另一种介质中时，由于折射率不同，光线发生偏转的角度也就各不相同，光线便会四散开来。牛顿通过三棱镜发现白色的太阳光会分解为红、橙、黄、绿、青、蓝、紫 7 种颜色，应用的便是光的色散现象。在日常生活中，雨后彩虹的出现也是由于光线通过空气中的小水珠时发生了色散，分离成 7 种不同的颜色。

乍听上去，光的**散射**与光的色散好像差不多，但其实两者是完全不同的现象。色散现象是基于光的折射，而散射现象则与光的反射有些类似。不同的是，在反射现象中，光照射在一个表面光滑的物体上，传播方向发生改变，反射角等于入射角，而光的其他特性，比如颜色（也就是频率）不发生变化。散射则指当光在不均匀的物质中传播或照射在一些微粒上时，会有一些光偏离原来的传播方向，同时，这些光的频率等特征也可能发生了改变。有了散射的存在，生活中的光学现象更加丰富多彩。

光的散射可以分为很多种，比如在日常生活中经常见到的**丁达尔效应**（见图 5-2），这是光的频率不发生改变的一种散射。空气中有雾气或很多灰尘的时候，光线被这些小颗粒散射，进入人眼，于是我们就看到空气中出现了一道道“光柱”，像是光线从天空中投射

图 5-2　丁达尔效应

下来时所经过的路径。这一现象在雨后或早晨的森林中格外常见，而光在均匀的介质中则不会产生这种现象，比如我们在一杯纯净的水中是看不到光柱出现的。

另一种常见的散射现象叫作**“瑞利散射”**，这也是光的频率不发生变化的一种散射。不同时刻的天空会呈现出不同的颜色，这样一个常见现象背后隐藏的便是与瑞利散射有关的复杂物理机制。瑞利散射的强度与波长的 4 次方成反比。在白天晴朗的天空中，太阳光线被大气分子散射，其中波长较短的蓝紫光大部分被散射，因此天空便显现出蓝色。而到了傍晚，光线需要通过的大气厚度要厚很多，蓝紫光因为在这个过程中发生的散射较强，反而被“过滤”掉了，最后到达地面的光线中，波长较长的橙红色光线比例较高，因此，我们便会看到橙红色的晚霞。

同样是散射，为什么有时候会出现丁达尔效应，有时候会发生瑞利散射呢？瑞利散射又为什么会对不同频率的光有不同的散射情况呢？这其实与微粒的尺寸、分子对光的吸收情况等有关，更深入的解释需要用到较为复杂的物理学知识，这里不再详细展开。

除了保持光的频率不变的散射，还有一些散射会改变光的频率，如**康普顿散射、拉曼散射**等，它们在科研中有很大的用处。在实验室中，拉曼光谱仪可以根据散射光频率的变化来判断物体分子的振动状态等。

最后再提两种很重要的光现象：光的**干涉**和**衍射**。这两种光现象在波粒战争中占据了很重要的地位，我们将在后文详细讲解。在日常生活中其实也可以观察到这两种现象，比如在吹肥皂泡时，泡泡上的七彩光斑其实就来自光的干涉。水面上滴了点油，油膜看起来五彩斑斓，这也是光的干涉。

光在生活中的作用

前面提到，光有不同的频率 / 波长，不同频率或波长的光具有不同的物理性质。屈原曾写道:“夫尺有所短，寸有所长。”人们对光的利用中也是同样的道理。如果能够合理地利用不同频率光特有的性质，会给我们的生活及科学研究带来极大的便利。

首先看看**可见光**。人眼能观察到的光只是光谱中的一小部分，这部分光的波长在 380~780 nm，当然这只是一个大致的范围，不同人的状态其实是有些许差别的。那些留存影像的装置，如摄影机和照相机，为了保存与我们肉眼所见相同的影像，都是在这样一个波长的范围里运行。在生活中，根据不同颜色可见光的特性和人们对此的感受选择合适的光，可以实现不一样的功用。如红绿灯的颜色选择，从物理上来说，红色的穿透能力很强，而绿色和红色的差别较大，人眼正好又对这两种颜色较为敏感；从感觉上来说，红色表达的感情最为强烈和刺激，而绿色则比较柔和，因此将它们两个分别选为禁止和通行的标志是十分合适的。又比如雾天时，黄光对于大雾的穿透能力最强，因此雾光灯基本都是黄色。在艺术领域，各种绘画、摄影、设计等也会利用人们对于不同颜色的光感觉的不同，实现不同的表达效果，可以说它们其实考察的也是用光的技艺。

除了肉眼能够看到的光，那些波长比红光更长或比紫光更短的光也有许多的应用。对于短波长的光，最著名的要数紫外光了。紫外光的波长在 10~400 nm。大家都听说过紫外线，知道它对人体皮肤有伤害，这是因为某些波长范围内的紫外线会对细胞中的 DNA 和 RNA 分子结构产生破坏，造成细胞死亡。如果反过来应用这一特点，可以用紫外线进行杀菌消毒，这也是常用的杀菌消毒手段。紫外光还有一个重要的应用，那就是在这几年广受国人重视的紫外光刻机。我们知道，在雕刻东西的时候，使用的刀越尖，雕刻出的图案越精细。那么，如果用紫外光这样一个只有百纳米宽的“刀子”进行“雕刻”，就可以制作纳米级别的图案。紫外光刻机便是这样一把锋利的“刀子”，利用它和其他相关的机器配合，就可以在电子芯片上制造出纳米级别的电路。

比紫外光波长更短的光是 X 射线，这个我们也并不陌生。X 射线的波长范围在 0.01~10 nm，具备比紫外光更高的能量。医疗领域的 X 光机、CT 机，安全领域的安检成像仪等都是利用 X 射线工作的，这是由于不同物质对 X 射线的吸收能力不同。X 射线可以几乎无损地穿过一些物质，而有些物质则会将其吸收。因此，利用 X 射线可以看到诸如人体、包裹等的内部结构。根据穿透能力不同，人们通常又将 X 射线中波长较短、能量较高、穿透能力较强的部分称为**“硬 X 射线”**；将波长较长、能量稍低、穿透能力较弱的部分称为**“软 X 射线”**。在科研领域，科学家利用 X 射线透过晶体时产生的衍射行为分析晶体的结构，了解不同材料的微观原子组成。

还有比 X 射线波长更短的光吗？有，那就是 γ 射线。γ 射线在医疗上可以用于癌症患者的治疗。γ 射线的波长非常短，只有 0.01 nm 左右，而原子的尺度恰巧就在这个范围。由于它是非常高能的射线，因此穿透性也极强。因此 γ 射线无论是对原子还是对细胞都会产生非常强的作用，可以穿透人体表层的皮肤，杀死体内的癌细胞。

说完短波，下面再来讲讲长波。与短波相对应，长波当中最有名的是**红外光**。红外光按照波长由短到长又可以分为**近红外光**、**中红外光**和**远红外光**，其中最常用到的是近红外光，比如电视遥控器发射出来的就是近红外光。红外光在生活中常被用于信息的传播，这里就不得不提到一项颠覆性的技术——光纤通信。光纤通信用到的是 1.3 μm（1 μm 约为 1m 的一百万分之一）到 1.5 μm 波长范围的红外光，这些波长的光可以在光纤中实现非常低损耗的传播，迅速将信息传播到远处。中红外光和远红外光也有很多作用，比如军事上的成像探测仪（如热红外仪）可以在黑夜中对不同的物体进行成像，我们经常用到的红外测温仪也是通过探测人体发出的红外光的频率测得人体温度的。

比红外波更长的光是**微波**。微波的波长通常是 1 mm~1 m。它最常见的应用是雷达、Wi-Fi、手机信号等无线通信。4G、3G、2G 以及 Wi-Fi 所用到的微波都是厘米波，而 5G 通信所用的是毫米波。微波可以说是我们信息时代最重要的工具之一。

根据前面对不同波长的光的介绍，大家可能慢慢发现了一些规律——波长越短、频率越高，能量也越高，此时，光能承载的信息量也越大。所以科学家希望用很短波长的波在不伤害人、不伤害物质以及不产生大量损耗的情况下，载入更大的信息量。5G 通信传输就是从厘米波进入毫米波过程的一个实践。那为什么不直接用波长更短的 X 射线或 γ 射线呢？它们的缺陷在于，波长越短，产生的损耗越大，不容易实现远距离传播，而波长越长，传播的距离越远。采用厘米波的 4G 基站覆盖范围能达到几千米或 10 千米，但是 5G 信号的覆盖就会困难很多，如果基站的密度过低，5G 信号可能会变得很弱，因此 5G 基站的数量要比 4G 基站的数量更多。

现今微波已经被慢慢纳为**无线电波**的一种，它是无线电波当中波长最短的光。无线电波的范围可以从 1 mm~100 km。波长更长的无线电波在远距离无线通信中起到了重要的作用，比如电视、广播等。大家如果听收音机，会听到 FM、AM 等词语，这里的 FM 指调频载波，一般用的是无线电中的短波；AM 指调幅载波，一般用的是无线电中的中波，而 100 km 长的无线电波由于波长非常长，很适合做超长距离的传播，比如远途城市与城市之间或更远信号的传播。

在光学研究的过程中，我们必须介绍一个特殊的大科学装置——同步辐射光源。“同步辐射”指这个光源发光的原理。它利用加速器中接近光速运动的电子或正电子在改变运动方向时发出的辐射波作为光源。与前面介绍的单一波段的光不同，同步辐射光源的一个特殊之处在于它的波段很宽，从红外光、可见光、紫外光、软 X 射线一直延伸到硬 X 射线区域。在具体实验过程中，可以根据需要，利用单色器选取某一波段的光进行实验。人们利用同步辐射光源的一个很重要的原因是高强度，它发出的光很“亮”。就像在黑夜中用手电筒照明，手电筒的光强越强，能看到的物体就越清晰，同步辐射的高强度光源可以大幅度提升工作效率，完成很多常规光源无法进行或需要很长时间才能完成的工作。除此之外，同步辐射还具有高准直性、脉冲性、偏振性等特征。这一系列优势，让它在物理、化学、材料科学、生命科学、工业等领域发挥越来越重要的作用，而如此重要的同步辐射光源，制造和维护并不容易，尽管各国都在紧锣密鼓地计划和实施新的光源建设计划，但如今世界各地的正在使用的同步辐射装置不到 100 个。

以上我们大致介绍了各个波段光的常见应用。当然，这只是其中很小的一部分。光在生活中还有什么其他的应用呢？快去寻找和发现吧！

如何科学吵架？——光的三次“波粒战争”

在科学史上，论战层出不穷。宇宙的中心到底在哪里？地心说和日心说斗得你死我活。热的本质是什么？一个热质说就让大家吵了将近 100 年。物质到底是由什么组成的？原子的存在是真实的吗？大家的诘难和不理解甚至让信奉原子的一代物理学大家玻尔兹曼抑郁自杀而终。

围绕“光到底是什么”这个困难的课题，历史上的争论也非常多。在前面，我们从外在现象层面对光的一些性质以及与物质相互作用的表现有了一定的了解。在本节中，我们将更进一步，沿着历史的脉络，了解历代科学家如何在论战中，一步步探索和接近光的本质。

光学研究的起源

光学是人类最古老的研究领域之一。早在公元前 6 世纪，一些思想超前的古希腊思想家开始拒绝用超自然力量解释生活中观察到的现象，而是转向自然本身寻求原因。比起神话和宗教权威，他们更相信理性思考和观察的力量，并且热衷于通过交流和辩论来谋求真理。这是人类思想史上的一大进步，也正是这种思想上的转变，引发了古希腊自然哲学研究的萌芽。其中光作为生活中经常见到的现象之一，自然也在探讨的范围内。最初的这些研究虽然较为粗浅，但是令科学家形成了对光最基本的认知。

古希腊将对光的研究定义为对视觉的研究。在他们对视觉过程的普遍理解中，眼睛会发出火焰，由此，火焰发出来的光就可以探测到被观察物体的表面。这种观点由来已久，甚至在最古老的古希腊诗歌和戏剧中都可以发现对其的表述。在古希腊哲学形成后，著名的**毕达哥拉斯学派**也信奉同样的观点。如果对这种思想进行追溯，其实可以发现它是将视觉与触觉进行类比得出的结果——人们通过用手触碰的方式来感知物体，那么眼睛要感知物体，一定也是与物体发生了某种触碰。出于这种理解，古希腊天文学家喜帕恰斯将这种眼睛中发出的火焰称为“视觉之手”。

当时的古希腊学者大都支持这一观点，仅有的反驳者是以**德谟克利特**为代表的**原子主义者**。德谟克利特是一位百科全书式的学者，就是他最早在哲学上提出了原子理论，认为万物都是由不可再分的原子和虚空组成的。原子主义者将包括视觉在内的各种感觉的产生归结为被观测物体的原子投射到观测器官上的结果。但是，为什么只有白天的时候人们才能看清物体，天黑之后就看不见了呢？为了解释这一问题，原子主义者又补充了视觉的产生需要两种实体：来自太阳的光和来自物体发射的原子。

另一位著名的古希腊哲学家**柏拉图**将上面的两种观点进行了综合。他基本认同“眼睛发出火焰”的说法，但是也部分引用了德谟克利特的观点，认为人们的视觉来自物体本身特性的延伸。在柏拉图的理论中，与来自太阳的火焰和来自眼睛的火焰相接触的并不是物体本身，而是来自物体表面散发出的第三种火焰。物体的亮度是由来自物体的火焰粒子和来自眼睛的火焰粒子的相对大小和速度决定的。

柏拉图最著名的弟子**亚里士多德**对包括他老师在内的观点都进行了批判。对于视觉之火的猜想，他质疑道：在观测遥远的星星时，眼中发出的火焰是否能够触及那么远的距离？而对于原子主义的猜想，他也认为是错误的，因为从别人的眼睛中也能看到物体的图像，这个图像显然不再来自物体发射的原子。亚里士多德随后发展了自己的理论，在他的观点中，图像的传递需要一种媒介，这种媒介不是来自物体或眼睛的火焰，而是独立存在的，他称之为**“以太”**，图像在以太中的传递是瞬间完成的。亚里士多德提出的“以太”概念影响深远，一直到近代，人们都在假设光的传播需要以太这种介质的存在，直到 19 世纪末，迈克耳孙-莫雷实验才真正证实以太是不存在的。

以上这些对于视觉现象的描述都是定性的，**欧几里得**之后，人们对光学开始有了定量化描述。有趣的是，这种定量化描述的产生在一定程度上还得益于视觉之火的观念，因为在这种观念的影响下，人们才开始去分析从眼睛发射的火焰照射到物体上的角度分布情况。欧几里得在几何学上颇有研究，大家都知道他最著名的作品——《几何原本》，而光学相关的研究可以说是欧几里得对于几何学的应用。在著作《光学》（*Optics*）中，欧几里得假定从人眼发出的一系列发散的射线照射到物体上，基于此对光的反射等现象进行了定量研究。这种将光线假定为直线并通过几何学进行研究的方法如今被称作**“几何光学”**。在欧几里得之后，**阿基米德、托勒密**等人进一步发展了这一方法，大大丰富了几何光学的研究。

在中国古代，**墨子**对光学也有一定的研究。他通过简单的实验总结了几何光学的一些规律。《墨经》里记载了很多有关光学的条目，系统地说明了物体和影子的关系、影子和光源的关系、小孔成像、光的反射、透镜成像等内容。这些研究结果的出现时间甚至早于古希腊的相关研究。

到了中世纪，伴随阿拉伯帝国对西方的征服，古希腊的学说开始大量传入阿拉伯。阿拉伯帝国的学者翻译了大量希腊的资料，同时对这些内容进行了细致评阅和批判性吸收。对于技术的需求，使得观察和实验的方法在阿拉伯世界普遍流行，因此阿拉伯的光学研究十分发达，其中最著名的研究者是数学家和天文学家**海什木**。海什木发现人的眼睛会因为强光的照射而感受到刺痛，因此认为光一定不是从人眼发出来的，而是来自外界，这是对希腊视觉之火观念的有力反驳。在抛弃了视觉之火的观念后，海什木还通过实验的方法，对光的反射、折射等现象进行了观测，重新建立了几何光学的体系，并且对人眼进行了详细研究，了解了人眼捕捉光线的机理。这些研究结果被他汇总为《光学全书》，现代光学的研究也由此发端。

细心的读者可能已经发现，上述关于光的研究都直接与视觉相关，这是因为那时只有通过视觉，人们才能直观地感受到光现象。直到近代物理学成为一门独立的学科后，人们开始慢慢脱离自身，去研究光本身这样一个无生命的物理现象。其中，关于光究竟是粒子还是波的争论贯穿了始终。

第一次“波粒战争”——牛顿占领制高点

如前所述，在最开始的时候，人们将光看作一种微粒，光的微粒进入人的眼中便引发了视觉。通过这种微粒学说可以很直观地解释光的直线传播现象——毕竟在不受力的情况下，微粒的运动正是直线运动。同样，光的反射现象也可以很容易地用微粒撞在界面处发生的反射解释，这种现象与小球撞到墙上被反弹出去的现象类似。但是，对于另外一种常见的光学现象——折射现象的解释就变得复杂很多。为了解释光进入另一种介质后传播方向为什么会发生改变，人们只能假设另一种介质的粒子会对光的微粒施加一个力，由此改变了光微粒的运动方向。并且这种作用力只能发生在另一种介质的表面，因为很明显，光在完全进入另一种介质后，又开始沿直线传播，这表明这时它不再受到力的作用。

到了 17 世纪，人们开始有了用实验探索世界的思想。同时，越来越多的学者开始把光与声音进行类比，认为光也是一种波。1655 年，意大利科学家格里马尔迪（Francesco Maria Grimaldi）做了一个实验，他让光通过前后排列的两个狭缝后投射到后面的屏幕上，发现屏幕上的光带的宽度要大于第一个狭缝的宽度。所以他认为，光在通过狭缝时会在狭缝的边缘处向外扩散，而这种扩散的特性与水波传播过程中绕过障碍物的特性类似，他把这种现象称为“光的**衍射**”。如果光是一种粒子，就无法出现这种现象，于是格里马尔迪认为光是一种波动现象。同时期的其他科学家，如**胡克**、**帕尔迪耶**等也是波动学说的支持者。后来，荷兰科学家**惠更斯**总结前人的思想，建立了波动学说的系统理论，使得波动学说成为不同于微粒学说的另一套光学理论。

惠更斯波动学说的核心是**惠更斯原理**，即在每一个时刻，向前传播的球面波上的每一点都是下一个时刻球面波（被称为“次波”）的波源，即这些点在下一个时刻就会形成新的球面波。在每一个时刻，所有球面波的包络面（即能够把所有球面波都严丝合缝包裹住的面）被称为“波前”，可以将其理解为波在这一时刻传播到的位置。

相对于微粒学说，惠更斯原理可以对折射现象给出更简单的解释：一束光波一开始在某一种介质中传播，由于都是同一种介质，因此所有波的传播速度相同，它们的波前随着时间的推移平行向前推进。但由于波是斜入射到另一种介质中的，因此内侧的波前会率先进入，并在其中以不同的速度传播。这个时候，波的不同部分处于不同的介质中，它们的传播速度不再相同，波前也就不再平行，开始发生倾斜，直到所有的波完全进入另一种介质，便重新恢复到波前的平行推进状态。

采用同样的方法也可以解释光的衍射现象，这一解释与格里马尔迪当年的理解相似：波传播到狭缝处时，每一点的波都会形成新的球面波继续向前传播，因此这些波会扩散到障碍物的后方，新的波前宽度便会比狭缝的宽度要大。

然而，大名鼎鼎的牛顿是坚定的微粒学说支持者。因此，以惠更斯、胡克等为代表的光的波动学说与以牛顿为代表的光的微粒学说之间进行了长久的论战。这两种学说都各有优点和问题。

牛顿通过三棱镜色散实验证实了白光是由各种颜色的光组合而成的，如果承认光的微粒学说，那么就得假设不同颜色的光是不同的微粒，光谱中无穷无尽的颜色对应着无穷种不同的微粒。同时，如前所述，微粒学说对于折射现象的解释并不充分。

在光的波动学说中，不同波长或频率的光自然对应了不同的颜色，对于折射现象，波动学说的解释也更为简单，并且甚至可以得出关于折射规律的定量结论，与实验观察到的结果完全相符。但是波动学说无法解释与光的直线传播相关的事实，比如影子的出现。因为由于光在发生衍射之后，会绕过障碍物继续传播，那么在障碍物的后方就不会出现没有光的阴影，或者至少影子的边缘会变得模糊。

如果硬要用波动学说解释光的直线传播，只能假设光波的波长非常短，远远小于障碍物的尺寸，这种假设虽然在现在看来是正确的，但是当时无法通过实验验证。最重要的是，当时人们认为波的传播必须通过介质，但是光在真空中也能传播。波动学说的支持者为了弥补这一问题，只能引入亚里士多德假设的“以太”的存在，认为它充满了整个空间，是光波传递的介质，但是当时的人们对以太的性质全然不知。

可以看出，凭借当时的科学水平，判定波动学说和微粒学说到底哪种比较正确是一件十分困难的事情。就像后来爱因斯坦评价的那样：此时做出的决定与其说是科学的确证，不如说是品位的问题。由于当时牛顿的影响力实在是太大了，因此在牛顿时代以及之后的一个多世纪里，大多数物理学家都支持微粒学说，第一次波粒战争以牛顿学说胜出而告终。

关于第一次波粒战争还有一个有意思的故事。牛顿发现光的色散现象，提出白光是由不同颜色的光组成的，并且用微粒的说法解释这种现象后，他发表的结果和文章是由胡克审查的。胡克看到这样的结果非常不高兴，觉得牛顿推翻了他的假说。他认为牛顿所说的都是谬论，这一切的实验结果和假设都是做假，言辞非常激烈。所以在第一次波粒战争中，牛顿和胡克纷争不断，他们甚至成了一生之敌。直到胡克去世之前，他们的争论都没有停止。

第二次“波粒战争”——波动学说大获全胜

如果对第一次波粒战争进行回顾，可以发现当时人们已经意识到了微粒学说和波动学说之间的核心矛盾——对于微粒学说，光是严格沿直线传播的，物体具有清晰的影子；而对于波动学说，在障碍物的尺寸与光的波长相近时，会出现衍射现象。只是当时的实验条件并不是很成熟，加上牛顿的影响力太大，因此人们普遍相信了微粒学说，而忽视了波动学说的一些实验证据。第一次波粒战争后，牛顿学说盛行了近百年，直到 19 世纪，历史才做出了新的裁决。其中起重要作用的是英国物理学家**托马斯·杨**和法国物理学家**菲涅耳**。

托马斯·杨出身富贵家庭，自幼涉猎广泛，在医学、物理学等领域都有所贡献，同时也十分擅长演奏乐器。正是出于对音乐的喜爱，托马斯·杨认为光与声波一定有一些相似之处，为了验证这一点，他在 1801 年进行了著名的**双缝干涉实验**（见图 5-3）。在实验中，托马斯·杨先让一束强光通过一个小孔，然后再通过平行的两个小孔，照射在后方的屏幕上，结果在屏幕上出现了明暗相间的条纹图案。如果将小孔换作狭缝，也会出现类似的效果。这一实验现象只能通过光的波动性进行解释：光束先经过第一个小孔，形成了由一点向外扩散的波，如同之前格里马尔迪的衍射实验一样。当波紧接着进入平行的两个小孔时，会被一分为二，这时候，两个波在传播过程中就会相互影响。如果两个波的波峰或波谷相遇，那么它们就会被增强，显现出较亮的条纹；如果一个波的波峰和另一个波的波谷相遇，它们就会相互抵消，显现出暗条纹；对于其他的情况，条纹的亮度介于两者之间。由此，后面的屏幕上就会出现明暗相间的周期性条纹。这种现象被称作“**光的干涉现象**”。

这一发现动摇了已经盛行近百年的牛顿学说，对此，托马斯·杨在他发表的文章中说道：“尽管我仰慕牛顿的大名，但是我并不因此认为他是万无一失的。我遗憾地看到，他也会弄错，而他的权威有时甚至可能阻碍科学的发展。”然而，托马斯·杨的发现一开始并没有被学术界接纳（这似乎印证了他的说法），并且由于他并没有提出严格的数学公式来解释实验现象，干涉这一发现开始慢慢淡出了人们的视野。

图 5-3　双缝干涉实验

直到 1815 年，菲涅耳发现了与托马斯 · 杨的实验相仿的现象，光的干涉行为才再次回到人们的视野。3 年后，菲涅耳又详细考虑了惠更斯原理，将波的相位和振幅特征包括在内，并且考虑了次波的相干叠加，给出了一套完整而严密的波动学理论，充分解释了光的干涉现象。至此，波动学说在学术界的影响力大大增强。

利用菲涅耳提出的理论（现在被称作**“惠更斯-菲涅耳原理”**），可以对牛顿当年没有理解的一个现象做出很好的解释，这一现象叫作**“牛顿环”**。在第一次波粒战争中，胡克发现肥皂泡具有七彩的颜色，并对此进行了研究，牛顿对于这一发现进行了更深入的考虑。他将一块由玻璃制成的平凸镜压在另一块双凸透镜上，发现在接触的位置出现了彩色的光环，并且随着压力的变化，彩色的光环也会发生变化。这一现象其实在生活中很常见，比如我们给手机贴膜时，按压贴膜，也可以在屏幕上观察到彩色的条纹，这一现象与牛顿环是同样的机理。牛顿环是牛顿的发现，但是牛顿却无法用微粒学说给出解释，为此，牛顿建立了一套十分复杂的理论，仍然不足为凭。如今，通过菲涅耳原理，可以用波动学说的方法自然地对这一现象做出解释，波动学说的支持者仿佛打了一剂强心剂。

菲涅耳提出波动学说后，遭到了粒子学说支持者的强烈反对，**泊松**就是其中的一员。泊松按照菲涅耳的公式计算，发现如果认为光具有波动性，那么在一个点光源和屏幕中间放一个圆盘状遮挡物，当遮挡物的尺寸与光源及屏幕的距离满足一定条件时，在圆盘阴影的中央会出现一个亮点。泊松认为这一结果显然是荒谬的，并把它当作攻击波动学说的一大证据。菲涅耳得知这一结果后，立刻进行了实验，结果出人意料，与泊松的预测一致，在圆盘阴影的中央确实出现了一个亮斑！泊松一开始提出的用来反对波动学说的论点最终反而支持了波动学说，这可谓一大乌龙，泊松也由此从微粒学说的支持者变成了波动学说坚定的支持者。为了纪念这一事件，人们把泊松提出的这一实验现象叫作**“泊松亮斑”**。

经历过一系列的考验后，波动学说渐渐占了上风。然而，最终的判决仍未达成，波动学说中仍然有很多问题等待着人们回答：如果光是波，那么它到底是横波还是纵波？波的传播都需要介质，传播光的介质又是什么？是以太吗？如果是，以太到底有什么性质？人们在这些问题的解决中遇到了极大的困难，因而影响了波动学说最终的胜利。

需要补充说明的一点是，截至目前，光的微粒学说和波动学说都基于当时物理学的**“力学观”**，即认为通过各种物质实体间力的相互作用可以解释所有的物理现象。对于微粒学说，这体现在光的微粒本身就是各种实体，会受到各种介质的力的作用。对于波动学说，人们认为波应该会在由粒子组成的介质中传播，就像声音必须在空气、水等介质中传播一样，在传播的过程中，会有力作用在波和介质中间。这种观念也在一定程度上限制了上述问题的解答。

直到 19 世纪下半叶，物理学中诞生了一个革命性的新观念，为这些问题的解决带来了曙光。这一新的观念便是**“场”**。从现在的观点来看，场可以算得上自牛顿时代以来最重要的发现，它催生了量子力学和相对论两大现代物理学的支柱。“场”的观念的建立是另一段恢宏的历史，法拉第、奥斯特、赫兹、麦克斯韦等物理学家皆为此做出了巨大的贡献。在这一观念的确立过程中，**麦克斯韦方程组**的建立是一个里程碑式的事件。

麦克斯韦方程组描述了电磁场的变化规律，表明变化着的电场会产生磁场，变化着的磁场又会产生电场，两者就这样相互产生并且以横波的形式传输出去。并且，这一定律所描述的场充斥了整个空间，而不是像以牛顿力学为代表的力学定律那样，只适用于物质粒子存在的地方。

用麦克斯韦方程组同样可以计算出电磁波传递的速度，结果是惊人的：电磁波的传播速度等于光速。19 世纪 80 年代，**赫兹**第一次用实验证实了电磁波的存在，并且确认了它的传播速度确实是光速。有了这样的事实，人们便不得不相信，光其实就是一种电磁波。

当然，观念的转变也需要一个过程。起初，人们对于麦克斯韦方程组的认识不够深刻，认为光波或电磁波的传播仍然需要以太作为介质，直到后来才认识到电磁波是可以直接在空荡荡的空间中传播的。为了验证以太是否存在，1887 年，**迈克耳孙**和**莫雷**做了一个光的干涉实验，他们让一束光通过分束器，光分为两路：一路向上传播，一路向右传播。两路光被后面的镜子反射后又重新回到同一点，发生干涉现象，在屏幕上显现出干涉条纹。如果以太存在，由于仪器随着地球的公转和自转一起运动，上下和左右运动的光相对于以太的速度便会不同。此时让仪器旋转 90°，相当于两路光的情况交换，那么旋转前后的干涉条纹就会发生变化。但是，迈克耳孙和莫雷在实验中并没有看到条纹的移动。在他们此后的多次实验，以及后人更加精确的实验中，都得出了相同的结果，因此确定了以太确实是不存在的，并且光速相对于任何参考系都是不变的。对这一实验的理解，也直接催生了相对论的建立。

总之，麦克斯韦的电磁理论为波动学说又添上了精妙的一笔。第二次波粒战争也随着麦克斯韦方程组这一完美公式的提出，以波动学说的胜出而告终。此后，大家全部站回波动学说这一边，开始反对粒子论了。

第三次“波粒战争”——量子革命的到来

眼见波动学说就要成为定论，19 世纪末的一个发现打破了这一局面，使人们陷入了新的困惑，这一发现便是**黑体辐射**，它与当时的迈克耳孙-莫雷实验并称为 19 世纪末物理学的两朵乌云。

为了对黑体辐射的实验现象进行解释，普朗克在 1900 年创造性地提出了“量子”的概念。假设黑体的能量发射和吸收过程是离散的，能量只能以一个最小能量的整数倍被发射或吸收，这个最小的能量叫作**“能量子”**，每个能量子的能量和频率之间具有关系：$E=h\nu$，其中 h 被称作**“普朗克常数”**。普朗克的这一发现成为量子革命的开端。普朗克本人也因为这一概念的提出，获得了 1918 年诺贝尔物理学奖。

随后的 1905 年，爱因斯坦将能量子的概念继续发展，提出**“光量子”**的想法，成功解释了**光电效应**现象。光电效应是赫兹在 1887 年的发现，当时赫兹在进行电磁波的发射和吸收实验，他偶然看到，当特定波长的电磁波照射在火花发生器的线圈上时，火花发生器就会发出火花。进一步的实验验证了这样一个事实：用光（电磁波）照射金属板，可以将金属板中的电子打出来，这种现象便是光电效应。

如果用波动学说的观点来解释光电效应，可以自然地推出：金属板中电子的逸出是由于电子吸收了光的辐射能量，将其转换为动能。如果照射在金属板上的光的波长不变，但是采用更强的光源，辐射的能量就会大大增加，发出电子的能量相应也会增大，也就是电子的速度会增加。但是实验给出了与推理相反的结果：如果保持光的波长不变，即使光强再大，逸出电子的速度（能量）也保持不变。可见，在解释光电效应的问题上，波动学说遇到了巨大的困难。

爱因斯坦发现，为了解释光电效应，必须认为光子的能量是一份一份的，每个光量子携带的能量满足普朗克给出的关系 $E=hv$，这里的 v 就是光的频率。光量子打到金属片上，将自身的能量传递给电子，使电子逸出。增加光的强度只是增加了打到金属板上的光量子的数目，如果保持光的波长不变，单个光量子的能量并没有发生改变，因此逸出电子的能量也不会发生改变，只是数目会随着光量子数目的增加而增加。只有降低光的波长，增加光的频率，才能提升单个光量子的能量，使逸出电子的能量增加。

现在问题又回来了：光到底是波还是粒子？在整个 19 世纪，人们已经抛弃了粒子学说，支持光的波动学说，而如今，爱因斯坦的光量子假说似乎又在表明，麦克斯韦的理论并不是完全正确的，需要将微粒学说再次拉回来，用以代替其中的一些理论。然而，光的干涉和衍射实验又无可辩驳地展现了光的波动性。也就是说，如果只选择一种理论，是无法完整地解释所有光学现象的。

爱因斯坦认为，这两种看似矛盾的理论对于解释光的现象同等重要，应该可以在一套体系下得以共存。因此，他在论文《关于光的产生和转化的一个启发性观点》中提出了一个大胆的猜想：对于时间的平均值，光表现为波动性；对于时间的瞬间值，光表现为粒子性。也就是说，我们平时观察到的光的波动行为，实际上是许多单个光量子行为在时间上的统计平均值。爱因斯坦的理论第一次将波动性和粒子性统一起来，揭示了光具有波粒二象性的本质。

爱因斯坦本人对于这篇文章是十分满意的，他在写给朋友哈比希特的信中表示：此文处理辐射和光的能量性质，是非常革命性的。然而，这一理论一开始并没有得到大家的认同。当时，包括普朗克在内的大多数物理学家都对爱因斯坦表示了反对。后来，美国物理学家**罗伯特·密立根**（Robert Andrews Millikan）用 10 年进行了一系列详细的实验研究，最终使爱因斯坦的理论在所有方面都得到了实验的完全验证。1916 年，密立根将他的实验结果发表，并在引言中写道：我们遇到了一个滑稽的局面，9 年前，一种量子理论就准确无误地预言了这些（指关于光电效应）事实，而此理论现在已经被普遍抛弃了。有趣的是，与当年泊松不相信菲涅耳的波动性一样，密立根一开始也对爱因斯坦提出的波粒二象性持反对态度，直到最后实验表现出与他预期相反的结果，才不得已承认爱因斯坦理论的正确性。

直到这时，光量子假说才慢慢被接受，爱因斯坦也因此获得了 1921 年诺贝尔物理学奖。1926 年，美国化学家**刘易斯**（Gilbert Lewis）将爱因斯坦提出的光量子简化为**“光子”**，这一名称被沿用至今。

爱因斯坦的理论表明光子是一种具有能量的量子，后来**康普顿**（Arthur Holly Compton）的实验进一步证实了光子也具有动量。康普顿将光电效应实验进行延伸，研究了 X 射线照射在石墨上产生的效应。他用 X 射线光谱仪对石墨散射的 X 射线进行精确测量，发现被散射的 X 射线的波长，除了具有与入射 X 射线波长相同的部分，还有一部分的波长会大于入射 X 射线的波长。为了解释这一实验现象，康普顿采用了爱因斯坦的光子模型，并进一步假设光子不仅具有能量，还会具有动量，因此 X 射线中的光子与石墨中的电子碰撞时，不仅要遵守能量守恒，也要遵守动量守恒。经过简单的计算，康普顿得出了与实验相一致的结果。

康普顿因为这一发现获得了 1927 年诺贝尔物理学奖。当年与他共享这一奖项的是英国物理学家**威尔逊**，威尔逊在他发明的云室中观测到了电子在 X 射线碰撞下的弹射轨迹，这成为康普顿理论强有力的证据。为了纪念康普顿的贡献，如今人们把 X 射线与电子的这种散射现象称为**“康普顿散射”**。值得注意的是，中国著名的物理学家、中国近代物理学奠基人之一——**吴有训**先生是康普顿的学生，他在康普顿之后测试了很多物质对于 X 射线散射的情况，证实了康普顿散射的普遍性。

至此，第三次波粒战争落下了帷幕，光具有波粒二象性的事实成为绝大部分人的共识，直到今天也没有发生改变。

然而，光的故事虽然结束了，量子的故事才刚开始。光量子的概念和光的波粒二象性理论产生了极其深远的影响。德布罗意受到这一思想的启发，提出电子乃至一切粒子都具有波粒二象性的特征。这一思想直接促成了量子力学这一伟大理论的建立，详情我们将在后文进行讲述。这里先提一个有意思的事实：如果采用德布罗意的思想，将电子和光子同时看作波，其实也可以对康普顿散射的实验做出精确的解释。

光到底是什么？光就是光

之前人们只能在实验中看到光的波动性和粒子性之中的一个性质，如今，随着实验技术的进步，科学家已经可以在一个实验中同时展现光的这两种特性。实验的设计思路与光的干涉实验类似，只是这时不再使用光束，而是通过一定的技术让光子接近于一个个地通过双缝。在光子数量较少时，远处的屏幕上就会显现出独立的光斑，此时，光的粒子性展现无遗。随着时间越来越久，屏幕上积累的光斑数目越来越多，光斑的整体便会构成干涉条纹的图案，波动性的特征也表现了出来。

通过一系列实验，我们应该能够确信光确实具有波粒二象性，并且也可以知道有两个公式能够描述光的特性。第一个是普朗克和爱因斯坦提出的 $E=h\nu$；第二个是康普顿发现光具有动量后提出的 $p=h/\lambda$。两个公式左侧的动量和能量体现了光的粒子性特征，而右侧的频率和波长则表现了光具有波的特征，这两种特征通过一个奇妙的常数——普朗克常数紧密联系在一起。更进一步，如果回想起前文我们介绍的光的频率和波长的关系式 $\nu=c/\lambda$，将前面两个公式代入此式，可以得到 $E=pc$，这正是爱因斯坦狭义相对论的基本公式。可见，光的波粒二象性将一切都美妙地联系在了一起。

最后，也许很多人还会有一点点疑问：波粒二象性到底是什么意思？光为什么有时候会是粒子，有时候会是波？对于这一思想，我们要做出特别的澄清：**光就是光**，它就是一种表现为“波粒二象性”的物质，这种“波粒二象性”物质既不是传统的粒子，也不是传统的波。只是我们通过不同的实验去观测的时候，有时候会观测到光的能量、动量等如同粒子的特征，有时候又会观测到频率、波长等如同波的特征。这就像我们观察一个圆柱体，从不同的侧面去观测，有时候会看到一个圆形，有时候会看到一个长方形，如果我们没有“圆柱体”这个称呼，仅通过观察的结果去给这样一个物体命名的话，也许就可以直接将其命名为“方圆二象体”（见图 5-4）！

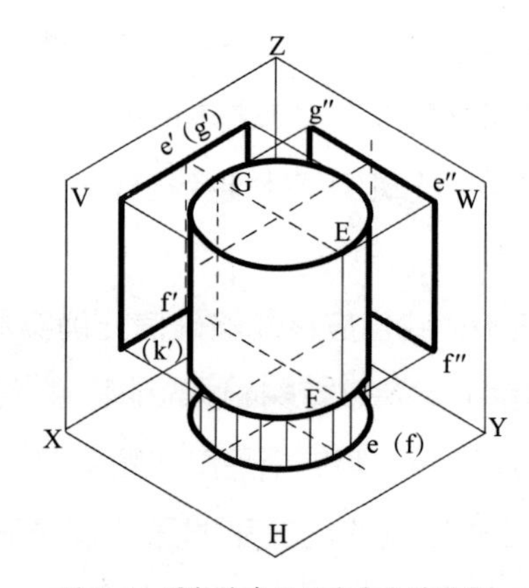

图 5-4 圆柱体在不同方向上的投影

这样的解释也许会让人想起“盲人摸象”的故事。科学研究的过程也是如此，我们对未知的探索就像盲人摸象的过程，只有在对“象”的各部分都有了充分的摸索后，才能逐渐组成“象”的全貌。

天才们的游戏——量子力学的建立

前面我们详细介绍了光的本质和物理学家对于光学的研究历史。对于光的研究直接催生了量子力学，而在量子力学理论的建立过程中，玻尔、普朗克、爱因斯坦、海森伯、薛定谔等多位当时的顶尖物理学家都将自己的智慧贡献于此，一同搭建了量子理论这座高耸的物理学大厦。正如物理学家、“原子弹之父”奥本海默（J. Robert Oppenheimer）在《科学和常识》（*Science and the Common Understanding*）中描述的那样：那是一个值得歌颂的时代。它（量子理论的建立）不是任何个人的功绩，而是包含了不同国家许多科学家的共同努力。下面就让我们跟随各位伟人的步伐，去领略那段波澜壮阔的历史。

太阳上的黑线

有些时候，我们不免讶异，太阳在科学发展过程中居然起到如此重要的作用。在太阳发出的光线中，可见光穿透大气层到达地球表面，人们一面感慨“日照香炉生紫烟”，一面不禁仰望太阳，思考着它背后的科学。中国古人依靠太阳确定时令，元代天文学家郭守敬就曾利用位于嵩山脚下的观星台确定历法。现代科幻小说也把太阳作为故事的背景和发端，而量子力学也和太阳有着密不可分的关系。

夫琅和费的发现

夫琅和费 1787 年出生于现德国巴伐利亚州斯特劳宾的一个世代从事玻璃制造的穷苦人家，是家里第十一个孩子。他 11 岁的时候，父母相继去世，他被亲戚送到了一家为宫廷生产玻璃的制造商那里当学徒。在那里，夫琅和费学习了玻璃制作技艺，为他未来的发现埋下了伏笔，但不得不说他经历了两年痛苦的学徒生活。然而，戏剧般的事情发生了。有一天，夫琅和费所在的厂房倒塌了，将他埋在了下面。由于情况比较复杂，营救行动进行了好几个小时。在这期间，当时的选帝侯（拥有竞选皇帝权力的诸侯）、后来的巴伐利亚国王马克西米利安到现场视察。夫琅和费被救出后，马克西米利安邀请他到自己的城堡参观，并且将其交给了枢密院议员、实业家乌茨施奈德照顾。乌茨施奈德发现这个幸运的年轻人十分聪明并且渴望知识，于是给他提供了书籍和学习的机会。后来，夫琅和费进入了一个光学研究所，专门进行精密光学玻璃的研究。就这样，夫琅和费独特的技术出身和深厚的理论功底为他以后的发现打下了坚实的基础。

1814 年，27 岁的夫琅和费已经小有成就，当时他正在对光的色散现象进行精密的测量。通过前文的介绍，我们已经对光的色散有了大概的了解。早在 1666 年，牛顿就通过三棱镜发现了白光的色散现象，得到了太阳光的光谱。在夫琅和费生活的时代，人们对这种现象已经十分熟悉。然而，当时他们面临了一个问题，就是太阳光谱中的颜色是连续分布的，各种颜色之间没有明显的界线，比如没法准确地判别从黄色过渡到红色的地方。夫琅和费利用他制作的棱镜对这个问题进行了深入的研究。

有一次，他将棱镜对准一个以酒精和硫黄为燃料的灯，发现在灯光色散形成的光谱的橙色区域出现了两条明亮的线。这一发现让夫琅和费十分不解。为了进一步探索这一现象，他改用太阳光作为光源继续研究。

尽管牛顿早就进行了类似的棱镜折射的光谱实验，但是夫琅和费的实验并不是牛顿实验的简单重复。我们可以把夫琅和费的改进归纳为三个词：**“化圆为方”“更大更宽”“精密测量”**。虽然这种改进有些螺蛳壳里做道场的意味，但毕竟 Devils are in the details（细节决定成败）。

首先，化圆为方是什么意思？正如我们在前文介绍的那样，牛顿当年进行实验时是让太阳光通过窗户上的小孔照射进来，而夫琅和费则用一个狭长的缝隙代替了圆孔。其次，由于夫琅和费在精密光学玻璃的制造上有着很深的积累，因此他制作出来的玻璃具有很高的质量和折射率，这使得投射出来的光谱变得更加清晰并且展宽更大，方便他进行更加细致的观察。最后，夫琅和费发明了一种仪器，代替了牛顿实验中的屏幕，这种仪器由一台经纬仪和安装在其上的望远镜构成，能够对光的折射角度进行精密测量。如今，夫琅和费发明的这种仪器已经发展成了高精度光谱仪，在科研中发挥着重要作用。

在这样的实验中，夫琅和费发现了一个令人震惊的结果：太阳光谱实际上是由非常多条亮度或强或弱的垂直线条组成的，并且其中有一部分完全是黑色的。他将其中最突出的 10 条线用字母标出，并且说明：如果仔细数，总共可以发现 576 条暗线。夫琅和费对缝隙的尺寸以及棱镜的距离等参数进行了反复调整，发现这些暗线仍然保持不变，排除了实验设备的影响，这些暗线应是太阳光本身的特征。

更加神奇的是，如果将之前他在酒精和硫黄混合燃烧的灯中发现的两条亮线与现在的谱线对比，可以发现亮线正好能够嵌合在太阳光谱中暗线的位置。

夫琅和费将实验现象进行了整理和发表，在科学界掀起轩然大波。为了纪念夫琅和费的发现，如今这 576 条暗线被称作“夫琅和费线”。

巴尔末的氢原子光谱解释

夫琅和费在发现了太阳光谱中的暗线后，又继续研究了其他恒星的光谱。他发现其中也会有暗线出现，只是排列的顺序有所不同。后来人们通过进一步的研究确认，只要物体能够发射或吸收光，在对应的发射光谱或吸收光谱中总会有一些或明或暗的线出现，比如之前夫琅和费在灯光光谱中发现的两条橙色的亮线。为了探索这些谱线出现的规律，人们对各种光谱进行了大量研究，其中研究最深入的是氢原子的光谱。

氢原子是最简单的原子，原子核外仅有一个电子，因此它的光谱也较为简单，在可见光区域只有 4 条亮线。这些亮线的位置可以通过几何方法测量得到，并可以知道其对应的波长。十九世纪七八十年代，人们已经对氢原子在可见光波段和紫外波段的总共 14 条谱线进行了精确的标定，但仍未能窥见其中隐藏的规律，而最终这一奥秘的破解，竟然来自一位中学教师对 4 组数字的把玩。当然在这里，你也可以试着挑战一下自己能否找到这 4 组数字中的规律。

656.279　　486.135　434.0472　410.1734

上述数字来自现代精密科学仪器对氢原子可见光光谱波长的重新测量，从这里找规律的难度比 100 年前大家的尝试已经降低了很多，你也不必怀疑这 4 组数之间是否真的有规律存在。

让我们把目光收回到这位中学教师的身上。这位教师名为**巴尔末**，他于 1825 年出生在瑞士巴塞尔，1849 年在巴塞尔大学获得数学博士学位，后来在一所中学教书，兼任巴塞尔大学讲师，在巴塞尔度过了自己的一生。1885 年，已经 60 岁的巴尔末受到大学里一位研究光谱学的教授的鼓励，尝试寻找氢原子光谱的规律。由于是数学系出身，巴尔末对于数字有着天生的敏感，他将注意力放在了氢原子光谱中可见光区域 4 条谱线对应的波长上，尝试寻找它们的公因子和比例系数，很快便得到了一个经验公式：

$$\lambda = B\frac{n^2}{n^2-4} \qquad n=3,4,5,\cdots$$

其中，λ 是光谱中亮线的波长，$B=3.6456\times10^{-7}$ m，是一个常数。利用这样一个公式可以对氢原子光谱中可见光波段的 4 条谱线进行极为精确的计算，如今这一公式被称作**“巴尔末公式”**。巴尔末公式的出现，成为量子力学建立的开端之一。

后来，1888 年 11 月，瑞典物理学家**里德伯**将巴尔末公式进行了推广，新得出的公式可以与氢原子光谱中更多的谱线吻合：

$$\frac{1}{\lambda} = R\left(\frac{1}{n^2}-\frac{1}{n'^2}\right) \qquad n=1,2,3,\cdots \qquad n'=n+1,\ n+2,\ n+3,\ \cdots$$

这一公式现在被称作**“里德伯公式”**，其中，$R=4/B$，为里德伯常量。巴尔末公式是里德伯公式 $n=2$ 的特例。

原子模型的探索

巴尔末公式和里德伯公式的建立，使得人们能够精确计算氢原子光谱中谱线对应的波长。人们对于公式的正确性并不怀疑，但这两个公式都只是经验公式，背后蕴藏的物理意义一直不为人知。人类对大自然的探索大多如盲人摸象一般，从刚开始只能摸到很少的部分，虽然知道表面粗糙，但也只能全靠想象，且难免走过岔路，只有真的摸得多了，才能窥见全局。直到人们对于原子的结构有了深入的了解，才最终阐明了上面两条经验公式的真正含义。

早在 1858 年，德国物理学家**尤利乌斯 · 普吕克**（Julius Plücker）在研究低气压玻璃管中的气体放电现象时发现，放电管的阴极在加上高压后会发射出一种未知的射线，这种射线会使玻璃管中的感应屏发光。后来，这种射线被命名为**“阴极射线”**，但是人们一直不知道这种射线究竟是什么。直到 1897 年，**汤姆孙**研究了阴极射线在磁场和电场中的偏转规律，确定了这种射线其实是由带负电荷的粒子组成的，并且这种粒子的质量比氢原子的 1/1000 还小。汤姆孙认为这种质量很小的粒子是组成原子的物质，这一看法迈出了人们“触摸”原子的第一步，打破了延续已久的原子不可分的观念，表明原子其实是有内部结构的。

汤姆孙发现的这种粒子便是现在众所周知的**电子**。在发现电子后，他紧接着对原子的内部结构进行了猜测，提出了**葡萄干布丁模型**（也被称为“枣糕模型”），认为原子中的正电荷是均匀分布的，带负电的电子则散落在这些正电荷的背景上，就像布丁上的葡萄干一样。

然而，几年后，英国物理学家**卢瑟福**发现了不一样的结果。卢瑟福当时与助手**盖革**和**马斯登**一起，进行用 α 粒子轰击金箔的实验。α 粒子是一种带正电的粒子，它在碰撞到金箔后，会被金箔中的正电荷排斥，发生偏转。卢瑟福等人统计了 α 粒子偏转的情况，发现确实有一部分 α 粒子受到排斥力，发生了不同程度的偏转，并且其中有极少数 α 粒子（大约万分之一）的偏转角度十分大，有的甚至几乎已经被反弹回来。这样极端不均衡的分布表明原子中的正电荷分布似乎并不是均匀的，极少数发生大角度偏转的 α 粒子说明正电荷的部分在原子中所占的比例十分小。根据这样的实验事实，卢瑟福提出了新的原子模型，他认为原子中的大部分质量集中在中间很小的区域，带有正电荷，这部分区域被称作**“原子核”**。带有负电荷的电子在外部围绕着原子核旋转，就像行星围绕着太阳旋转一样。因此，卢瑟福的这一模型也被称作**“行星模型”**。行星模型为人们理解原子的内部结构做出了极大的贡献，直到今天，仍然可以用它对原子的内部构造进行大致的描述。

1917 年，卢瑟福又在 α 粒子轰击氮原子核的实验中发现了带正电的**质子**，证明了原子核也具有内部结构。由于这些贡献，卢瑟福也被人称作“原子核物理学之父”。他所采用的粒子对撞轰击的方法也被继承了下来，成为研究原子核物理学的范式，现在的高能粒子对撞机便是以此为原型设计的。

玻尔的轨道量子化

虽然人们“触摸”原子的次数渐渐增加，但这种窥看原子内部真正奥秘的方法尚未走入正途。有些时候，问题往往以极其复杂的方式纠缠在一起，就像无法完全抚平的湖面。此时摆在人们面前最严重的问题不是这种模型能不能顺利解释谱线和经验公式，而是这些模型甚至都没有办法保证原子存在足够长的时间。

卢瑟福的行星模型尽管取得了巨大的成功，但其中最突出的问题是，按照经典电磁学的理论，带电的电子在围绕原子核旋转的过程中会向外辐射能量，导致自身的能量降低，运动速度减慢，最终被吸入原子核，原子也就不复存在。根据计算，这一过程会在一亿分之一秒内发生，也就是说，原子根本没有稳定存在的可能性。

行星模型的这一问题一直困扰着物理学界，直到 1913 年，丹麦物理学家**玻尔**建立了氢原子的玻尔模型，才部分解决了这一问题，并且也顺带阐明了氢原子光谱的奥秘。

玻尔出身于丹麦哥本哈根一个富裕的家庭，从小就受到了良好的教育，他的弟弟哈那德 · 玻尔是数学家。有趣的是，兄弟两人都爱好足球，曾经一起参加过职业足球比赛，弟弟甚至还代表丹麦足球队参加过奥运会，并且拿到了银牌。

1914 年，玻尔在曼彻斯特大学任教，主要研究原子的结构。彼时，爱因斯坦提出的光量子概念已经为人所知，玻尔认为，氢原子光谱中几种波长（频率）的谱线表明原子只能发射几种特定能量的光子，也就是电子的能量只能发生几种特定的变化。他又将视线投向了里德伯公式，发现公式中最核心的一部分是两项的差值，玻尔敏锐地意识到这个差值应该正好体现了不同状态电子的能量差。如果这一解释成立，那么原子中的电子应该只能处于几种特定的能量状态，每种能量状态对应着里德伯公式中的序号值（n），当电子从一个高能量状态变为另一个低能量状态时，便会放出光子，对应着里德伯公式中不同序号的两项相减。

如何实现这一点呢？玻尔发现，只要将卢瑟福的行星模型加些限制就可以了。玻尔限制了行星模型中电子只能在特定轨道上运动，每个轨道对应着里德伯公式中的不同序号，具有不同的能量。在这些特定轨道运动的时候，电子的能量保持恒定，而当电子从一个轨道跳跃到另一个轨道时，能量就会发生改变，进而辐射或吸收特定能量的光子。如今，玻尔的这一方法被称为**“轨道量子化”**，电子从具有一个能量的轨道跳跃到另一能量轨道的过程被称作**“量子跃迁”**。

利用玻尔的轨道量子化和量子跃迁假设，可以精确地求出氢原子光谱的谱线位置，同时也可以推导出里德伯公式。此时，里德伯公式已经被赋予了物理学意义，公式里的 n 表示电子处于第 n 个轨道，而里德伯常量可以用电子的质量、电荷量、普朗克常数等公式表示出来。1922 年，诺贝尔奖甄选委员会将物理学奖颁发给了玻尔，表彰其在原子结构以及原子光谱方面的研究。

玻尔的量子化条件虽然看起来有些“强制”，像是把量子的思想强行塞进了经典的行星模型中，但是其成功之处也震惊了物理学界，成为量子力学建立和发展的萌芽。它的出现让人们意识到，在微观世界中似乎存在某些额外的限制，使得物理量中的某些数值都必须是分立的、量子化的，而玻尔模型中强制出现的 n 也在量子力学建立后获得了物理学上的解释。

太阳光谱中黑线的解释

有了玻尔的轨道量子化解释，再去理解太阳光谱中的黑线就容易多了。

太阳本身是一个非常热的火球，会向外辐射出各种波长的光。同时，太阳表面也有很多气态原子，当太阳辐射的光通过这些原子时，如果光子的能量能够对应上原子中电子轨道之间的能量差，它就会被原子吸收，使得电子从较低能量的轨道跃迁到较高能量的轨道，因此对应波长的光便在光谱中消失了，而其他没有被吸收的光构成了太阳光谱里明亮的部分。

由此我们知道，光谱中的每条线都对应了特定的元素，线的强度与元素的多少，也就是丰度有关。虽然我们不能真正地去太阳或其他恒星表面采集元素，但通过这种间接的方法，也可以非常便捷地知道恒星表面的元素组成。后来，基尔霍夫（Gustav Robert Kirchhoff）将太阳的光谱与 30 种元素的谱线进行了比较，得出了太阳外层大气的元素组成。可以说，576 条夫琅和费线中隐藏着太阳的元素密码，而对密码的破解则奇迹般地促进了量子力学的诞生。

除此之外，夫琅和费线还扮演了另外一个戏剧性的角色：通过这种方法，人们发现了宇宙是在膨胀的。这是因为，当恒星远离我们时，它的谱线就会向红端移动，而靠近我们时，谱线会向蓝端移动。天文学家通过观测，发现了宇宙中的每个恒星似乎都在远离地球，于是得出了宇宙正在膨胀的结论。

黑体辐射的秘密

普朗克的能量子与爱因斯坦的光量子

“天下同归而殊途，一致而百虑”，这句话来自《易经 · 系辞下》，目前则已经被概括为“殊途同归”这个更令人熟悉的成语。在人类理解大自然的征途中，随着精度的提高和眼界的拓宽，我们的研究对象不断抽象化。在各条道路上，科学家都在为解决微观与宏观、量子与经典之间的差异而努力。除了对于原子光谱的研究，还有另外一条探索的路线也直接催生了量子力学，那就是关于黑体辐射规律的探索。

任何物体都会发出辐射，也就是发光，比如人体时时刻刻都在发出红外线。通过检测人体发出的红外线可以得知人的体温，这也是目前红外测温的原理；白炽灯在灯丝通电以后能发光，照亮我们的生活。一般来说，物体发出辐射的频谱与其温度有着对应的关系，温度越高，光的颜色也会随之变化。为了研究两者之间的关系，物理学家采用了一个理想的模型——**黑体**。我们知道，不透明物体的颜色是由它反射光的颜色决定的。对于一个理想的黑体，它可以完美地吸收所有照射在上面的光，而不会发出任何反射。理想黑体的存在让物理学家可以专心研究它辐射出来的光与温度的关系，而不用担心诸如反射光之类的影响。

理论构造简单，但实际上造出一个完美吸收所有光的物体却并不容易，而且这样的完美吸光的物体体积还要尽可能地规则，方便收集和统计所有辐射的光谱。你可以理解，最终满足这些条件的几乎完美的黑体，其实就是在箱子上戳个洞吗？

在实验中，物理学家用一个带孔的空腔来做成完美的黑体，我们并不需要空腔的壁吸光率非常高，因为在多次反射的过程中，空腔总能够吸收几乎所有的辐射，而空腔本身可以被加热，人们通过捕捉小孔处放出的辐射来确定辐射的频率与温度之间的关系。这种关系的确立有着很高的实用价值，比如人们可以不接触物体，而只是通过测量物体发出辐射的频率，就可以知道物体的温度，遥远恒星的温度便是用这种方法测得的。

然而，虽然人们早已通过实验得到了黑体辐射中温度与辐射频率的对应关系曲线，但是对此的理论解释陷入了困境。1896 年，**维恩**（Wilhelm Carl Werner Otto Fritz Franz Wien）按照经典的电磁理论得出了现在称之为**“维恩公式”**的黑体辐射理论公式。但是维恩公式只在短波波段与实验吻合，在长波波段却出现了明显的误差。后来，维恩公式的这一问题激发了**瑞利**（3rd Baron Reyleigh，尊称瑞利男爵三世）对于黑体辐射研究的兴趣，瑞利被认为是当时波动理论研究的领头羊，他将波动理论应用到黑体辐射，得到了另外一种描述黑体辐射的理论公式。后来，**金斯**（James Hopwood Jeans）纠正了瑞利公式中的一个错误，因此，这一公式现在也被称为**“瑞利–金斯公式”**。瑞利–金斯公式在频率较低的长波区域与实验吻合得很好，但是在短波区域，公式则会得出黑体温度无限大的荒谬结论。由于波长较短的波段是紫外波段，因此这一问题也被称作**“紫外灾难”**。

被维恩的工作吸引的不仅有瑞利，还有**普朗克**。普朗克是热力学大家，并且身处当时世界上最活跃的物理学研究中心之一——柏林大学，这些都成了他研究黑体辐射问题的优势。对于黑体辐射，普朗克假设了空腔中存在一组谐振子系统（类似于振动的弹簧），谐振子系统会发射或吸收辐射，长时间后与系统达到热平衡状态，这样就可以用热力学的方法来研究黑体辐射问题。之所以选用谐振子系统作为讨论对象，而不选用其他体系，是因为在达到热平衡后，所有的物体都处于平衡态，讨论什么样的系统都没有差别，而谐振子系统又足够简单，可以精确计算它发射或吸收的能量。基于这样的假设，普朗克开始对维恩公式进行修改，使之在整个频率范围内都能与实验曲线相吻合。通过一定的数学技巧，将积分替换为求和，他最终成功得到修订后的公式，能够与黑体辐射实验曲线完美吻合。这个公式最重要的改进是引入了一个常量 h。普朗克发现，要使这样一个公式成立，要假设谐振子的能量只能取一系列分立的值，如 $h\nu$、2 $h\nu$、3 $h\nu$ 等，其中 ν 为谐振子振动频率。这意味着，黑体辐射的能量必须是一份一份地发射的，存在一个最小的能量，发射或吸收的能量必须是这一最小能量的整数倍，不存在诸如 1.1 份最小能量、2.46 份最小能量的发射。普朗克将这一最小的能量命名为**"能量子"**，每个能量子的能量和频率之间具有关系 $E=h\nu$。如今，h 被人们称作**"普朗克常数"**，它是一份一份能量的度量。

1900 年末，普朗克将他关于黑体辐射能谱分布理论研究的文章提交给德国物理学会。他事后回忆起这项工作时，写道："在我生命中最紧张的几个星期工作后，黑暗消散，出乎意料的美景开始出现。"这一美景便是一场新的物理学革命。

在自己的理论提出后，普朗克十分重视理论中 h 的出现。他认为如果无法理解 h 的意义，就永远不会理解黑体辐射问题的本质。但遗憾的是，普朗克一直坚信这一问题可以用经典的理论进行解释，谐振子所辐射的就是麦克斯韦理论中经典的电磁波，辐射的能量本身其实是连续的。而 h 的出现只是一个形式上的假定，能量子可能只是一个平均的效果，或者来自物质的不连续性。

普朗克的这一想法阻碍了他在量子理论建设中的进展，而接力棒最终被爱因斯坦接去。爱因斯坦坚信辐射本身就是量子化的，并且借鉴能量子的思路，提出了**光量子**的概念，对光电效应现象进行了完美的解释，我们在前文已经对此进行了详细的讲述。可以说，爱因斯坦是认识到量子化存在的第一人。能量子和光量子概念的提出是物理学观念的一次重要的革新，它们直接造就了量子力学的诞生。

德布罗意与物质波

爱因斯坦的光量子概念提出后，引起了一名学生的兴趣，这名学生叫**德布罗意**。

德布罗意出身于法国的贵族家庭，从小就接受了良好的教育。不过他一开始学习的是历史，家人们都希望他成为一名外交官或历史学家。然而，本科毕业后，德布罗意却对物理产生了兴趣，转而开始进行物理学的研究。当时正是物理学的变革之时，量子的概念开始兴起。1911 年，第一届索尔维会议在比利时布鲁塞尔召开，会议对于光谱、辐射、量子等问题展开了广泛的讨论。德布罗意的哥哥是会议的科学秘书，因此德布罗意可以接触到很多关于会议的文件。受到这次会议的影响，他也开始进行与量子相关的研究。

在注意到普朗克和爱因斯坦的工作后，德布罗意开始思考：既然光具有波粒二象性，那么其他的实物粒子是否也具有这种性质呢？经过长期的考虑，1924 年，德布罗意在他的博士毕业论文《论量子理论》中系统地阐述了自己的思想。他认为，电子乃至所有的物质粒子都具有波粒二象性的特征，它们的能量、动量与频率、波长之间满足与光子相同的关系 $E=h\nu$，$p=h/\lambda$ 。

由于德布罗意的思想太过疯狂，一开始并没有引起人们的注意。直到后来，他的老师、著名的物理学家**朗之万**将这项工作介绍给了爱因斯坦，爱因斯坦听后对德布罗意大胆的假设给予了很高的评价，并且在自己的文章中对此进行介绍。此后，德布罗意的思想才开始得到人们的重视，并被薛定谔在后来完善为“物质波”的概念。

既然电子也具有波动性，那么与光一样，它们在通过狭缝时应该也会发生衍射和干涉的现象。但是我们也知道，要使衍射和干涉现象尽可能明显，应该要求狭缝的尺寸与波的波长相近，而电子的波长远小于可见光的波长，普通的光栅可以让光子衍射，但并不能让电子也衍射，要制作能让电子也衍射得如此窄的狭缝，并不是一件容易的事情。

好在在此之前，**劳厄**就已经提出了一种解决思路。劳厄当时的目的是检验伦琴发现的X射线是不是电磁波，因为X射线的波长只有零点几纳米，采用传统的方法难以制作衍射的狭缝，而劳厄本人对于固体的物理特性十分熟悉，他想到晶体中的原子都是周期性排列的，原子之间的距离恰好在零点几纳米的范围内，可以被视为天然的狭缝，进行X射线的衍射。通过这样的方法，劳厄成功进行了X射线衍射实验，确定了X射线就是一种波长很短的电磁波。

受到劳厄实验的启发，德布罗意在他的毕业答辩上提出，对于电子，同样可以用晶体来进行衍射实验。1927年，**戴维森**和**革末**进行了这样的实验，并成功观测到了电子的衍射现象，证实了德布罗意的猜测。后来，**汤姆孙**和**里德**利用更高能量（更短波长）的电子进行实验，也观测到了衍射的现象。因此，德布罗意获得了1929年诺贝尔物理学奖，戴维森和汤姆孙也在此后获得了1937年诺贝尔物理学奖。

德布罗意的电子波概念被提出后，玻尔模型中的量子数n也有了更合理的解释。为了理解它们之间的关系，我们需要先了解“驻波”的概念。如果你对于弦乐器比较熟悉，就可以发现，当我们拨动琴弦时，振动的琴弦就形成了一个驻波——由于弦的两端是被限制住的，因此不会发生振动。在两端之间，弦振动位移最大的点和振动位移最小的点是保持不变的，形成了“伫立不动”的感觉。可以看到，驻波形成时，两个端点的间距一定是驻波半波长（即驻波两个振动位移最小点或两个振动位移最大点之间的距离）的整数倍。这样一个“整数倍”的特征与“量子化”的思想不谋而合。

德布罗意本人对于弦乐器十分熟悉，也许也正是这一点启发了他。他认为，既然电子也是一种波，具有特定的波长，那么电子在轨道中的运动也一定会形成驻波。因此，只有满足周长是电子波长整数倍的轨道才是稳定的轨道，玻尔模型中的整数 n 便自然地被引入其中。

量子力学的建立

海森伯与只关心测量结果的矩阵力学

时间进展至此，玻尔的氢原子模型已经得到了大大的完善。但是其中的问题也慢慢暴露出来：定态和跃迁的概念到底从何而来？人们通过更加精细的测量，发现氢原子谱线中原来以为只有一条谱线的地方，有的其实是两条间隔很小的谱线。如果将氢原子置于电场或磁场之中，这些谱线的位置也会发生轻微改变。为了解决这些问题，除了玻尔提出的量子数 n，人们又额外引入了其他的角量子数 l 和磁量子数 m 等概念，用以描述氢原子中轨道的修正以及在电磁场中的行为等。同时，这几个量子数之间又存在着相互限制的关系，比如确定了 n 之后，l 和 m 只能取某些特定的值。这些值有什么意义？为什么会有这些限制？人们一直没有办法回答。此外，玻尔的理论只能对氢原子这一最简单原子的光谱做出解释，在处理更复杂原子的光谱时则显得捉襟见肘。

可见，把“量子”的思想强行塞进经典理论中的做法有着明显的局限性，人们越来越期待全新的、完全的量子理论的建立，而在这方面跨出重要一步的，是年轻的物理学家**海森伯**。

1925 年，海森伯还在哥廷根大学攻读博士学位，他的导师是著名的物理学家**玻恩**。读博期间，海森伯与同学就玻尔模型的物理意义展开过多次深入的讨论。海森伯认为电子以固定的能量和固定的轨道绕着原子核旋转这件事只能算是一个猜测，因为没有人真实地看到过这个情形。于是，他决定将注意力放在能够观测到的物理量上。那年海森伯正好得了花粉热，他一个人离开了哥廷根，前往霍尔格兰岛休假疗养，这也让他有时间去专心发展自己的理论。

海森伯选择的能够测量的物理量是处于不同轨道的电子的能量以及电子通过只发射一个光子的行为从一个轨道跃迁到另外一个轨道的概率。他把这些物理量列成一个表格，发现只要把所有可能的中间跃迁过程的概率相乘，就可以计算得出某种形式的量子跃迁所对应的谱线强度。

海森伯的这种做法直到现在看来都“很神奇”，就连著名的物理学家、电弱统一理论的提出者**温伯格**也坦言，虽然他认为自己是懂量子力学的，但是在试图读过几回海森伯的文章后，仍然无法理解海森伯这样做的数学动机。因此，温伯格将海森伯称为“魔术师物理学家”，表示他似乎没有经过一步步严格的推理，而是跳过所有的中间步骤，直接得出了新的发现结论（温伯格还认为，除了海森伯，普朗克提出能量子假说、爱因斯坦提出光量子假说时的情形也有一些魔术师的影子）。

让我们重新回到海森伯的探索过程。他在建立完表格和表格的计算方式后发现，自己所使用的乘法运算有一个特殊的要求：相乘的量之间顺序不能调换，一旦调换，结果就不再正确。海森伯为此困惑了很久，在返回学校后，他将自己的发现告诉了导师玻恩，玻恩意识到，这种性质正是数学中矩阵乘法的性质，而矩阵正是用来对列表进行计算的数学工具。于是，1925 年底，玻恩和他的另外一个学生**约当**（Ernst Pascual Jordan）将海森伯的发现改写成了矩阵乘法的形式，形成了我们今天所说的**矩阵力学**。

矩阵力学被提出的翌年 1 月，两位著名的物理学家**泡利**和**狄拉克**各自独立地采用矩阵力学的方法计算出了氢原子的光谱，表明了矩阵力学的成功。从现在的观点来看，海森伯提出的矩阵力学标志着量子力学的正式建立，海森伯本人也因此获得了 1932 年诺贝尔物理学奖。

薛定谔的物质波波动方程

尽管矩阵力学取得了巨大成功，但是由于它所使用的数学方法当时仍然比较复杂，不像现在，这些都已经是理科生的基础课程，在高中就能学到。当时绝大多数物理学家对矩阵的运算感到十分陌生，因此对矩阵力学望而却步。他们渴望有一套更加简便的理论出现，而这一期待很快便有了结果。

1925 年底，奥地利物理学家**薛定谔**在爱因斯坦的论文中看到了对德布罗意理论的介绍，对此很感兴趣。他仔细研读了德布罗意的论文，并且为此举办了一场研讨会。在研讨会上，荷兰物理学家**德拜**（Peter Josef William Debye）建议薛定谔，既然德布罗意提出了物质也具有波动属性，那么只有为这个波建立起描述它的方程，人们才能深入理解。

薛定谔接受了德拜的建议，时值圣诞节，他就带着关于德布罗意理论的笔记前往阿尔卑斯山的一栋别墅里过圣诞。与海森伯在疗养过程中提出了矩阵力学一样，薛定谔在度假回来后，已经完成了他关于波动方程的理论构建。

薛定谔提出的波动方程是关于物质波的动力学方程，它描述了粒子的波（一般我们称之为**“波函数”**）随着时间的演化方式。波动方程的解表示粒子在这一时刻所处的量子态。神奇的是，之前为了解释氢原子光谱所引入的 n、l、m 三个量子数现在自然地出现在波动方程的解中，它们共同决定了波函数所处的状态，而波函数的能量则由 n^2 决定，与巴尔末公式和里德伯公式中的 n^2 项完美吻合。

与海森伯的矩阵力学相比，薛定谔的波动方程有一个很大的优势，就是它是以偏微分方程的形式进行描述的，这与其他描述，诸如电磁波和声波的方程形式一致。当时的物理学家对于这种形式的方程如何计算了然于胸，于是可以立即将其应用到各种计算中，得出更多关于原子性质的结论。

现在，人们将薛定谔建立的这套用波动方程描述量子力学规律的理论称作**“波动力学”**，为了纪念薛定谔的贡献，将这一波动方程称作**“薛定谔方程”**。薛定谔也因此获得了 1933 年诺贝尔物理学奖，正是海森伯获奖后的一年。

矩阵力学和波动力学这两套相隔仅约半年提出的理论打下了量子力学乃至整个量子理论的基础。后来，薛定谔证明了矩阵力学和波动力学实际上是等价的，它们对同一个物理问题能够得出相同的计算结果，在数学上也能相互推导出来。有趣的是，后来哥廷根学派著名的数学家**希尔伯特**告诉大家，数学家早在很久之前就开始用矩阵求解偏微分方程。数学其实已经在冥冥之中为这两种理论架好了桥梁。

属于量子力学的 20 世纪 20 年代

回顾整个量子力学建立的历史，可以看到量子力学的发展实际上是集中在 20 世纪 20 年代的那 10 年当中。当时物理学界最聪明的一群人集中在一起，对一系列令人困惑的现象发起总攻，然后在数十年间就完成了一个理论的建立。更令人惊叹的是，其中很多人当时只不过是二三十岁的年轻人，他们将自己的智慧贡献在曾经被预言不会再有重大突破、只能对已有理论进行小修小补的物理学领域，最终却凭借自身超凡的创造力革新了所有人对物理学固有的观念，颠覆了大家对于世界的认识。

对于这样一个振奋人心的时代，杨振宁曾道：

> 对于我们这些在事情已经弄清楚、量子力学已经最终建立后才受教育的人来讲，在量子力学问世之前的那些奥秘的问题和大胆探索的精神，同时充满着希望与失望的情况，看来几乎像是**奇迹**一样。我们只能以惊讶的心情来揣想，当时的物理学必须依靠着明显和不能自相一致的推理来达到正确的结论，那是怎样的一种状态。

因此，在本文的最后，以量子力学建立时代亲历者的讲述结尾，也许最能够让大家真切感受这样一个令人激动的奇迹般的时代。

> 对于每一个像我这样有幸在20多年前访问过剑桥和曼彻斯特物理实验室，并且在一些伟大的物理学家的启示下工作过的人，几乎每天都亲眼看到前人所不知道的自然界事物被揭露。这是一种永远难忘的经历。我记得，1912年春天在卢瑟福的学生中展开的，对于原子核的发现所展示的整个物理和化学科学前景的讨论的热情，犹如发生在昨天那样。
>
> ——1930年玻尔在法拉第讲座中的报告

那是一个在实验室耐心工作的时期，是一个进行有决定意义的实验和采取大胆行动的时期，同时也是一个带有许多错误的开端和许多站不住脚的臆测的时期。那是一个包含着真挚的通信和匆忙的会议的时代，是一个辩论、批判和带有辉煌的数学成就的时代。

——1953 年奥本海默在莱斯讲座中的报告

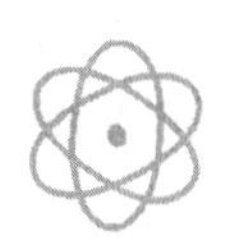

奇妙的量子世界

我想我可以有把握地说，没有人真正**理解**量子力学。

这一言论出自著名的物理学家**理查德·费曼**。彼时（1964年）费曼受邀在康奈尔大学进行了一系列主题为“物理定律的本性”（The Character of Physical Law）的讲座，在最后讲到量子力学时，费曼说出了这句经典名句，用以安抚大家对于接下来讲座内容的不安。

随着矩阵力学和波动力学的建立，人们得采用一套全新的方法理解世界，特别是原子尺度的微观世界。矩阵力学和波动力学也被统称为“量子力学”。一瞬间，此前关于原子的种种疑惑似乎都烟消云散了，量子力学以极高的精确度给出了与实验结果一致的预言。然而，尽管量子力学具有很好的实用性，但是理论中涉及的一些概念有时却让人难以理解和接受。

多年来，经过众多优秀科学家的努力，量子力学的应用已经悄然在我们生活中着陆，比如如今小巧的存储芯片的制作和加工，都离不开量子力学。虽然“没有人真正理解量子力学”这句话随着时间的流逝有那么一点点过时，但是也从侧面反映出了量子力学的奇妙之处。

在本文中，我们就将介绍几个曾被广泛讨论过的量子力学所涉及的基础问题，以及人们对它的理解。

认识的基础是经验

在开始讨论量子现象之前，需要先提醒一下大家，认知的基础是经验，我们在日常生活中所获取的知识实际上与生活经验息息相关。但是也正是因为这种获取知识的途径受限于我们生活经历，在很多时候，根据经验得出的结论并不是普适的，反而会给我们带来一定的误导。

比如我们的身高有一米多甚至两米左右，那么我们自然知道踢出去的球是怎样飞行的、苹果掉下来的话会竖直落在地上等。假如我们的身高有 1000 m，那么我们可以很自然地理解站起来以后头会比脚冷很多，受雨雪天气影响的地区只要动动脚就能走出去。早在古希腊时代，人们就开始讨论以日常经验为基础的物理学理论，并且最终在几百年前建立了一套完整的经典物理学理论体系。这套理论至今仍然被我们所熟知、接纳和使用，用来解释和利用生活中的各种现象。但是，这些知识如果放大到宇宙的层面上，或者缩小到比细菌还小的尺度下，是否还正确呢？这就很难说了。如果有一个人本身只有 1 μm（1/10 mm）那么高，或者来自更小尺度下的世界，他会不会觉得我们人类所描述的经典物理学规律都是稀奇古怪、不可理解的呢？

从目前来看，事实确实如此，量子力学所描述的微观世界看起来是如此反常。因为量子力学所对应的大多数现象都不是我们宏观世界发生的事情，我们对这个层次的知识没有亲身体验，因此没有足够的经验来建立对这个尺度下的物理学规律的理解。

那么，那些伟大的科学家又是如何提出和建立起这套常人看来匪夷所思的理论的呢？当然是靠实验事实和逻辑推理。从前文的历史回顾可以看出，当一个无可置疑的实验结果摆在面前时，我们只有尊重这一事实，并且按照逻辑的顺序一步步地剖析实验、建立理论，与各种矛盾去对抗。当最终的理论能够调和所有矛盾、解释实验现象，并且能够得出能被实验验证的预言时，就算它再奇怪，我们也只能承认它的成立。这听起来有点像柯南·道尔笔下的大侦探福尔摩斯的名言：

> 当你排除一切不可能的情况，剩下的，不管多么难以置信，那都是事实。

而物理学家根据各种匪夷所思的事实去寻求真理的过程，又何尝不像是侦探一样呢？

概率波与不确定性原理

玻恩的概率诠释

尽管量子力学的现象如此诡异，比如一个粒子竟然可以按照半整数的周期旋转、在原子核电场的作用下电子态只能处于分立的几个能量上，却丝毫不影响薛定谔的波动力学取得巨大成功。不过，有一个问题人们一直无法理解，那就是：方程里的波到底是什么？虽然我们可以使用数学技巧求解方程，得到正确的结果，但是对带领我们走向正确结果的变量本身理解甚少。

所有波动方程的求解结果都是一系列与各个空间点对应的物理量随时间的演化情况，薛定谔方程也是波动方程，结果也不例外。比如对于声波，物理量就是空间中各点介质的压强，声波随着压强强弱的变化传播；对电磁波来说，物理量就是空间中各点的电磁场的强度，交替变化的电磁场构成了传播的电磁波。那对物质波来说，它又代表了什么呢？这一点，就连提出物质波概念的德布罗意和薛定谔也无法理解。这种令人困惑的情形似乎很像我们在前文描述的 19 世纪初期光学研究的境遇。那时候，人们只知道光是一种波，但是并不知道它是横波还是纵波，直到麦克斯韦提出了电磁波的方程组，问题才得以解决。

对于物质波的理解，海森伯的老师玻恩扮演了指导者的角色。我们知道玻恩发现海森伯的乘法表实际上代表了矩阵的运算，由此帮助海森伯建立了矩阵力学。在物质波的问题上，玻恩再一次展现出他敏锐的洞察力。

他考虑了电子的散射过程——我们在介绍光子与电子之间的散射（也就是康普顿散射）时提到，除了将两者都看成粒子，也可以将两者都看成波，如此迥异的两种思路最终结果却是相同的。根据薛定谔方程的求解结果，发射出去的电子波在撞到其他粒子后，会分散开来向四周扩散，就如同水波一样。但是从粒子的角度考虑，一个电子始终是一个电子，不可能分裂成很多小块。对此，玻恩做了一个大胆的猜想：散开的电子波并不代表一个实体的物理量，它代表的其实是电子被散射到各个方向的概率，哪里的电子波数值大，电子散射到哪里的概率就高。

玻恩提出的这个假设过于奇怪，以至于连物质波的创始人德布罗意和波动力学创始人薛定谔都表示无法接受。直到第二年，海森伯提出了不确定性原理，才为概率诠释找到了坚实的依据。玻恩也由于对于量子力学各种基础理论的贡献，特别是对波函数概率诠释的贡献，获得了 1954 年诺贝尔物理学奖。

海森伯不确定性原理

到底什么是不确定性原理？无论是物理学家、数学家，还是计算机学家、研究信息论的学者，都会给出一个十分相似的公式。但是对于这个公式的解读，却仿佛一千个人能读出一千个哈姆雷特一般。你也许会感觉奇怪，为什么一个公式能拥有如此多的解读？公式不应该是放之四海而皆准的吗？不同的场景赋予了不确定性原理不同的意义。

为了理解海森伯的不确定性原理，我们先把目光重新放到量子力学上，重新考虑一下光的波粒二象性。当我们通过光观察这个世界，其实光子就在和世界相互作用。我们想用光去探测电子的位置，也就是用光子去撞击电子，那么首先所用的光的波长一定不能太长，因为波长较长的光更容易直接绕过电子，从而发生衍射，对于位置的探测就会变得模糊很多。但是如果采用波长较短的光，光的动量和能量就会很大，撞击电子后会对电子本身的运动状态造成很大的影响，很难再知道电子的原始运动状态。

也就是说，如果采用对电子动量影响小的大波长光子，就无法测准电子的位置。如果降低光子的波长，虽然可以精准确定电子的位置，但是对动量的确定就更加不精确了。海森伯基于这点考虑，给出了描述位置和动量间不确定程度的公式：

$$\Delta x \cdot \Delta p \geqslant \hbar/2$$

其中，Δx 和 Δp 分别是位置和动量的不确定度，它们的乘积会大于一个与普朗克常数有关的量（$\hbar=h/2\pi$）。

除了位置和动量会满足不确定性关系，任何两个有关联（在物理上，更准确的语言叫作**“非对易”**）的物理量，都会满足这样的关系。不确定性原理告诉我们，永远不可能把两个互相对易的物理量测清楚。

上面的介绍可能会对大家产生一些误导：无法将动量和位置测准看起来只是因为我们测量手段的原因，如果我们优化测量手段，能否突破这样的限制？（不确定性原理的另外一个名字——测不准原理——更容易让人产生这种疑惑。）不确定性原理与之前说的概率波诠释又有什么样的关系呢？

对这两个问题的回答是统一的。如果我们求解薛定谔方程，得到电子的波函数与空间位置之间的关系，根据概率诠释，如果在某个位置波函数出现峰值，表明在那里找到这个电子的概率相当大，也就是对电子位置的确定越发准确。但是如果求解电子波函数与动量的关系则会发现，在这种情况下，电子动量的波函数十分平缓，也就是说，电子动量取各个值的概率都差不多，无法准确地确定电子的动量。实际上，如果继续深入学习就会知道，电子动量和位置的波函数之间是通过一个名为“傅里叶变换”的数学关系联系的，不确定性原理的出现是动量和位置的薛定谔方程满足傅里叶变换关系的必然结果，与具体的测量手段没有关系。

正因为傅里叶变换的应用场景如此广泛，不确定性原理也因此深入各个领域的中心。举例来说，一张后缀为 jpg 的图片在存储的过程中，也和不确定性原理息息相关。这种图片存储方式存储的数据并不是记录每个像素点的颜色，而是记录各种颜色出现的频率。

因为像素点上几乎各处都有不同的颜色分布，所以在空间中弥散分布的信息在频谱空间上分布非常局域，利于我们对数据进行压缩。

量子论的时空观

我们知道，在经典力学体系下，时间和空间是相互独立的，两者之间并不会互相影响，你跑的速度再快，时间也是均匀流动的。但是，你如果看了本书中关于相对论的内容就会知道，相对论表明，时间和空间其实是相互关联的，你的速度越快，时间流动的速度就会越慢，有些神话中“天上一天，地上一年”的意味。

我们如果考虑对于时间和空间的测量，可以发现，与时间有关的一个测量是动量，与空间有关的一个测量是位置，而海森伯不确定性原理告诉我们，这两个量不可能被同时测准。这好像就是在说，微观世界的时间和空间似乎也是相互关联的，而且这个关联与普朗克常数有关。

按照现代物理的理解，我们的时间和空间有可能确实是量子化的，存在一个最短的时间间隔，名为“普朗克时间”，以及一个最短的长度间隔，名为“普朗克长度”。但是这两个量实在是太短、太小了，以至于我们现在还无法观测到这个尺度上到底会出现何种物理现象，也无法验证这种猜想是否正确。

哥本哈根学派

玻尔在量子力学的建立和诠释过程中起到了举足轻重的作用，奥本海默曾经给他极高的赞誉：

> 从（量子力学建立的）开始到结束，玻尔那充满着高度创造性、敏锐和带有批判性的精神，始终指引着、约束着事业的前进，使之深入，直到最后完成。

1920 年，玻尔创立了哥本哈根理论物理研究所并担任所长。在量子力学建立的过程中，这个研究所聚集了越来越多的物理学家，他们彼此交流，对量子力学建立了统一的理解，哥本哈根学派也由此诞生。玻恩、海森伯、泡利、狄拉克等人均是这个学派的成员，他们成了量子力学研究的主要力量之一。

测量会改变结果

在海森伯不确定性原理的介绍中，我们提到，对于电子的波函数的描述，可以写成它与位置的关系，也可以写成它与动量的关系。其实，对于任何一个量子系统，我们可以用不同的表现方式来描述系统的同一个状态，可以用系统中粒子的坐标值，也可以用系统中粒子的动量值，或者其他各种方式，不同的描述方式之间有着可相互转换的数学关系。这有些像我们描述空间中点的位置，如果选取不同形式的坐标系，点位置的表示就会有所不同，而不同的表示之间可相互转换。当然，我们显然也已经知道，只能通过一种方式对系统进行精确测量。如果选择对系统中粒子的坐标进行测量，那么为了方便，我们可以在求解薛定谔方程时，就将其表示为用坐标描述的形式。

除了可以用不同的形式描述，薛定谔方程还有另外一个特性，就是即使只选取一种描述方式（比如选取用坐标描述的方式），求解出来的波函数仍然会是几项相加，其中每一项都表示了系统的某一种形态。此时，我们说系统处于**“叠加态”**，并且这种叠加态是**“相干”**的，指不同的形态之间是有关联的，而不是相互独立的。但是，当我们对系统进行测量的时候，系统并不会直接表现出叠加态的形态，而是将随机地表现出其中的某一种形态，每种形态出现的概率与其对应的项前面的系数有关。在测量之前，我们并不能预测到系统究竟会展现出哪一种形态。哥本哈根学派将这种行为描述为**“坍缩”**，一旦我们进行测量，就必然导致波函数的坍缩。

为什么我们仅对系统进行测量，就会使系统坍缩，改变系统的状态呢？哥本哈根学派对此的解释是：我们不可能凭空知道系统的状态，如果想要对系统进行测量，就必然要用一个额外的东西与系统发生作用——就像我们想要看到物体，就必须让光打到物体表面之后反射或透射出去一样。此时，我们就需要考虑两个部分，一个是我们想要了解的系统，另外一个是测量的仪器。想要了解的系统是以量子力学的方式运行的，而测量的仪器则遵循经典的规律。一旦开始测量，测量的仪器就会影响到系统的状态，使原来无法确定的系统状态变成一个确定的状态，也就是发生了坍缩。

几个例子

你如果觉得前面对于量子力学规律的描述过于抽象，很难理解，不妨再重新回忆一下前面的那句“认识的基础是经验”。只有见识过足够多量子力学的现象，内心对量子力学的结果见怪不怪以后，才能面对量子力学的解释不感到惊讶。不过，受限于目前的实验装备发展条件，量子现象只有在低温等极端条件下才比较明显，我们无法利用身边的道具完成真正的量子实验。不过，这并不妨碍我们重温那些经典的量子力学实验。

第一个例子是我们熟悉的电子双缝干涉实验。由于电子也具有波粒二象性，因此当大量电子通过双缝后，会在后面的屏幕上表现出干涉条纹。同样，我们也提到过，可以将电子一个个地发射出去，当电子数目足够多时，也会表现出同样的干涉现象。但是当我们仅考虑一个电子的行为时，电子打在屏幕上，会显现出一个亮点，这个亮点就是波函数坍缩的体现——在电子打在屏幕上之前，波函数弥散在整个空间中，位置并不确定，一旦打在屏上后，相当于用屏幕对电子进行探测，电子会按照波函数表现出的概率随机坍缩在屏幕上的某一个位置。大量电子打在屏幕上，相当于屏幕对每个电子都进行了探测，显现出的干涉图样就是电子波函数的概率分布。

与我们抛硬币类似，在理想情况下，每一枚硬币都有一半的概率图案面向上，一半的概率数字面向上。但是对于某个特定的硬币，抛出去后只会有一面向上。只有当我们抛硬币的数目逐渐变多时，才可以看到概率分布的特征：大致有一半的硬币图案面向上，另一半的硬币数字面向上。

不过，这两者之间还有一个需要注意的重要区别：抛硬币是一个经典的事件，遵循经典力学的规律，从理论上来说，我们通过抛硬币时用力的大小和位置、硬币的高度、风速等情况，可以计算出硬币最终哪面向上。但是对于量子力学来说，测量时系统坍缩到哪一种状态是完全随机的，从理论上就无法进行计算。

更有意思的是，我们如果在狭缝处装一个探测器，试图观测一个电子到底从哪个缝经过，就会看到电子确实只从某一个缝中穿过，而电子数目增多后，狭缝后的屏幕上也不再显现出干涉条纹，而是只有两条亮纹了。这是因为，我们已经在狭缝处提前对电子进行了测量，这时候电子的波函数已经发生了坍缩，坍缩成了从两条缝中的一条穿过的状态。

另一个是温伯格曾经提到的例子，它更加简单一些。我们可以虚构出一个粒子，它只能存在于两个位置：A 处和 B 处。对经典力学来说，它要么在 A 处，要么在 B 处。但是对量子力学来说，如果没有观测粒子，它可能处于很多种状态：

1. 只在 A 处，此时 B 处的波函数值为 0；

2. 只在 B 处，此时 A 处的波函数值为 0；

3. 波函数在两处都有值，也就是粒子“部分”在 A 处，“部分”在 B 处。

对于第三种状态，A、B 两处波函数的值也可以有各种不同的分配方式。但是最终我们进行观测时，就会发现电子处于 A 处或 B 处，在 A 处发现粒子的概率由各种情况下 A 处波函数的值决定，反之，在 B 处发现粒子的概率由各种情况下 B 处波函数的值决定。

如果考虑得更加复杂一些，我们不仅可以用粒子处于 A 或 B 处描述这个粒子的状态，还可以用粒子是停或是走来描述粒子的状态（就像动量一样）。对于停的状态，波函数的值是 A 处和 B 处波函数的值之和，对于走的状态，波函数的值是 A 处和 B 处波函数的值之差。也就是：

停 = A+B，走 = A−B，A =（停 + 走）/2，B =（停 − 走）/2。

此时，如果我们对粒子的位置进行探测，得知了粒子在 A 处，那么粒子在 B 处的概率就为 0，但是，此时粒子停和走的波函数值是相等的，也就是我们对粒子是停还是走一无所知。反之，如果我们知道粒子是停还是走，那么就无法知道粒子在 A 处还是 B 处。这就是海森伯不确定性原理的思想。

值得一提的是，温伯格提出的这种简化的、只有两种状态的粒子其实可以看作一个二能级系统（即只有两种能量状态的系统）。这种处于叠加态，并且可以坍缩的特殊的量子系统是量子计算机建立的基础，我们将在后文详细介绍。

日常尺度下的量子力学

在接触到那么多神奇的量子现象后，大家也许会有疑问，我们在日常生活中究竟能不能观察到量子现象呢？答案是：很难。这与量子力学中经常出现的一个量——普朗克常数有关。

在国际单位制下，普朗克常数 $h \approx 6.62 \times 10^{-34}$ J · s，它实在是太小了，以至于很多量子现象都无法显现出来。比如，物质波的公式：$E=h\nu$，$p=h/\lambda$。用它来计算能量有 100 eV 的电子（相当于被 100 V 电压加速的电子），得到的波长仅有 0.1 nm 的量级。日常生活中的物体所具有的能量更高，因此对应的波长已经短到我们完全无法观测的水平。同样，对于不确定性原理 $\Delta x \cdot \Delta p \geqslant \hbar/2$，公式右侧的值是那么小，以至于我们平时测量的精度几乎无法达到不确定性原理能显现出来的精度水平。

量子力学中的其他一些神奇现象，比如微观粒子有一定的概率“穿墙而过”，在宏观物体上也不曾发生。那是因为宏观物体所具有的粒子实在太多了，在 10^{23} 的量级。考虑每一个粒子能够穿墙的概率相乘，最后得到的是一个相当小的值，可以说从宇宙诞生到现在的时间尺度上都不会发生。

所以，在微观尺度下的波粒二象性、不确定性原理以及与概率相关的原理，与我们平时所知的常识并不相违背。实际上，我们在日常生活中看到确定性的结果只不过是一些微观粒子在宏观上概率叠加的表现。

当然，虽然我们可能看不到，但其实量子力学在生活中无处不在。比如在家里，父母炒菜时，锅内发生了很多化学反应，这些化学反应本质上都是量子力学所主导的。还有极少数的量子现象能够在宏观尺度表现，人们称之为“宏观量子现象”。比如大家可能都听说过的超导现象，处于超导态的物体没有电阻，而且会排斥电磁场。如今，超导现象已经被广泛应用于生活和科研领域，比如医院的超导核磁共振、超导输电、实验室的超导磁体等。当然，在实验室里也有其他一些诸如量子霍尔效应、拓扑绝缘体内部绝缘边缘导电等宏观量子现象，不过其应用还有待更进一步探索。

这些物理观念直到今天仍然对我们意义重大，虽然普通人好像感觉不到量子力学的影响，但实际上许多前沿科技都是建立在量子力学的基础之上，包括已经融入生产生活中的半导体技术、激光技术，以及目前各国都投入大力气研究的量子通信、量子计算技术等。用传统理论根本无法创造，也无法解释这样的概念性材料和器件。

量子力学究竟该如何理解

科学家对于“如何理解”这件事情有着充足的执念，对于如量子力学这般颠覆传统自然认知的学科尤甚。科学家对于理论的简洁优雅有一种先天的追求，比如对于一般一元五次方程求解公式的计算。通过不断抽象和归纳，人们发现了隐藏在方程背后对称性在求解过程的重要性。能够从更底层、更系统的视角“理解”一个学科，往往也意味着该学科获得了一次跨越性的飞跃。

爱因斯坦与玻尔的争论

在了解量子力学的一些基本概念和历史来源以后，我们应该能够从更丰富的层面理解费曼的名言“没有人真正理解量子力学”。这似乎是一种横看成岭侧成峰的意味，在不同出发点、不同应用场景下，人们对量子力学的解读不甚相同；这似乎也是一种只缘身在此山中的意味，量子现象中的研究对象和研究手段似乎不可分割，测量和波函数坍缩紧密联系在一起。在历史上，时有关于量子力学理论该如何理解的论战，至今这些说法仍未分出高下。

以玻尔为代表的哥本哈根学派对量子力学中的一些奇妙现象给出了一种解释，然而这种解释其实并不是无懈可击的，也并没有让所有人信服，其中反对声音最强的就是爱因斯坦。当然，爱因斯坦并不是从根本上就不相信量子力学——毕竟是他自己首先提出了光量子的概念，他是认为目前的量子力学（特别是哥本哈根学派对于量子力学的诠释）仍然是不完备的，其中有很多矛盾之处，还无法形成一个系统的、自洽的解释。

在第五次和第六次索尔维会议上，爱因斯坦与玻尔进行了激烈的论战。在论战中，爱因斯坦提出了各种构思巧妙的思想实验，用以展示哥本哈根诠释中可能的矛盾之处，而玻尔则对此一一进行反击，捍卫哥本哈根诠释的正确性。科学并不害怕吵架和论战，事实上这些论战也大大加深了人们对量子力学的理解。

在哥本哈根诠释的各种概念中，爱因斯坦最不满意的是“坍缩”。坍缩的观念认为，在测量之前，粒子的波函数以概率波的形式弥散在空间各处，在测量的瞬间，粒子则会出现在某一个特定的地方，而到底会出现在哪里，则是完全随机、没有道理的。爱因斯坦认为这种想法是对因果律的极大破坏，在有了原因之后，似乎并没有一个特定的结果，这是让人无法接受的。他用“上帝不掷骰子”来表达对这种思想的反对。

同时，我们都知道，爱因斯坦的另一个伟大成就是提出了狭义相对论和广义相对论。在相对论中，有一个基本的观念是同时的相对性，在一个参考系中看来是同时发生的事情，在其他参考系中看来也许有着先后的不同。当然，这一点并不违反因果律，不会造成结果在先、原因在后的情况，这是因为相对论假定了光速是宇宙中最快的速度，并且光速在所有参考系中是不变的。有相互关联的两个事件，它们之间的关联传递的速度永远无法大于光速，因此，无论在哪个参考系中看来，它们发生的先后顺序都不会改变（更严谨的证明过程就不在此详细展开了）。但是，如果引入了瞬间的坍缩，会不会造成额外的逻辑混乱？这不得而知。

“瞬间的坍缩”这个表述其实会引起更大的问题，因为爱因斯坦相信物理规律一定是“局域实在”的。所谓“局域”，指一个事件只会在它的附近产生效果，它的效果想要传递到远方，是需要时间的，这个效果传递的速度最快是光速。也就是说，在 A 点发生的一个事件不可能瞬间对 B 点产生影响。与之相反的一个观念是“超距作用”，也就是相互作用的传递并不需要时间，是瞬间完成的。牛顿建立引力理论后，曾认为引力就是一种超距作用，但是后来人们确认，引力场的建立也是需要时间的，引力传递的速度是光速。如今，几乎所有的物理学家都不认同存在超距作用。但是，在坍缩的观念中，原本弥散在整个空间的粒子会瞬间变到几个特定的地方，这一过程似乎并不需要时间，与局域性的观念产生了巨大的矛盾。

爱因斯坦根据这一矛盾提出了量子力学的另外一种诠释，我们稍后将对这种诠释做出介绍，在此之前，先来看一下另一位有名的科学家对于哥本哈根诠释的打击。

薛定谔的猫

这位有名的科学家就是薛定谔。与爱因斯坦一样，薛定谔也一直是哥本哈根诠释的反对者。1935 年，他提出了一个著名的思想实验——薛定谔的猫，用以反对哥本哈根学派。

薛定谔假设在一个箱子里有一个放射性元素原子、一瓶密封的有毒气体和一只猫。当放射性元素衰变时，会触发装置，打碎有毒气体的瓶子，将猫毒死。但是根据量子力学的原理，这个原子会处于衰变和未衰变两种状态的相干叠加态中，因此，箱子里的猫也会处于又死又活的叠加态中。直到我们打开箱子，才会确定是看到一只死了的，还是活着的猫。

薛定谔的这个思想实验让大家感到十分震惊，因为猫是一个宏观的生物，这样一个宏观的生物如何处于又死又活的叠加态中，让人十分不解，就连哥本哈根学派也无法对此做出完美的解释。

薛定谔的猫被提出半个多世纪后，实验物理学家才相继在微观和介观（介于宏观和微观之间，一般在微米的尺度）尺度观测到这种相干叠加的状态，但是宏观尺度下薛定谔的猫的状态仍然没有被观测到。介观尺度到宏观尺度究竟是如何过渡的？中间又有什么样的区别？这些问题至今仍然困扰着大家。

量子力学的其他诠释

关于波函数坍缩的观念像是强行给量子力学加上的一种限制，正如之前所说，哥本哈根学派将其解释为经典的测量仪器对量子系统的干扰。但是，如果我们相信量子力学规律是宇宙的普适规律，那么测量仪器应该也是按照量子力学的规律去运作的，它也具有一个以薛定谔方程规定的方式演化的波函数（尽管波长可能很短），那为什么还会出现坍缩这种特殊的现象呢？很多物理学家都意识到了这个问题，进而建立各种其他版本的量子力学的诠释。

其中最有名的理论之一是爱因斯坦根据他的局域实在论建立的**隐变量理论**。1935 年，爱因斯坦联合波多尔斯基（Boris Podolsky）和罗森（Nathan Rosen）提出了一个实验方案：我们首先在实验室制备一对相互纠缠且处于叠加态的粒子，所谓纠缠，就是两个粒子的状态是相互关联的，当一个粒子处于 A 状态时，另外一个粒子必然处于 B 状态，反之亦然。将这两个粒子分别送到两个相距十分远的地方，比如宇宙的两端。如果对于其中一个粒子的状态进行测量，在测量之前，粒子处于 A、B 状态的叠加态，测量后，粒子会随机坍缩到 A 状态或 B 状态，那么按照哥本哈根诠释，另外一个处于叠加态的粒子也会瞬间坍缩到另外一种状态，尽管没有对它进行任何测量——对一个粒子的测量会瞬间影响无穷远处另一个粒子的状态，这在爱因斯坦等人看来是绝对不可能的，于是称其为“鬼魅般的超距作用”。这个思想实验现在以爱因斯坦、波多尔斯基、罗森三个人的姓名首字母命名，被称作**“EPR 佯谬”**。

爱因斯坦认为，要解决这样一个佯谬，就应该假设两个粒子各自的状态其实在制备出它们的时候就已经由一个“隐变量”决定好了，之所以称其为隐变量，是因为我们虽然无法直接测量它，但是它控制着粒子的行为。在两个粒子分开后对它们进行测量，由于测量的结果是由隐变量决定的，因此不存在瞬间坍缩这个说法。只是因为我们对于这个隐变量并不了解，才会认为这是个随机的过程。

由于人们并不知道爱因斯坦等人的这个隐变量理论中的“隐变量”究竟是什么，自然也就无法设计实验进行验证。直到 1966 年，爱尔兰的理论物理学家贝尔提出了一个简单的实验方案——只要假设确实有一个这样的变量存在，不管它是什么，都会导致实验的测量结果满足一个不等式（现在人们称之为**“贝尔不等式”**），而如果隐变量不存在，量子力学仍然满足哥本哈根学派的诠释，这个不等式就会被破坏。

贝尔的这一方案很快就落实到了具体的实验中，实验结果表明，贝尔不等式确实被违反了，隐变量理论是不成立的。但是隐变量理论的支持者提出，实验中仍然存在各种漏洞，比如定域性漏洞、测量效率漏洞等。在后续的实验中，这些漏洞被逐一解决，实验仍然得到了与隐变量理论相悖的结论。然而，其实还有一个漏洞一直存在，那就是自由选择漏洞。之前的实验都是采用物理的方式生成随机数进行实验的测量。但是，如何保证这些物理上产生的随机数是不受隐变量控制的呢？于是，2016 年，西班牙光子科学研究所牵头举行了一个全球范围的实验——大贝尔实验，这个实验由全球多个实验室同时进行，并且邀请了全世界所有人参与。在实验中，全世界的人按照自己的自由意志随机产生一串数字，而各个实验室将这些随机数字收集起来进行实验。实验结果仍然显示了贝尔不等式的破坏，也就是说，只要我们承认人们有自由意志的存在，也许隐变量理论就是错误的。这样一个宏大的实验似乎让关于量子力学诠释的讨论上升到了哲学的层面。

除了隐变量理论，还有另外一种量子力学的诠释也非常有名，那就是埃弗里特（Hugh Everett Ⅲ）提出的**多世界诠释**。多世界诠释认为处于叠加态的波函数，其各项代表了各自独立演化的平行世界，每个世界都表现了波函数的某一个特定的形态，因此没有必要存在坍缩这种额外的假设。起初，埃弗里特的理论无人问津，是他的导师惠勒将文章推荐给了著名的物理杂志《现代物理评论》的客座主编、理论物理学家德威特。德威特在事后回忆道：

首先，我特别兴奋，关于量子力学的解释，在这么多年和这么多篇乏味的论文之后，终于有人提出了一个新的令人赏心悦目的观点。其次，我深深地震惊了。

德威特将这篇文章刊登出去，并在后来将其命名为“多世界诠释”，于是，这套理论开始得到人们的重视。但是，直到今天，多世界诠释仍然是一个很小众的理论。不过令人欣慰的是，它关于平行宇宙的思想却频繁地出现在各种科幻作品中，以另一种方式流传开来。

除此之外，关于量子力学的诠释，还有一些其他的理论尝试，比如德布罗意和波姆的**导航波理论**等。直到今天，在诠释问题上，人们仍然各有各的看法，远没有达成统一。但是，这也丝毫不影响量子力学已经成功发展成为一套完整的理论，成为现代物理学研究的基础。大多数物理学家每天都在研究中使用到量子力学，量子力学保证了理论预测与实验结果精确统一，而对于诠释这一基本问题，很多人已经不甚关心，就像广为流传的那句话一样：“闭嘴，只要计算就好了！”

人们最终能否对量子力学达成统一的理解，我们不得而知。

量子计算——从 21=3×7 说起

在量子力学的各种应用中，近几年最火热的，也是最抓人眼球的应用当数量子计算。“计算机”这一第三次科技革命的产物与“量子”结合在一起，高级得仿佛是属于未来的科技。

实际上，早在约 40 年前，科学家就开始萌生量子计算的思想了。然而，这在当时只是概念性的想法——**如何建造一台量子计算机，量子计算机将如何工作？**这些都是科学家在实际工作时不可避免的问题。无数理论和实验物理学家、计算机领域的专家经过几十年的思考，才逐渐对这些问题有了深刻的认识，将量子计算机慢慢呈现在大众的眼前。下面就让我们带上前面学到的量子力学知识，与这些绝顶聪明的科学家近距离地沟通。

量子计算机是如何构建的

量子计算萌芽于 1980 年，是 40 多年前的一个奇思妙想。在那一年，苏联数学家尤里 · 马宁（Yuri Manin）在他的书《可计算的和不可计算的问题》（*Computable and Uncomputable*）中指出：一般的量子系统相对于经典系统具有很高的复杂度，很难用经典的计算机进行模拟。同一年，物理学家保罗·贝尼奥夫（Paul Benioff）在论文中提出了计算机的微观量子力学模型，第一次指出了如何在量子的角度上描述计算。这可能是可追溯的最早的关于“量子计算机”思想的文献了。

真正将量子计算这一概念发扬光大的，当数物理学全才、著名的物理学家**理查德·费曼**。费曼在 1981 年的演讲《用计算机模拟物理》（*Simulating Physics with Computers*）中提出了一个想法：既然真实的世界是量子力学的世界，用经典计算机模拟量子的系统又如此困难，那为什么不建造一种全新的计算机——量子计算机，来模拟量子物理的问题？这样一个演讲为量子计算机研究的启动起到了积极的推进作用。

但是，光有建造量子计算机的想法还远远不够，我们要怎样才能实现它呢？——要解决这一问题，让我们先回到经典的计算机，在它身上找找思路。

经典计算机由一整套复杂的硬件系统和软件系统组成，它们之间相互配合，完成工作。大家可能听说过量子芯片，但其实还有量子存储等诸多问题需要解决。要一下子把它们统统变成“量子”，肯定十分困难。路要一步步地走，首先让我们把目光投向计算机最核心的部件——**中央处理器**（CPU）。处理器是计算机完成“计算”的主要单元，如果我们想要完成“量子”的计算方式，最先要做的便是把经典的处理器变成“量子”的处理器，也许这样它才具有用量子的方法处理问题的初步能力。现阶段我们要搭建一台量子计算机，最核心的工作便是构建量子计算机所使用的量子芯片。

一款经典的处理器又是怎么组成的呢？大家可能早已略有了解。经典的处理器由上亿个晶体管组成，每个晶体管就像是一个“开关”，具有“开”和“关”两种状态，用以表述信息的最小单元——**比特**的两种状态“1”和“0”。晶体管的数目越多，计算的速度就越快。如今的高端 CPU 上已经集成了数十亿个晶体管，它们之间相互配合，极其快速地进行二进制逻辑运算，完成我们需要处理的任务。

这时我们的思路已经十分明确了——既然经典计算机用“比特”来描述和处理信息，那么我们如果要建造量子计算机，只需要寻找量子的比特就可以了。学术界将其自然地称为**“量子比特”**，它的英文名字“qubit”是“量子”（quantum）和“比特”（bit）的结合。

经典比特的“0”和“1”两种状态可以用晶体管的开和关来描述。如果要寻找一种量子的物质来打造量子比特，它也需要能够处于两种不同的状态。科学家便在目前已知的各种量子体系中寻找具有这种特性的体系——实际上，满足这一要求的体系还真不少，比如光子自旋的向上和向下两种状态、超导电路中超导电流的两种状态、原子能级的占据与否……它们中的每一种都有成为量子比特的潜力。于是，科学家针对每个体系，都利用它们的特点进行了构建量子比特的尝试，如今很多体系都取得了令人振奋的进展，如大家经常能在新闻中看到的**光量子计算、超导量子计算、离子阱量子计算、硅基量子计算**等。每种体系都具有独特的优点，但是也各有其技术上的困难，究竟哪个体系最终能够成功，或者未来的量子计算机是不是可以有不同的种类，甚至是不同体系相互之间的结合？我们仍不得而知。

说到这里，大家可能还有一个问题：既然都是比特，那量子的比特与经典的比特相比，到底有什么优势呢？这就涉及前面提到的量子力学的奇妙特性——**叠加和纠缠**。对于经典计算机中的比特，也就是晶体管，它在同一时间只能处于“开”和“关”中的一种状态，也就是只能表示“0”**或**“1”。但是对于量子的比特，态叠加的特性导致它可以同时处于“0”**和**“1”两种状态，而当多个量子比特同时存在时，由于它们之间相互纠缠，便可以使得量子态同时处于 $2\times2\times2\times\cdots=2^N$ 种经典状态。也就是说，相对于经典的计算机，量子计算机的计算能力随着比特数目的增加是呈指数级上升的。举一个通俗的例子，如果我们让经典计算机和量子计算机分别走一个迷宫，经典处理的思路是一条路一条路**逐一尝试**，哪条路走通了，便是正确的道路，而量子计算机可以**同时走完**所有的迷宫道路，然后确定出其中正确的道路，速度大大提升。

如果我们已经成功在量子芯片上集成了许多量子比特，那么接下来的事情便顺理成章——围绕量子芯片搭建一整套量子计算机的硬件系统。

首先，我们最担心的问题是，量子的体系是一个如此脆弱的体系，它只能在十分极端的条件下存在（比如极低的温度下），同时也很容易被外界的干扰破坏。对于一个量子芯片，只需要外界轻微的干扰，比如电磁波，有时甚至只是单纯加些热量，就会导致量子态受到破坏，影响它的工作。**因此，我们首先要解决的问题便是为量子芯片提供一个“舒适”的环境。**与我们人类在 20 多摄氏度时感到最舒适不同，对大多数种类的量子芯片来说，它们感到最舒适的温度低至接近绝对零度（-273.15 ℃），只有在那样的温度下，量子芯片才不会“感觉太热”，不会被热量干扰。为此人们将这些量子芯片放入一种名为**“稀释制冷机”**的机器中，这种机器可以将量子芯片冷却到大约 10 mK（绝对零度以上 0.01 ℃）的极低温度，尽量减少热量的影响。同时，人们还在外部制作了许多屏蔽的部件，以减少电磁波等其他噪声对量子芯片的破坏，保证量子芯片稳定运行。

有了量子芯片能够运行的环境，接下来要考虑的就是如何控制量子芯片以及如何从芯片中读取数据。为此，我们需要将量子比特连接到外部电路中，当然，这些电路也是处在极低温的环境中，然后再逐渐延长，与处于室温的控制仪器连接。这样，人们就可以通过操纵这些仪器，给量子芯片发送指令，或者读取量子芯片中的信息。

量子计算机是如何工作的

现在我们已经有了搭建量子计算机硬件系统的思路。下一个问题是，如果我们最终建成了一台量子计算机，又可以用它做些什么呢？按照目前的理解，量子计算机与经典计算机的使用方法有很大的不同，我们没法用它来收发邮件、处理文档、看电影等，这显然也有些大材小用了。目前，量子计算机的威力体现在对于特定问题的解决上。因此，科学家提出了**“异构计算”**的观念，也就是用经典的芯片处理大部分问题，然后将一些经典芯片无法处理的问题传递给量子芯片计算。量子芯片可以在哪些问题上发挥作用？它又将如何处理这些问题？这便是下一步我们需要考虑的事情。

让我们同样从经典计算机上寻找思路。经典计算机除了有一整套硬件系统，还有一套软件系统，用来指挥硬件系统的工作，而软件系统的核心是**“算法”**。所谓算法，就是处理特定问题的特定方法。算法的本质是运用数学规律，当然，不同的计算体系由于特点不同，所利用的数学规律也是不同的。比如算盘，我们在用算盘计算时有“二一添作五”“三一三十一”等数学口诀帮忙，而在使用电子计算机时，这些口诀是完全用不到的。计算机使用了另外一套二进制的算法来快速完成计算，这个计算的过程对人类来说可能比较复杂，但是对计算机这种擅长快速做大量重复工作的机器来说十分简单。同样，量子计算机采用数学上的一些算法来处理特定的问题，当然，这些算法与经典计算机相比也是迥然不同的。

下面我们以素因数分解（将一个数分解为两个素数的乘积）为例，来感受量子计算机处理这一问题的算法。至于为什么选择这样一个例子，是因为这个数学问题是现代加密体系（RSA 加密体系）的基础。对于这样一个数学问题，经典的计算机还没有很好的算法可以解决，也就是说经典计算机很难破解采用这种方法加密的密码。但是对于量子计算机来说，由于采用了不一样的算法，它有可能可以在很短的时间内破解这一问题，这也是量子计算机的威力所在。

虽然我们尽可能简化背景，但为了介绍具体的密码学问题和量子算法，在后面的内容里，我们不可避免地需要用到一些较为深入的数学公式。

预备数学知识

首先，让我们熟悉一些预备的知识——**模计算**。所谓“模”其实就是一种将任意数与一个给定的数相除取余数的运算。对自然数来说，它可以从 1，2，3，4，5…一直延展到正无穷的范围，但是经过模计算之后，也就是除以一个特定的数得到余数，就可以把很大的数限定在一个特定范围。模计算听起来很陌生，但实际上，在生活中的很多地方，都有它的身影。比如钟表其实就是日常生活中的一个“模计算器”。时间嘀嗒嘀嗒地流逝，无穷无尽，而钟表表示的小时数只是从 1、2、3、4 一直到 12，然后就回到了 1，循环往复。这里钟表就进行了一个对 12 取模的操作：12 取 12 的模等于 0，13 取 12 的模等于 1，14 取 12 的模等于 2，以此类推。当然，我们用同余式表示上面的关系：

$$12 \equiv 0 \pmod{12},\ 13 \equiv 1 \pmod{12},\ 14 \equiv 2 \pmod{12}$$

这里 $a \equiv b \pmod{n}$ 表示 $a-b$ 是正整数 n 的倍数，或者换句话说就是 a 和 b 除以 n 以后余数相同。

模计算有什么作用呢？让我们走进一个数学问题——**费马小定理**。费马是 17 世纪一位有名的数学家，在数论[①]方面有着卓越的贡献。很多人可能都听说过他提出的**费马大定理**：不定方程 $x^n+y^n=z^n$ 在 $n \geqslant 3$ 的时候没有正整数解。

对于这一定理的证明，费马写下了数学史上有名的一句话："我确信已发现了一种美妙的证法，可惜这里空白的地方太小，写不下。"我们现在关注的费马小定理也是数论领域的定理，不过说的是另外一回事：

$$a^p \equiv a \pmod{p}$$

这里要求 p 为素数。如果 a 不是 p 的倍数，上面的式子可以简化为更有趣的形式：

$$a^{p-1} \equiv 1 \pmod{p}$$

---

① 所谓数论，就是研究整数性质的理论。

我们可以用一些简单的例子略微验证一下费马小定理的正确性，比如取 $a=1,2,3,4,\cdots,12$ 和 $p=13$，感兴趣的读者可以动手计算试一试上面的定理是不是成立。

我们可以注意到，费马小定理中的 p 要求是素数。那么，对于 p 不是素数的情况，结果又将怎样呢？比如，我们将 p 取为素数的幂次方或两个素数的乘积 5×7，3×7，11×13，11×17 等，这样的话取模的时候会不会有其他特殊的规律呢？

对此，费马小定理并没有告诉我们答案，答案是欧拉给出的。欧拉是一位杰出的数学家，有很多公式定理都是用欧拉的名字命名的。这里所说的**欧拉定理**是费马小定理的推广。它指出，如果我们把取余的数从素数换为任意的数 n 取模时，同余式变为：

$$a^{\phi(n)}\equiv1\pmod{n}$$

这里要求 a 和 n 的最大公约数为 1，也就是**互素**。$\varphi(n)$ 被称为“欧拉函数”，它的值等于所有小于或等于的 n 正整数中与 n 互素的数的个数。

1. 如果 n 是素数，每个小于 n 的正整数都与 n 互素，所以 $\varphi(n)=n-1$，这时候欧拉定理就重新变为费马小定理。

2. 当 $n=p_1\times p_2$，这里 p_1、p_2，均为素数，欧拉函数 $\varphi(n)=(p_1-1)(p_2-1)$。

量子计算分解大数算法

上面这些看起来有些晦涩的定理便是现在广泛使用的 **RSA 密**

码系统的基础。从古至今，密码系统都在信息的传递中发挥了极其重要的作用，它保证了重要的私密信息在传递过程中不会泄露给他人。一般来说，密码系统将一段信息（明文）用一个方法加密成为一段密文，收到信息的人用自己特定的“钥匙”（密钥）可以将密文还原为原来的信息（明文）。这样，即使其他人截获了密文，只要没有密钥，就无法反向获得信息，这保证了信息的安全传递。

在荷兰汉学家高罗佩（Robert Hans van Gulik）所著的讲述“中国的福尔摩斯”的小说《大唐狄公案》中，有描述狄仁杰解开层层通关密码破获一桩谋反案的故事，名叫“湖滨案”。故事讲述一个歌女被害，留下的线索是一张棋谱残局，狄公百思不得其解。在继续追查的过程中，狄公得到了另外一个线索，一幅金牒玉版的经文。种种推断失败后，狄公灵机一动，将棋谱中的黑子与经文进行对比，显现信息：“若汝明吾言，即指其玄，乃得入此门，享大吉。”然后凭此打开密室门，找到谋反者的军火库，破获大案。

我们可以发现，在上面这个故事中，经文就是密文，而棋盘则是密钥，最终破解得出的秘密便是明文。如果我们得到了加密的棋盘，那么反过来就知道如何解密。**这种加密和解密使用同一套密钥的加密方法也被称为“对称加密”**。也就是说，为了更好地保守秘密，需要将棋盘隐藏起来，这样别人就再也无法破解出这个秘密。下面要介绍的 RSA 密码系统则采用了另外一个思路：它的加密方法大家都知道（相当于公共的密钥——“公钥”），但是只有具有特定密钥（私钥）的人才能解密。为了保证这一点，一个通用的方法是采用正向计算，这非常容易，但是逆向计算过程却很困难，甚至是不可解的数学问题。**这就保证了人们即使知道了计算的方法（公钥）和加密后的密文，也无法反向求解出明文。**

RSA 密码系统采用的数学难题是大素数分解的难题：我们可以

很容易地计算出两个素数的乘积；但是如果只知道乘积，却很难求解出它是哪两个数相乘的，而具体的加密方法则涉及前面所介绍的模运算。这里我们不妨模仿一下使用 RSA 加密通信的全过程。假设爱丽丝想要通过一个不可信的媒体接收鲍勃的一条私人信息，那么她可以用以下方式来产生一个**公钥**和一个**私钥**：

1. 取两个很大且不相等的素数 p 和 q，并计算它们的乘积 $n=pq$；

2. 计算欧拉函数 $r=\varphi(n)=(p-1)(q-1)$；

3. 选择一个小于 r 且与 r 互素的数 e，计算 d 满足 $ed\equiv 1 \pmod r$。也就是说 $ed=kr+1$，k 为整数。

4. 把素数 p 和 q 销毁。这时候得到的数对 (n, e) 就是公钥，而 (n, d) 则是私钥。

此时的爱丽丝可以向鲍勃发送计算得到的公钥 (n, e)，而将私钥 (n, d) 保存起来。鲍勃在收到公钥以后，假如他想向爱丽丝发送消息，那么首先就要把这段消息转换为一串数字 m，转换可以使用 ASCII 码或 Unicode 码等国际通用的编码方式。得到密文 c 的方式很简单，计算 m^e 除以 n 的余数即可，这时 $c\equiv m^e \pmod n$。爱丽丝在收到密文以后，利用事先存好的私钥就可以将密文解密为明文，计算 c^d 除以 n 的余数即可得到明文 m。

这是因为 $c^d\equiv(m^e)^d\equiv m\cdot(m^r)^k \pmod n$。这里第二个等式利用了 $ed=kr+1$。因为 n 的因子十分有限，在绝大多数情况下，m 和 n 都是互素的。这时我们利用欧拉定理，即可得到 $m\cdot(m^r)^k\equiv m\cdot 1^k=m \pmod n$。当然，这个式子在 m 和 n 不互素的情况下也成立，不过限于篇幅，我们就不展开了，有兴趣的读者可以自行补上。

回到 RSA 密码问题上，这里加密的方法是公开的，数对（n，e）公钥也是公开的，但是其中最关键的问题是：将 n 分解为原有的两个素数的乘积，在 n 很大的情况下几乎是无法计算的。因此，得到公钥的人无法计算得到 p 和 q，自然无法得到私钥 d，也就是无法解密。从银行到互联网，如今 RSA 密码系统在全球各地被广泛应用，而这种密码的不可破解性也保证了我们的财产和信息安全。

但是在 1994 年，数学家**彼得·肖尔**（Peter Shor）提出了著名的**肖尔算法**。利用肖尔算法，量子计算机可以在很短的时间内完成分解素因数，给密码学，尤其是 RSA 密码造成了很大的冲击。

量子计算机如何利用肖尔算法进行分解素因数？让我们先从一个简单的例子看起。在计算两个素数相乘时，有一种特殊的素数对：**孪生素数**。属于孪生素数的一对素数之间仅相差 2，也就是一对相邻的奇数。对于一对孪生素数，可以把它们分别记为 $x+1$ 和 $x-1$，把它们的乘积记为 n，从而有：

$$(x+1)(x-1)=x^2-1=n \Rightarrow x^2 \equiv 1 \pmod{n}$$

也就是说，如果我们将 n 限定为一对孪生素数的乘积，那么我们只要求解出 $x^2 \equiv 1 \pmod{n}$ 中的 x，就可以知道两个素数分别是 $x-1$ 和 $x+1$。比如 $n=15$，求解 $x^2 \equiv 1 \pmod{15}$，我们可以很快地反应出来 $4^2=16$，也就是说 $15=3\times5$。

我们进一步将问题加大难度，如果 n 不是一对孪生素数的乘积，比如 $n=21$，这时再去求解上面的问题。我们可以一个个尝试，这

时 x^2 可以等于 1,4,9,16,⋯,64 等，计算这些数除以 21 的余数是否为 1。如果要满足 x 为正整数，计算到 64 的时候就可以发现 $x=8$ 的时候正好满足，此时 $x+1=9$，$x-1=7$。做到这里你可能还没感觉这个和分解素因数有什么关系，我们已经知道 $n=21=3\times7$。3 和 7 与 9 和 7，这两对数之间有什么关系呢？其实 3 是 9 和 21 的最大公约数，7 是 7 和 21 的最大公约数。一旦我们求出了 x，就完成了 n 的素因数分解。

上面的例子其实就是量子计算机分解素因数算法背后的数学原理。肖尔利用这一数学原理设计了量子计算机分解素因数的肖尔算法：

1. 第一步。我们任意取一个正整数 y 位于 0 和待分解的数 n 之间；

2. 第二步。**利用量子计算机计算所有 y 的幂次** y^1，y^2，y^3，⋯一直找到 y^r，满足 $y^r\equiv1\ (\mathrm{mod}\ n)$；

3. 第三步。这时候如果 r 是偶数，就可以发现 $(y^{r/2})^2\equiv1\ (\mathrm{mod}\ n)$，也就是上述的 $x=y^{r/2}$。当然，如果没法找到偶数 r，我们只需要回到第一步，将 y 换成另一个随机的满足条件的正整数，尝试几次后总能找到。

这时候大家可能会有一个新的问题：按照上面的道理可以很快完成分解素因数，那么经典计算机为什么不能用这种方法去求解呢？这就涉及寻找 r 的问题了，在不考虑并行的情况下，经典计算机只能将 r 从 1 开始一个个尝试，这个计算本身是困难而复杂的。对于 n 很大的情况，计算量很大，与直接去尝试分解 $n=p\times q$ 的难度是一样的。但是量子计算机可以利用叠加和纠缠的特性，一

次性地将 y^r 中的 r 从 1 一直到 N 一次全部尝试，这里的 N 随着量子计算机中量子比特数量的增加呈指数级增长，所以如果拥有足够的量子比特，就意味着一次能够同时计算的 N 足够大，可以更快速地发现满足条件的 r 值，这便是量子计算机的特殊之处。也就是说，肖尔算法将原始的问题转换为需要重复尝试的问题，然后利用量子计算机可以同时进行大量尝试的特性，大大削减了问题的求解时间。**假设现在我们已经拥有了一台频率为 100 兆赫的可以运行此算法的量子计算机，那么只需要这个计算机的量子比特数量达到 1000 个，就能在一个小时内破解目前使用的长度为 2048 位的 RSA 密码。**

除了肖尔算法，科学家还提出了很多针对其他各种问题的量子算法，比如可以更快地完成最短路线规划的 Grover 搜索算法、量子傅里叶变换算法等。这些算法的提出真正展现了量子计算机的威力和实用性。

当然，光有算法不行，还需要一种语言来告诉量子计算机如何执行这些算法，这就好比在经典计算机中，人们使用 C 语言、Python 等计算机语言来编写程序、实现算法、指导经典计算机的工作。在量子计算机领域，许多计算机领域的科学家也开始针对量子计算机的特性设计专属的语言，目前已经推出了很多初步成形的语言供大家学习与调试。同时，也有许多量子芯片接入了云平台，大家可以在云平台上编写程序，控制量子比特，进行量子计算的演示性实验。

总之，量子计算机的研究涉及数学、物理、计算机等多个学科，各个领域的学者共同努力，在理论、硬件和软件上同步发展，一步步地将量子计算机向实用化推进。

国际竞争激烈的量子计算和其中的中国力量

量子计算作为一种变革性的技术，已经吸引了越来越多大公司的参与。2019 年，谷歌推出了 53 个比特的超导量子芯片“悬铃木”，首次宣称实现了**量子计算优越性**[①]（指量子计算机的算力大幅度超越经典计算机的算力）。除此之外，微软、IBM、英特尔，国内的华为、阿里、腾讯等大公司也纷纷入局量子计算，投入了巨大的人力、物力和财力资源，努力实现各自的量子计算方案。

中国在量子计算领域丝毫不落下风。2021 年，中国的“九章二号”实现了 113 光子、144 模式的光量子计算，“祖冲之二号”集成了 66 个可编程的超导量子比特，这使得中国成了仅有的在两条技术路线上达到量子计算优越性的国家。

当然，目前量子计算机的研究还处于极其初步的阶段，如果再次使用经典计算机做对比，也许就相当于 ENIAC 这类晶体电子管计算机刚发明的时代。但是，从 0 到 1 的研究往往是困难的，一旦在关键问题上有了突破，后续的进展或许会极其迅速。量子计算机究竟会发展成什么模样，究竟哪种量子计算机能够首先实现商用，让我们拭目以待。

在了解到量子计算机的肖尔算法后，很多人心中都会有这样的担忧：这是不是意味着我们现在的财产和信息安全岌岌可危？其实这一担忧在目前看来还不是那么有必要。

首先，正如我们前面多次提到的那样，量子计算机虽然有着巨大的潜力，但是其发展还处在极其初步的阶段，距离能够运行诸如

---

① 量子计算优越性的英文为 quantum supremacy，之前有媒体将该词翻译为量子霸权。

肖尔算法之类的程序还有很长的路要走。

其次，加密和解密这一对盾与矛同时处在发展与进步的过程中，每当解密的手段有所突破时，人们总能设计出更加强力的加密手段来保证信息的安全，这次也不例外。量子技术的发展不仅催生了量子计算研究的热潮，与此同时，对于量子通信和量子加密的研究也日益深入。与利用现代数学难题（如前面提到的大素因数分解等）这一数学方式进行加密的经典密码学不同，量子加密运用了量子物理的一些原理，在物理层面保证信息的安全。辅以量子通信中的量子隐形传态和量子密钥分发等技术，共同构建起量子保密通信的网络，而中国在这一领域的发展中站在了世界的前列。地面上京沪量子保密通信干线的建立，天空中“墨子号”卫星实现的量子密钥分发，标志着中国在量子通信领域的前沿占据一席之地。

总之，包括量子计算、量子通信和量子加密等在内的量子信息学的发展，表明了量子物理正在从纯粹的理论逐渐向应用发展。也许等到有一天，量子计算机和量子通信真正走进大众的视野中，被大家利用时，大家就更能感受到量子物理的美妙。

参考文献

1 思想篇　物理不悟理，云里又雾里

[1] 冯天瑜 . 侨词来归与近代中日文化互动——以“卫生”“物理”“小说”为例 [J]. 武汉大学学报（哲学社会科学版），2005，58（1）：33-39.

[2] 牛顿 . 自然哲学之数学原理 [M]. 王克迪，译 . 西安：陕西人民出版社，2001.

[3] UNIVERSITY OF CHICAGO. XIX. The department of physics[M]// Annual Register（July，1985-July，1896）. 1893-1930.，1896.

[4] LIGHTMAN A. The discoveries：great breakthroughs in 20th-century science，including the original papers[M]. New York：Vintage Books，2006：8.

[5] KELVIN L. I. Nineteenth century clouds over the dynamical theory of heat and light[J]. The London Edinburgh and Dublin Philosophical Magazine and Journal of Science Edinburgh，1901，2（7）：1-40.

[6] ANDERSON P W. More is different[J]. Science，1972，177（4047）：393-396.

[7] SCHRöDINGER E. Quantisierung als eigenwert problem[J]. Annalen der Physik，1926，384（4）: 361-376.

[8] 李政道 . 天地之艺的探寻者 [M]// 吴冠中 . 生命的风景：吴冠中艺术专集 . 北京：生活 · 读书 · 新知三联书店 .2003.

[9] 李政道 . 对称与不对称 [M]. 北京：清华大学出版社，2000.

[10] 郝柏林 . 伊辛（Ising）模型背后的故事 [EB/OL].（2007-05-04）[2024-01-30]. https://blog.sciencenet.cn/home.php?mod=space&uid=1248&do=blog&id=1843.

[11] DYSON F J. The coulomb fluid and the fifth painlevé transcendent [M]//Chen Ning Yang. A great physicist of the twentieth century. Boston: International Press，1995: 131-146.

此间更多细节和研究历程，详见物理学家黄克孙先生与杨振宁先生的访谈：HUANG K. Interview of C.N.Yang for the C.N.Yang archive，the Chinese University of Hong Kong[EB/OL]. [2006-11-04]. http://www.networkchinese.com/interview.pdf。

2 物质篇 我们眼中的世界

[1] 吴俊，叶冬青 . 环境与疾病理论奠基人：希波克拉底 [J]. 中华疾病控制杂志，2020，24（2）: 245-248.

[2] BERRYMAN S. Democritus[M]//ZALTA E N. The Stanford encyclopedia of philosophy. California: Metaphysics Research Lab，Stanford University，2016.

[3] MOLČANOV K，STILINOVIĆ V. Chemical crystallography before X-ray diffraction[J]. Angewandte Chemie（International ed. In English），2014，53（3）: 638-652.

[4] 张克从 . 近代晶体学基础：上册 [M]. 北京：科学出版社，1987.

[5] SHECHTMAN D，BLECH I，GRATIAS D，et al. Metallic phase with long-range orientational order and no translational symmetry[J]. Physical Review Letters，1984，53（20）: 1951-1954.

[6] ENSIKAT H J，DITSCHE KURU P，NEINHUIS C，et al. Superhydrophobicity in perfection: the outstanding properties of the

lotus leaf[J]. Beilstein Journal of Nanotechnology，2011（2）152-161.

[7] CONANT J B. Harvard case histories in experimental science：volume I[M]. Cambridge：Harvard University Press，1957：52.

[8] FORMAN P. The discovery of the diffraction of X-rays by crystals：a critique of the myths[J]. Archive for History of Exact Sciences，1969，6（1）：38 - 71.

[9] 麦振洪 . X 射线衍射的发现及其历史意义 [J]. 科学，2013，65（1）：4.

[10] ECKERT M. Max von Laue and the discovery of X-ray diffraction in 1912[J]. Annalen der Physik，2012，524（5）：A83-A85.

[11] Ruska E. The development of the electron microscope and of electron microscopy[EB/OL].（1986-12-08）[2022-04-09]. https：//www.nobelprize.org/prizes/physics/1986/ruska/lecture/.

[12] 福冈伸一 . 生物与非生物之间 [M]. 曹逸冰，译 . 海口：南海出版公司，2017.

[13] ADRIAN M，DUBOCHET J，LEPAULT J，et al. Cryo-electron microscopy of viruses[J]. Nature，1984，308（5954）：32-36.

[14] Jumper J，EVANS R，PRITZEL A，et al. Highly accurate protein structure prediction with AlphaFold[J]. Nature，2021，596（7873）：583-589.

3 运动篇　牛顿：你在叫我吗

[1] RESTON J. Galileo：a life[M]. Beard Books，2000.

[2] 尹晓冬 . 17 世纪中国的瞄准技术与弹道学知识 [J]. 力学与实践，2009，31（5）：96-99.

[3] GALILEI G. Dialogue concerning the two chief world systems[M]. New York：Modern Library，1632.

[4] 伽利略 . 关于托勒密和哥白尼两大世界体系的对话 [M]. 上海外国自然科学哲学著作编译组，译 . 上海：上海人民出版社，1974.

[5] 牛顿 . 自然哲学之数学原理 [M]. 王克迪，译 . 西安：陕西人民出版社，2001.

[6] APFFEL B，NOVKOSKI F，EDDI A，et al. Floating under a levitating liquid[J]. Nature，2020，585（7823）：48-52.

[7] 肖峰 . 现场可控非致命的次声武器研究 [J]. 兵工学报，2002，23（3）：426-429.

[8] MIYAGI Z，KOIKE M，URAHAMA Y，et al. Study of peeling properties of pressure-sensitive adhesives using a newly developed image processing system[J]. International Journal of Adhesion and Adhesives，1994，14（1）：39-45.

[9] NEWTON I. A letter of Mr.Isaac Newton，professor of the mathematicks in the University of Cambridge[J]. Philosophical Transactions of the Royal Society of London，1672，6（80）：3075-3087.

[10] BARCELóC，LIBERATI S，VISSER M. Analogue gravity[J]. Living Reviews in Relativity，2011，14（1）：3.

[11] Fritz R. An elementary derivation of $E=mc^2$[J]. American Journal of Physics，1990，58（4）：348-349.

[12] IGNAZIO C，WHEELER J A. Gravitation and inertia[M]. Princeton：Princeton University Press，1995：117-119.

[13] POUND R V，REBKA G A. Apparent weight of photons[J]. Physical Review Letters，1960，4（7）：337-341.

[14] HAWKING S. God created the integers：the mathematical breakthroughs that changed history[M]. new ed. London：Running Press，2007.

4 能量篇　能源重塑世界

[1] KARDASHEV N S. Transmission of information by extraterrestrial civilizations[J]. Soviet Astronomy，1964（8）：217.

[2] DYSON F J. Search for artificial stellar sources of infrared radiation[J]. Science，1960，131（3414）：1667-1668.

[3] KOPEIKIN V，MIKAELYAN L，SINEV V. Reactor as a source of antineutrinos：thermal fission energy[J]. Physics of Atomic Nuclei，2004，67（10）：1892-1899.

[4] 经福谦，陈俊祥，华欣生 . 揭开核武器的神秘面纱 [M]. 北京：清华大学出版社，2002.

[5] RICH P. Chemiosmotic coupling：the cost of living[J]. Nature，2003，

421（6923）：583.
[6] 费尔巴哈 . 宗教本质讲演录 [M]. 林伊文，译 . 北京：商务印书馆，1937：30.
[7] CONANT J B. Harvard case histories in experimental science：volume II[M]. Cambridge：Harvard University Press，1957：125.
[8] PRIESTLEY J. The history and present state of electricity：with original experiments[M]. Whitefish：Kessinger Publisher，2009.
[9] FARADAY M. Experimental researches in electricity[J]. Philosophical Transactions of the Royal Society of London，1852.
[10] ROUTLEDGE R. A popular history of science[M]. London：George Routledge and Sons，1881.
[11] FARADAY M. The chemical history of a candle[M]. New York：Dover Publications，2003.
[12] 耿庆申，卢玉，樊海荣，等 . 特高压和超高压交流输电系统运行损耗比较分析 [J]. 电力系统保护与控制，2016，44（16）：72-77.
[13] 罗会仟 . 超导“小时代”之一：慈母孕物理 [J]. 物理，2015，44（9）：630-633.
[14] JAMES I. Remarkable physicists：from Galileo to Yukawa[M]. New York：Cambridge University Press，2004：105.
[15] MARTINS R D A. Resistance to the Discovery of Electromagnetism：Ørsted and the Symmetry of the Magnetic Field[J]. in Volta and the History of Electricity，2003：249.
[16] HORE P J，MOURITSEN H. How migrating birds use quantum effects to navigate[J]. Scientific American，2022，326（4）：70.
[17] DANIEL E D，MEE C D，CLARK M H. Magnetic recording：the first 100 years[M]. New York：Wiley-IEEE Press，1998.
[18] LANTZ M. Why the future of data storage is（still）magnetic tape[EB/OL].（2018-08-28）[2024-01-31]. https：//spectrum.ieee.org/why-the-future-of-data-storage-is-still-magnetic-tape.
[19] 郭奕玲，沈慧君 . 物理学史：第 2 版 [M]. 北京：清华大学出版社，2005.
[20] GOODING D，PINCH T，SCHAFFER S. The uses of experiment：studies in the natural sciences[M]. New York：Cambridge University Press，1989.

[21] 马洪．麦克斯韦：改变一切的人 [M]. 肖明，译．长沙：湖南科学技术出版社，2011.

[22] 苏湛．论物理学中的类比方法：以汤姆森和麦克斯韦为例 [J]. 科学文化评论，2014，11（4）: 32-50.

[23] 郭奕玲，沈慧君．物理学史：第 2 版 [M]. 北京：清华大学出版社，2005.

[24] CHANG H. Spirit，air，and quicksilver : the search for the "real" scale of temperature[J]. Historical Studies in the Physical and Biological Sciences，2001，31（2）: 249-284.

[25] RAMSAY W. The life and letters of Joseph Black，M.D.[J]. Nature，1919，103（2584）: 181.

[26] 爱因斯坦，英费尔德．物理学的进化 [M]. 北京：中信出版集团，2019：36.

[27] MAYER J R. Bemerkungen über die Kräfte der unbelebten Natur[J]. Annalen der Chemie und Pharmacie，1842，42（2）: 233-240.

5 量子篇　遇事不决，量子力学

[1] KRAMIDA A，RALCHENKO Y，READER J，et al. NIST atomic spectra database : ver. 5.7.1[EB/OL].（2023-12-01）[2024-01-13]. https://www.nist.gov/pml/atomic-spectra-database.

[2] 陈锦俊，吴令安，范桁．量子保密通讯及经典密码 [J]. 物理，2017，46（3）: 137-144.

附录 《云里·悟理》系列讲座授课信息表

课程题目		主讲人
何谓物理？	云里悟理有源流	向涛
	物理世界话演生	
	对称破缺的物理“美”在何方	于渌
相对论初步	狭义相对论初步	曹则贤
	广义相对论初步	
物理学的“语言”	从定性到定量——物理量的概念与测量	李贝贝
	单位制——“打格子”的科学和艺术	孙培杰
物质与时空	物质的组成——原子、基本粒子及其他	孟胜
	物质的外表与内在——性质和结构	杨槐馨
	物质的“舞台”——时间和空间	梁文杰
力与运动	静止和运动——运动学初步	王刚
	刑之所以奋也？——力是什么？	金魁
	气流和水流的舞蹈——流体力学初步	沈洁
声音与振动	碧波堆里排银浪——振动与波	孙煜杰
	闻声识人——声音的物理	屈凡明
热和温度	如汤探冷热——热的历史与热力学第零定律	杨义峰
	出来“混”迟早要还的——能量守恒与热力学第一定律	
	时间的箭头——热力学第二定律	叶方富
	统计物理初步	
光与色彩	问世间“光”为何物？——光的行为与三次波粒战争	王霆
	光子的一生——发射、传输与吸收	许秀来
	物理？生理？心理？——光与视觉	李治林
电与磁	雷车动地电火明——电的认知	杨海涛
	磁石引铁金不连——磁的本源与认知	张颖
	结作双葩合一枝——电与磁的携手与出击	刘恩克
量子力学初步	太阳上的黑线——量子力学简史	梁文杰
	薛定谔的猫——量子力学的合理与反常	
软物质与生物物理	从熵力说起——软物质初步	叶方富
	生命体系里的物理——生物物理初步	翁羽翔
量子计算	从量子计算机分解 21=3×7 说开去	范桁